Berechnung, Entwurf und Betrieb rationeller Kesselanlagen

Von

Max Gensch

Ingenieur

Mit 95 Textfiguren

Berlin

Verlag von Julius Springer

1913

ISBN-13: 978-3-642-89744-3   e-ISBN- 978-3-642-91601-4

DOI: 10.1007/ 978-3-642-91601-4

Herrn Geheimen Baurat Dr. ing. h. c.

Emil Rathenau

in dankbarer Erinnerung.

Vorwort.

In dem vorliegenden Buche werden die theoretischen Grundlagen
für den rationellen Aufbau und die zweckmäßige Behandlung von Kesselanlagen im Zusammenhange dargestellt und daraus einfache, allgemein
gültige Regeln für die praktische Anwendung dieser Theorien abgeleitet.
Dabei wird von den Verhältnissen des ordentlichen Betriebes ausgegangen und gezeigt, wie die Anlagen beschaffen sein müssen, um unter
den jeweils gegebenen Betriebsbedingungen zur höchsten wirtschaftlichen Wirkung gelangen zu können.

Besonderes Gewicht ist auf die anschauliche Darstellung der wesentlichen, sich in jeder Kesselanlage abspielenden verwickelten Vorgänge
und der zwischen denselben bestehenden Wechselwirkungen gelegt
worden; denn ohne Kenntnis dieser Beziehungen ist die richtige Lösung
der gestellten Aufgaben nicht zu erreichen.

Die Anfänge dieses Buches liegen über 10 Jahre zurück. Bei dem
Bau und der Betriebskontrolle zahlreicher Kesselanlagen der verschiedensten Art und Größe ergaben sich aus den landläufigen Lehr-
sätzen und Anschauungen Unklarheiten und Widersprüche. Um die
besagten Anlagen zur höchsten wirtschaftlichen Vollendung zu bringen,
erschien es deshalb nötig, die theoretischen Grundlagen von Anfang an
ganz neu zu entwickeln. Dies konnte gleichlaufend mit der praktischen
Anwendung geschehen, und dabei war es möglich, die Richtigkeit der
entwickelten Gesetze praktisch zu erproben.

Das vorliegende Buch soll in erster Linie den mit dem Entwurf
und der Betriebsführung ganzer Kesselanlagen beschäftigten Fachgenossen eine Handhabe für die sachgemäße Nachprüfung aller Teile
dieser Anlagen bzw. die Aufstellung richtiger Bedingungen und die
Auswahl passender Konstruktionen geben. Darin liegt aber auch
die Richtschnur für etwaige zweckmäßige Verbesserungen der Einrichtungen und der Betriebsführung.

Eine derartige allgemeine Behandlung des Stoffes, bei welcher mit
verständlicher Absicht die Kritik aller Einzelkonstruktionen um-
gangen wurde, liegt auch im Interesse der Konstrukteure, da die einzelnen Teile der Anlage den für das Ganze maßgebenden Bedingungen
entsprechen müssen, um zur höchsten wirtschaftlichen Wirkung gelangen zu können.

Dem Kundigen werden die in dem vorliegenden Buche enthaltenen
eigenen Untersuchungen ohne besondere Hervorhebung kenntlich sein.

Berlin, November 1912.

Max Gensch.

Inhaltsübersicht.

III. Die Heizfläche.

IV. Der Kesselzug.

I. Einleitung.

Wenngleich besonders in der letzten Zeit die Leistung und der Wirkungsgrad der Kesselanlagen wesentlich gesteigert worden ist, so bedarf es dennoch keiner besonderen Hervorhebung, daß auf diesem Gebiete noch viel zu tun verbleibt, um diese Anlagen zu dem Grade von Vervollkommnung zu bringen, welcher dem heutigen hochentwickelten Stande der allgemeinen Technik entspricht.

Auf jedem neuen Gebiete wird aus Unkenntnis des geraden Weges die Lösung der gestellten Aufgabe zunächst mit den verschiedensten Formen versucht, von welchen mit fortschreitender Entwicklung die meisten verschwinden, um ganz einfachen, typischen und die Zweckbestimmung klar erkennen lassenden Grundformen Platz zu machen. Diese Grundformen werden aber erst gefunden, nachdem die grundlegenden Bedingungen der Aufgabe vollständig aufgeklärt sind.

Gewiß kann nicht eine Kesselform den verschiedenartigsten Verhältnissen genügen, aber in allen Fällen müssen gewisse, durch die gleiche Zweckbestimmung bedingte typische Formen wiederkehren.

Überblickt man an Hand der vorstehenden allgemeinen Bemerkungen den heutigen Stand des Kesselbaues und besonders die täglich auftauchenden Vorschläge für neue Kesselformen, so ergibt sich von selbst der Beweis dafür, daß wir — wie oben behauptet — erst am Anfange stehen und ein wirklicher Fortschritt nur nach einer soliden Entwicklung der Theorie erwartet werden kann.

Mangels einer fest umrissenen klaren Grundlage wird auf dem Gebiete des Baues und Betriebes der Kesselanlagen mit sogenannten Erfahrungssätzen gearbeitet, und bei näherem Zusehen findet man, daß fast jeder einzelne seine besonderen Erfahrungen hat, die denen der anderen meistens widersprechen. Hand in Hand damit geht eine ganz unberechtigte Unterschätzung der Theorie. Es ist zwar unzweifelhaft, daß die Grundlage aller Theorie allein die Erfahrung bilden kann, aber ebenso gewiß läßt sich wirkliche Erfahrung ohne Theorie, d. h. ohne systematische Ausscheidung der Zufälligkeiten und Aufsuchung des Wesentlichen, nicht denken.

Im vorliegenden Werke, welches aus dem praktischen Bedürfnis des Verfassers hervorgegangen ist, soll versucht werden, in einer für die Anwendung einfachen Form die wesentlichen theoretischen Grundlagen für die Entwicklung rationeller Kessel aufzubauen. Wie sich die Theorie stets nur auf das Allgemeine beziehen kann, so wird hier auf die Konstruktion und verschiedenartige Ausbildung der die gesamte Kesselanlage ausmachenden Teile nur so weit eingegangen, als es zum Verständnis des Vorgetragenen unbedingt nötig erscheint.

Bei dieser Behandlung ist es natürlich unerläßlich, die Kesselanlage als Ganzes aufzufassen; denn die einzelnen Teile derselben, wie z. B. die Feuerung, die Heizfläche und der Schornstein beeinflussen einander derart, daß jeder Teil für sich allein gar nicht richtig beurteilt werden kann.

Wie der wahre Wert einer Sache nur von dem praktischen Ergebnis derselben abhängt, so sind bei den folgenden Untersuchungen stets die sich im Betriebe einstellenden Bedingungen in den Vordergrund geschoben worden. Es muß auch mit einem vielfach begangenen Fehler der Besteller aufgeräumt werden, welche nur auf recht hohe Garantien sehend, die Konstrukteure zu einer durchaus unsachgemäßen, unter schwierigen Betriebsverhältnissen häufig versagenden, dafür aber bei den Abnahmeversuchen scheinbar hohe Leistungen zeigenden Konstruktion drängen. Bei dieser Gelegenheit erscheint es zweckmäßig, auf derartige Versuche etwas näher einzugehen. Wenn scharfe Garantiebedingungen gestellt sind, so verlangt der Konstrukteur mit Recht, daß bei den Abnahmeversuchen den den Garantien zugrunde liegenden Voraussetzungen voll entsprochen werde. Es werden dann natürlich die Versuche unter den denkbar günstigsten, im praktischen Betriebe selten oder nie vorkommenden Bedingungen durchgeführt, und dadurch wird ein ganz falsches Bild geschaffen. Dabei braucht man noch gar nicht an die häufig trotz sorgfältiger Kontrolle bei den Versuchen vorkommende Schönfärbung des Resultates zu denken.

Durch forzierte Steigerung des Wärmeüberganges von der Feuerung und den Rauchgasen auf die Heizfläche läßt sich beim Versuch mit Hilfe eines erstklassigen Heizers sehr viel erreichen, wird aber auch die Anlage gegen Bedienungsfehler so empfindlich gemacht, daß ein gewöhnlicher Mann im Dauerbetriebe damit nicht gut arbeiten kann. Deshalb sind alle derartigen Kunststücke vom Betriebsstandpunkte aus unbedingt zu verwerfen, muß vielmehr ohne Rücksicht auf blendende Versuchsresultate eine Ausführung angestrebt werden, welche die unvermeidlichen Bedienungsfehler und die Belastungsschwankungen unschädlich macht.

Von der wirtschaftlichen Lösung einer Aufgabe ist zu erwarten, daß unter den jeweils gegebenen Bedingungen mit dem Aufwande der denkbar geringsten Mittel ein möglichst hohes Resultat erreicht werde. Dies drückt sich im vorliegenden Falle letzten Endes in der Höhe der gesamten Dampferzeugungskosten aus, welche möglichst klein ausfallen sollen. Die Dampferzeugungskosten ergeben sich aber aus der Summe der direkten Betriebsausgaben für Brennmaterial, Wasser, Löhne und Unterhaltung der Anlage, sowie den indirekten Aufwendungen für Verzinsung und Tilgung des Anlagekapitales. Man muß also dahin streben, alle Teile der Anlage ohne Überanstrengung derselben zur höchsten Wirkung zu bringen und alle einer solchen entgegenstehenden Widerstände tunlichst einzuschränken.

Durch eine Verbesserung der Anlage lassen sich fast stets die direkten Betriebskosten vermindern; soweit damit aber eine Kapitalerhöhung verbunden ist, muß die wirtschaftliche Rechnung ergeben, ob und inwieweit diese Aufwendungen berechtigt sind. Dabei spielt natürlich der Ausnutzungsgrad der Anlagen eine große Rolle; denn die indirekten Kosten verschwinden gegenüber den direkten Betriebsausgaben um so mehr, je größer die erzeugte Dampfmenge ist im Verhältnis zum Anlagekapital.

Dividiert man die stündliche Leistungsfähigkeit der Anlage in die jährlich erzeugte Dampfmenge, so ergibt sich die Benutzungsdauer der Anlage in Stunden pro Jahr, und mit zunehmender Größe dieser Zahl vermindert sich der Einfluß der indirekten Kosten.

Durch tägliche Kontrolle der tatsächlichen und der auf die volle Belastung bezogenen Betriebsstunden der Kessel können in Anlagen mit vielen Kesseln und stark schwankender Belastung unter Umständen große Ersparnisse erreicht werden. Wenn nämlich ohne Not zur Überwindung eines Maximums Kessel für wenige Stunden in Betrieb genommen werden, so fallen die Anheizkosten sehr stark ins Gewicht. Das häufige An- und Abstellen der Kessel verschlechtert in der Regel das Betriebsresultat ganz gewaltig, und deshalb müssen für Anlagen mit schwankenden Belastungen Einrichtungen geschaffen werden, welche eine hohe Überlastbarkeit der Kessel und gute Resultate derselben innerhalb weiter Belastungsgrenzen gewährleisten.

Wenngleich damit nicht alle Teile der Kesselanlagen erfaßt werden, beschränken sich die folgenden Untersuchungen auf

        die Feuerung,

        die Heizfläche und

        den Schornstein bzw. den Kesselzug,

weil von diesen die Leistung und der Wirkungsgrad der Anlagen wesentlich abhängen. Wie eingangs erwähnt, soll dabei auf die konstruktive Ausbildung und die Besonderheiten der verschiedenen im Gebrauche befindlichen Konstruktionen nicht eingegangen werden.

Was die Feuerungen anbetrifft, so werden, abgesehen von dem verschiedenen Aggregatzustande des Brennmaterials, folgende Unterscheidungen gemacht, welche sich hauptsächlich auf die für das Betriebsergebnis sehr wichtige Ausbildung des Feuerraumes beziehen:

Vorfeuerungen mit einem allseitig von die Wärme zurück-strahlenden Mauerungen umgebenen Verbrennungsraume;

Unterfeuerungen, bei denen ein Teil der Wandungen des Verbrennungsraumes durch die die Wärme aufnehmende direkte Heiz-fläche gebildet wird, und

Innenfeuerungen, mit ganz von der direkten Heizfläche eingeschlossenem Verbrennungsraume.

Bei Kohlenfeuerung wird ferner je nach der Beschickung mit frischem Brennmaterial unterschieden zwischen:

Aufwurffeuerungen, in welchen das frische Brennmaterial von Hand oder mittels mechanischer Einrichtungen auf die glühende Schicht geworfen wird;

Vorschubfeuerungen, wobei das Material vom frischen Zustande bis zur völligen Ausbrennung allmählich fortschreitend den Feuerraum durchwandert, wie z. B. bei den Schräg-, Treppen- und Wanderrosten;

Unterschubfeuerungen, in denen das frische Material von unten her in die glühende Schicht gedrückt wird.

Ferner wird unter Außerachtlassung aller besonderen Kesselarten und Ausführungsformen nur zwischen

Umlaufsheizflächen und

Strömungsheizflächen

unterschieden, wobei erstere dadurch gekennzeichnet sind, daß sie mit dem umlaufenden Kesselwasser wiederholt in Berührung kommen und die Wassertemperatur an allen Punkten der Heizfläche nahezu gleich ist, während an letzteren das Wasser oder der Dampf mit allmählich zunehmender Temperatur einmal entlang strömt.

Im Falle der theoretisch vollkommenen Teilung der Heizflächen kann auch von den Umlaufsheizflächen als Verdampfer und von den mit Wasser in Berührung kommenden Strömungsheizflächen als Vorwärmer gesprochen werden.

II. Die Feuerung.

1. Das Brennmaterial.

a) **Brennstoffe und Heizwertbestimmung.** Als für die Kesselfeuerun-gen wesentlich sind die folgenden Brennstoffe zu betrachten:

der Kohlenstoff C,

der Wasserstoff H und

der Schwefel S.

Diese Stoffe kommen in verschiedenen Verbindungen unterein-ander im Brennmaterial vor und verbinden sich bei der Verbrennung mit dem zumeist in der Verbrennungsluft zugeführten Sauerstoff O in gewissem Atomverhältnis unter Freiwerdung bestimmter Wärmemengen.

Durch Versuche ist festgestellt worden, daß dabei folgende Wärmemengen bezogen auf ein Kilogramm des betreffenden Stoffes gewonnen werden:

Bei der Verbrennung von C in O zu CO_2 (Kohlensäure) 8 081 WE
  ,,   ,,   ,,   ,, C ,, O ,, CO (Kohlenoxyd) 2 470 WE[1]
  ,,   ,,   ,,   ,, H ,, O ,, H_2O (Wasser
                                         gasförmig)   29 000 WE
  ,,   ,,   ,,   ,, S ,, O ,, SO_2 (Schwefl.Säure) 2 450 WE

Die Verbrennung ist vollkommen, wenn dabei aller C zu CO_2, aller H zu H_2O und aller S zu SO_2 übergeführt werden, andernfalls unvollkommen. Indem bei vollkommener Verbrennung die höchste Wärmeausbeute erreicht wird, muß dieselbe mit allen verfügbaren Mitteln angestrebt werden.

Ist die Zusammensetzung des Brennmateriales mit

    C Gewichtsteilen Kohlenstoff
    H   ,,   Wasserstoff
    S   ,,   Schwefel und
    O   ,,   Sauerstoff

gegeben, so berechnet sich der sogenannte obere Heizwert des Materials aus

$$W_0 = 8100 \cdot C + 29\,000 \cdot \left(H - \frac{O}{8}\right) + 2500 \cdot S \quad \ldots \quad (1$$

wobei die Wärmetönungen in runden Zahlen angenommen sind und vorausgesetzt wird, daß der gefundene Sauerstoff mit der entsprechenden Wasserstoffmenge $\left(\frac{O}{8}\right)$ bereits chemisch gebunden auftritt[2].

Wenn das Brennmaterial außer den vorstehend genannten Brennstoffen noch andere schädlich wirkende Bestandteile enthält, welche einen Teil der freiwerdenden Wärme vorweg verschlucken, so hat der obere Heizwert keine praktische Bedeutung. Von diesen Beimengungen kommt hauptsächlich die mitgeführte Feuchtigkeit in Betracht, da zur Verdampfung derselben besonders große Wärmemengen erforderlich sind. Man nimmt an, daß bei oder vor der Verbrennung zur Verdampfung von einem Kilogramm Wasser 600 WE aufgebraucht werden, und

---

[1]) Für Holzkohle. Nach Dammer, Handbuch der Anorg. Chemie, 2630 bis 3015 WE.

[2]) $\left(H - \frac{O}{8}\right)$ wird als die disponible Wasserstoffmenge bezeichnet.

damit berechnet sich der untere Heizwert nach der sogenannten Verbandsformel, wenn F den Feuchtigkeitsgehalt in Gewichtsteilen bezeichnet, zu

$$W = 8100 \cdot C + 29\,000 \cdot \left(H - \frac{O}{8}\right) + 2500 \cdot S - 600 \cdot F \quad . \ . \ (2$$

Diese Formel gibt mit den kalorimetrisch festgestellten Zahlen ziemlich gut übereinstimmende Resultate und wird deshalb allgemein angewendet.

Es ist sehr wohl zu berücksichtigen, daß die Brennmaterialien niemals ein homogenes Gefüge haben, sondern in denselben die Zusammensetzung der brennbaren Bestandteile und noch viel mehr der Gehalt an unverbrennlichen Verunreinigungen außerordentlich stark wechselt. Deshalb haben alle Heizwertbestimmungen einen sehr bedingten Wert und kann damit unter Umständen viel Unfug getrieben werden. Es genügt bei der Entnahme der für die Heizwertbestimmung bestimmten Proben die Hinzufügung eines besonders reinen oder umgekehrt eines sehr verunreinigten Stückes, um das Resultat wesentlich zu verschieben. Von größtem Einfluß ist dabei der Feuchtigkeitsgehalt, und wenn derselbe nicht annähernd dem zu verfeuernden Material entspricht oder bis zur Vornahme der Untersuchung teilweise durch Austrocknung verschwindet, so können starke Fehler entstehen.

Aus allen diesen Gründen kann nur das Mittel mehrerer Proben und Versuche ein annähernd zuverlässiges Resultat ergeben.

Vollständig zu verwerfen ist es jedenfalls, wenn die Auswahl und Bewertung eines Brennmateriales, abgesehen von dem Preise, nur nach dem Heizwerte geschieht; denn diese Zahl ist nicht nur an sich fragwürdig, sondern auch für die Ausnutzbarkeit des Materiales nicht allein entscheidend, weil dabei noch andere wichtige Umstände mitsprechen, welche das Ergebnis wesentlich beeinflussen und weiter unten behandelt werden sollen.

b) Die verschiedenen Brennmaterialien. Je nach dem Vorkommen und Preiswürdigkeit werden die verschiedenartigsten Brennmaterialien mit Nutzen verfeuert; es sprechen dabei so viele verschiedene örtliche Verhältnisse mit, daß sich allgemeine Bemerkungen dazu erübrigen. Dagegen erscheint es angebracht, eine Übersicht der verschiedenen Heizwerte und Zusammensetzungen der verfeuerten Brennmaterialien zu geben, welche allerdings schon aus Gründen des zur Verfügung stehenden beschränkten Raumes keinen Anspruch auf die geringste Vollständigkeit erheben kann, aber in manchen Fällen einen ungefähren Anhalt geben mag. (S. Seite 8 bis 17.)

c) Allgemeine Verbrennungseigenschaften. Wie die Selbstentzündung und Entwertung von lange in hohen Haufen lagernder Kohle erkennen läßt, findet eine, wenn auch sehr unvollkommene und äußerst langsame, Verbrennung schon bei gewöhnlicher Temperatur und bloßem Oberflächenangriff des Sauerstoffes statt. In den Kesselfeuerungen sollen aber auf beschränktem Raume bedeutende Brennleistungen bei möglichst hoher Wärmeausbeute bewältigt werden, und dazu ist es unbedingt erforderlich, alle die Verbrennung befördernden Umstände herauszu suchen und nutzbar anzuwenden.

Die mit Verbrennung bezeichnete chemische Verbindung kann nur dort eintreten, wo die Brennstoffatome mit der entsprechenden Sauerstoffmenge in innige Berührung treten und nebenbei die erforderliche Zündungstemperatur herrscht. Deshalb ist eine energische Verbrennung nur möglich, wenn sich die Brennstoffe im gasförmigen Aggregatzustande befinden, da nur so eine völlige Durchdringung derselben mit Sauerstoff erfolgen kann.

Hieraus ist ohne weiteres zu ersehen, daß sich gasförmige Brennmaterialien mit den geringsten Schwierigkeiten verbrennen lassen. Flüssige Brennstoffe sind in der Regel ebenfalls sehr leicht zu verbrennen, sofern dieselben in geeigneten Düsen fein verteilt und genügend mit Luft durchsetzt werden. Die einzige Schwierigkeit ergibt sich dabei zuweilen aus der Abscheidung des schwer anbrennenden Teers, weshalb Ölfeuerungen gewöhnlich mit sehr großem Luftüberschuß betrieben werden müssen.

Feste Brennstoffe müssen erst vergast werden, bevor die Verbrennung richtig einsetzen kann. Bei den gewöhnlichen Feuerraumtemperaturen ist wohl die direkte Vergasung der in dem Brennmaterial enthaltenen flüchtigen Bestandteile, nicht aber des festen Kohlenstoffes möglich. Dieser muß vielmehr zunächst durch direkten Angriff des Sauerstoffes in Kohlenoxyd verwandelt werden, um dann zu Kohlensäure weiter zu verbrennen. Da die Wärmetönung des Kohlenoxydes verhältnismäßig gering ist, somit auch niedrige Verbrennungstemperaturen ergibt, die schnelle Oxydation aber nur bei hohen Temperaturen vor sich gehen kann, läßt sich eine nahezu gasfreie Kohle nur sehr schwer verbrennen.

Die Ausgasung der flüchtigen Bestandteile erfolgt je nach der Zusammensetzung der letzteren in sehr verschiedener Weise, und es wird dadurch der Verbrennungsvorgang wesentlich beeinflußt

Bestehen die flüchtigen Bestandteile hauptsächlich aus leichten Kohlenwasserstoffen, so findet die Entgasung des in die Feuerung gebrachten frischen Brennmaterials nahezu augenblicklich statt. Dabei zerfällt der verbleibende feste Kohlenstoff zu einem feinen, schwer zu verbrennenden Pulver. Derartige Kohlen dürfen niemals mit zu scharfem Rostzuge verbrannt werden, da sonst ein großer Teil des pulverigen festen Kohlenstoffes unausgenutzt abgeblasen wird. Große Rostflächen und gute Flammenführung sind unerläßlich

Übersicht der ver-

Herkunft	Anzahl der Analysen	Die Reinkohle enthält in Prozenten				
		C	H	O + N	S	$\frac{O+N}{H}$
A. Deutschland.						
1. Anthrazite.						
Ruhrrevier	1	92,80	3,82	0,84	2,54	0,22
Wurmrevier	1	89,66	3,22	7,12	---	2,22
Piesberg/Osnabrück . . . . , . . .	1	94,04	1,62	4,34	—	2,68
2. Steinkohlen.						
Ruhrrevier, Mittlere Sorten . . .	10	86,40 87,45 84,20	5,03 4,80 5,20	7,16 6,28 9,23	1,41 1,47 1,37	1,42 1,31 1,78
,, Hochwertige Kohle .	1	—	—	—	—	—
,, Gasarme Sorten . .	14	89,60 90,65 86,80	4,70 4,59 5,15	3,94 3,57 5,27	1,76 1,19 2.78	0,84 0,78 1,02
,, Sehr wasserstoffreiche Sorten	3	82,21 89,36	6,69 4,00	11,10 6,64	— —	1,66 1,66
Wurmrevier, Sinterkohlen . . .	5	89,36 90,14 88,12	4,00 4,16 4,13	6,64 5,70 7,75	— — —	1,66 — —
,, Sandkohlen		90,77 90,28 89,60	3,71 3,77 3,22	5,52 5,95 7,18	— — —	1,50 1,58 2,33
Saarrevier	2	— — —	— — —	— — —	— — —	— — —
	4	82,26 82,57 80,25	5,06 5,02 5,23	12,68 8,95 14,52	— — —	2,52 1,78 2,76
Hannoversches Revier	4	— — —	— — —	— — —	— — —	— — —
Sächsisches Revier	8	81,60 82,10 78,60	4,50 4,54 4,52	12,23 12,06 13,65	1,67 1,30 3,23	2,72 2,88 3,02
Niederschlesisches Revier Fettkohlen	9	88,55 89,93 86,95	4,58 4,34 4,88	6.87 5,73 8,17	— — —	1,50 1,32 1,68
,, Gaskohlen	34	85,13	5,02	9,85	—	1,96
Oberschlesisches Revier . . .	14	82,30 84,10 78,90	5,03 5,12 4,38	11,73 9,76 14.05	0,94 1,02 2,67	2,34 1,88 3.19
3. Braunkohlen.						
Hessen	16	— 65,10 —	— 5.57 —	— 28,60 —	— 0,73 —	— 5,13 —
Hannover	3	— — —	— — —	— — —	— — —	— — —

Erläuterung: Neben den Klammern

schiedenen Brennstoffe.

Die Rohkohle enthält in Prozenten					Heizwert WE/kg × = Reinkohle	Auf 100 000 WE entfallen kg Asche	Bemerkungen
Koks	Gas	Wasser	Asche	Koks/Gas			
85,69	6,42	1,45	6,44	13,3	7689	0,82	
93,38	6,62	—	—	14,1	× 7958	—	
94,03	5,97	—	—	15,8	× 7951	—	
64,57	25,40	2,74	7,29	2,54	7445	0,98	
68,33	24,09	3,32	4,26	2,85	7751	0,50	
55,36	28,41	6,25	9,98	1,95	6631	1,50	
—	—	1,18	2,32	—	8126	0,28	
72,07	15,63	2,55	9,75	4,61	7444	1,31	
83,54	10,63	1,39	4,44	7,90	8030	0,55	
56,11	16,66	6,39	20,84	3,37	6023	3,47	
55,43	44,57	—	—	1,25	× 8237	—	Koks gesintert, schwach gebläht
86,82	13,18	—	—	6,6	× 8179	—	
88,58	11,42	—	—	7,75	× 8323	—	Gesintert, schwach blähend
87,30	12,70	—	—	6,86	× 8095	—	
90,28	9,72	—	—	9,3	× 8251	—	
86,61	13,39	—	—	6,46	× 8232	—	Pulveriger Koks
93,38	6,62	—	—	14,10	× 7959	—	
—	—	8,24	17,23	—	5759	2,97	
—	—	7,59	7,22	—	65,46	1,10	
—	—	8,89	27,24	—	4972	5,5	
59,29	40,71	—	—	1,46	× 7658	—	
53,46	46,54	—	—	1,15	× 7853	—	Schwach gebläht
60,—	40,—	—	—	1,50	× 7544	—	
—	—	8,85	22,36	—	5369	4,15	
—	—	13,28	5,89	—	6486	0,91	
—	—	9,82	42,17	—	3347	12,6	
—	—	6,18	4,98	—	6665	0,93	
—	—	4,75	0,70	—	7144	0,10	
—	—	7,15	7,51	—	6205	1,21	
78,55	21,45	—	—	3,67	× 8399	—	Gut geschmolzen
83,—	17,—	—	—	4,88	× 8340	—	
73,90	26,10	—	—	2,84	× 8168	—	
67,60	32,40	—	—	2,08	× 8000	—	Gut gebacken, auch als Kokskohlen dienend
56,24	28,91	6,08	8,77	1,95	6606	1,33	
60,47	31,52	3,82	4,19	1,92	7370	0,57	
46,37	25,47	11,54	16,62	1,82	5236	3,16	
—	—	42,44	11,16	—	2728	4,10	
29,14	35,05	30,83	4,98	0,83	3756	1,33	
—	—	45,54	18,52	—	1933	9,60	
—	—	49,32	7,91	—	2375	3,33	
—	—	50,17	6,36	—	2447	2,61	
—	—	47,76	10,98	—	2242	4,9	

obere Linie Mittelwert.
mittlere „ Höchstwert.
untere „ Kleinstwert.

Herkunft	Anzahl der Analysen	\multicolumn{5}{c}{Die Reinkohle enthält in Prozenten}				
		C	H	O + N	S	$\frac{O + N}{H}$
Niedersachsen.	59	—	—	—	—	—
Bitterfeld	4	—	—	—	—	—
Lausitz	1	64,60	5,43	29,26	0.71	5,4
Sachsen-Altenburg	8	—	—	—	—	—
Königreich Sachsen	1	69,80	5,99	19,21	5,00	3,21
4. Torf.						
Aus verschiedenen Lagern	11	57,70	6,23	36,07	—	5,77
		65,10	6,59	28,31	—	4,32
		49,63	6,01	44,36	—	7,42
6. Koks						
Gaskoks	7	96,10	0,50	2,46	0,94	4,92
Hüttenkoks		—	—	—	—	—
7. Briketts						
Hütten-Briketts, Ruhr	1	89,90	4,27	4,40	1,43	1,03
Verschiedene Sorten Braunkohlen .	6	70,60	5,73	19,38	4,29	3,39
		73,00	5,64	18,42	2,94	3,26
		71,00	6,22	19,25	3,53	3,10
8. Öle						
Naphtha der Raffinerie Peine . . .		86,38	11,51	—	—	—
B. Österreich-Ungarn.						
1. Steinkohlen.						
Mähren . , ...	22	83,80	5,08	10,72	0,40	2,12
		83,20	5,87	10,32	0,61	1,76
		81,30	5,88	11,89	0,93	—
Süd-Ungarn, Gasreichere Sorten . .	14	79,00	5,54	13,74	1,72	2,48
		83,40	5,02	9,89	1,69	1,97
		74,50	5,66	18,02	1,82	3,18
,, ,, Gasärmere ,, . .	5	88,40	4,29	5,50	1,81	1,28
		88,40	4,73	4,85	2,02	1,03
		78,60	5,33	9,03	7,04	1,69
Fünfkirchen	12	79,50	5,33	12,27	2,90	2,39
		80,90	5,74	13,31	0,05	2,32
		81,90	5,49	10,77	1,84	1,96
Szabolcs	39	85,00	5,16	6,86	2,98	1,32
		87,60	5,35	5,21	1,84	0,97
		81,20	4,90	11,10	2,80	2,27

Erläuterung: Neben den Klammern
,,   ,,   ,,
,,   ,,   ,,

Die Rohkohle enthält in Prozenten					Heizwert WE/kg × = Reinkohle	Auf 100000 WE entfallen kg Asche	Bemerkungen
Koks	Gas	Wasser	Asche	Koks/Gas			
—	—	45,20	6,85	—	2811	2,44	
—	—	38,84	6,20	—	3507	1,77	
—	—	50,13	12,59	—	2012	6,24	
—	—	51,98	6,22	—	2495	2,49	
—	—	51,60	6,29	—	2539	2,47	
—	—	52,57	6,56	—	2428	2,70	
21,92	27,64	47,10	3,34	0,80	2656	1,26	
—	—	55,50	4,52	—	2368	1,90	
—	—	51,76	5,48	—	2586	2,12	
—	—	57,38	4,16	—	2234	1,86	
14,77	25,31	51,55	8,37	0,58	2432	3,43	
—	—	—	3,45	—	× 4858	—	
ca. 31,20	66,10	—	2,70	0,48	× 6008	— —	
—	—	—	3,50	—	× 4197	— —	
—	—	14,32	10,39	—	5906	1,75	
—	—	3,74	10,26	—	6826	1,50	
—	—	22,21	16,70	—	4652	3,60	
—	—	4,75	11,90	—	6794	1,74	
72,00	14,03	1.92	12,05	5,00	7476	1,62	
31,36	42,47	16,55	9,62	0,74	4854	1,98	
32,00	41,39	17,61	9,00	0,77	4971	1,81	
30,14	42,33	17,39	10,14	0,71	4697	2,16	
—	—	—	—	—	9967	—	
—	—	2,00	10,57	—	6861	1,54	Backend — Gute Kokskohlen
—	—	1,64	9,84	—	7175	1,37	
—	—	3,09	16,21	—	6361	2,54	
—	—	2,58	15,02	—	6293	2,38	Gut gebacken
—	—	1,85	7,88	—	7079	1,11	
—	—	4,29	14,59	—	5728	2,54	
—	—	1,16	14,30	—	7106	2,02	
—	—	0,72	8,02	—	7583	1,05	Pulverförmig
—	—	1,47	23,53	—	5831	4,04	
—	—	2,50	17,16	—	6163	2,78	
—	—	2,69	9,47	—	6810	1,39	
—	—	2,08	24,50	—	5823	4,22	
—	—	1,15	23,62	—	6194	3,80	
—	—	1,61	16,27	—	7033	2,32	
—	—	2.26	28,31	—	5405	5,26	

obere Linie Mittelwert.
mittlere „ Höchstwert.
untere „ Kleinstwert.

Herkunft	Anzahl der Analysen	Die Reinkohle enthält in Prozenten				
		C	H	O + N	S	$\frac{O + N}{H}$
Siebenbürgen	74	*71,80* 80,30 80,00	*5,56* ·6,17 5,63	*19,73* 9,46 7,20	*2,91* 4,07 7,17	*3,19* 1,54 1,28
Istrien	2	*74.00*	*5,67*	*12,40*	*7,93*	*2,19*
2. Braunkohlen.						
Böhmen	11	— — 78,10	— — 6,88	— — 14,50	— — 0,52	— — 2,11
Budapester Becken	110	*70,70* 75,50 65,20	*5,40* 6,02 4,93	*20,63* 15,76 29,08	*3,27* 2,72 0,79	*3,81* 2,63 5,92
Kroatien.	28	*69,80* 69,60 67,60	*5,44* 6,19 5,33	*20,39* 16,59 24,74	*4,37* 7,62 2,33	*3,76* 2,68 4,62
Bosnien	7	*65,80* 67,40 66,60	*5,67* 5,55 5,52	*26,45* 25,02 27,36	*2,08* 2,03 0,52	*4,66* 4,50 4,95
3. Öle.						
Galizien	3	—	—	—	—	—
C. Balkan.						
Serbien	1	77,30	5,92	7,60	9,18	1,28
Griechenland	4 1 1	*62,60* 69,30 68,40	*5,76* 4,75 7,09	*29,40* 23,33 22,39	*2,24* 2,62 2,12	*5,10* — —
D. Rußland. **1. Anthrazite.**						
Ural	3	*95,13*	*1,52*	*2,68*	—	*1,76*
Orsk	1	93,56	1,52	4,18	—	2,76
Gruschewka	1	94,56	1,20	1,06	—	0,88
Schunga	1	93,45	0,99	4,86	—	5,02
2. Steinkohlen und Braunkohlen.						
Insel Sachalin	5	*78,30* 88,30 64,00	*5,15* 5,16 5,50	*16,55* 6,54 30,50	*0,85* 1,64 0,40	*3,22* 1,27 5,55
Am Stillen Ozean	7	*78,29* 86,94 74,66	*5,30* 5,67 4,62	*16,41* 7,39 20,72	*0,86* 0,75 0,63	*3,09* 1,30 4,48
Kaukasus	2	*76,58*	*5,46*	*17,04*	—	*3,12*
Ural	1	82,56	5,44	11,04	—	2,03
„ Junge Kohlen	3	—	—	—	—	—
Meuselinsk	1	61,51	5,81	32,70	—	5,62
Petschora	1	65,71	4,11	28,85	—	7,02
Malewka	1	68,66	4,89	25,43	—	5,20
Tschulkowo	1	72,65	5,14	21,30	—	4,17
Ferghana	1	73,75	4,33	21,26	—	4,92
Gangul	1	78,27	4,46	16,31	—	3,66
Sosno	1	78,90	5,61	13,05	—	2,33

Erläuterung: Neben den Klammern

       „   „   „

       „   „   „

Die Rohkohle enthält in Prozenten					Heizwert WE/kg × = Reinkohle	Auf 100 000 WE entfallen kg Asche	Bemerkungen
Koks	Gas	Wasser	Asche	Koks / Gas			
—	—	4,09	13,17	—	5751	2,28	
—	—	2,25	4,62	—	7534	0,61	
—	—	11,37	16,84	—	5012	3,37	
—	—	1,35	10,32	—	6450	1,60	
	—						
—	—	25,73	5,02	—	4801	1,04	
—		11,18	1,00	—	6708	0,15	
26,72	34,39	24,79	14,10	0,78	4425	3,19	
—	—	15,16	14,37	—	4687	3,07	Sehr schnell entgasend
—	—	10,17	10,28	—	5836	1,76	
—	—	21,82	11,24	—	3705	2,58	
—	—	14,36	15,56	—	4560	3,42	
—	—	12,74	14,24	—	5074	2,82	
—	—	29,63	16,69	—	3167	5,26	
—	—	16,92	18,22	—	3873	4,7	
—	—	17,06	13,32	—	4239	3,14	
—	—	17,89	24,52	—	3388	7,25	
—	—	—	—	—	10105	—	
—	—	1,25	16,78	—	6528	2,58	leicht backend — fett
—	—	15,09	12,97	—	× 5268	—	
—	—	13,02	4,74	—	× 6238	—	
—	—	13,72	19,44	—	× 4764	—	
—	—	4,07	10,33	—	7703	1,34	
—	—	4,10	2,06	—	7840	0,26	
—	—	3,50	1,09	—	7502	0,15	
—	—	1,90	2,00	—	7415	0,27	
51,27	39,06	4,33	5,34	1,31	—	—	
57,89	26,70	2,09	13,32	2,17	—	—	
48,87	43,21	5,00	2,92	1,13	—	—	
46,00	41,21	5,37	74,20	1,12	—	—	
54,68	30,58	1,37	13,37	1,80	—	—	
62,20	31,65	2,40	3,75	1,96	—	—	
44,70	43,23	7,75	4,35	1,03	6619	0,66	
50,90	31,00	1,60	16,50	1,64	—	—	
41,42	30,98	14,82	13,38	1,34	—	—	
27,70	42,80	20,30	9,20	0,65	—	—	
39,80	48,50	8,10	3,60	0,82	—	—	
30,40	40,60	6,40	22,60	0,75	—	—	
41,40	40,60	5,80	12,20	1,02	—	—	
57,60	31,90	8,50	2,00	1,81	—	—	
49,90	29,60	5,60	14,90	1,69	—	—	
55,20	38,10	5,00	1,70	1,45	—	—	

obere Linie Mittelwert.
mittlere „ Höchstwert.
untere „ Kleinstwert.

Herkunft	Anzahl der Analysen	Die Reinkohle enthält in Prozenten				
		C	H	O + N	S	$\frac{O + N}{H}$
Rutschenkowo	1	83,23	5,01	10,06	—	2,00
Kamensk	1	90,28	4,90	3,82	—	0,78
Russischer Boghead I	1	70,00	8,56	20,59	—	2,40
„ „ I	1	77,38	10,14	18,82	—	1,86
Lignit der Kirgisensteppe	2	*61,61*	*4,78*	*39,27*	—	*8,22*
„ von Wladiwostok	1	69,36	5,67	24,08	—	4,25
Baku Naphtha	1	86,00	13,00	1,00		
E. Frankreich u. Belgien.						
Mons	15	*86,74*	*5,24*	*8,02*	—	*1,52*
		88,66	4,88	6,46	—	1,32
		84,20	5,32	10,48	—	1,97
Charleroi	14	*90,15*	*4,39*	*5,46*	—	*1,24*
		90,42	4,27	5,31	—	1,24
		89,50	4,84	5,66	—	1,17
Centre	7	*89,09*	*4,79*	*6,12*	—	*1,28*
Valenciennes	7	*87,78*	*5,31*	*6,91*	—	*1,30*
		93,30	3,78	2,92	—	0,77
		87,20	5,69	7,11	—	1,25
Commentry	2	*84,25*	*5,45*	*10,30*	—	*1,90*
Blanzy	2	*78,28*	*5,35*	*16,37*	—	*3,24*
Verschiedene	7	*87,18*	*5,02*	*7,80*	—	*1,56*
		91,20	4,27	4,53	—	1,06
		79,40	5,38	15,22	—	2,93
F. England.						
Wales Nixon Navigation	1	92,71	4,26	3,03	—	0,71
Cardiff	3	*90,33*	*4,29*	*5,38*	—	*1,26*
Andere Sorten	2	*92,96*	*3,36*	*2,80*	—	*0,84*
Yorkshire	4	82,60	4,86	11,19	1,45	2,30
	1	85,43	5,30	9,27	—	1,75
New Castle	8	—	—	—	—	—
		80,20	5,15	11,56	3,09	2,17
	1	83,85	5,42	10,73	—	1,97
Derbyshire	1	89,19	5,31	5,50	—	1,22
	1	84,30	4,78	9,04	1,88	1,90
Schottische Kohle	2	*82,60*	*5,20*	*10,50*	*1,70*	*1,—*
Wigan Cannel	1	82,29	5,86	8,31	—	1,42
Natal (Elands Saapte)	1	87,32	5,04	7,64	—	1,52
G. Nordamerika.						
Arkansas, Gasarme Sorten	5	—	—	—	—	—
„ Gasreiche „						
Illinois						

Erläuterung: Neben den Klammern

Die Rohkohle enthält in Prozenten					Heizwert WE/kg × = Reinkohle	Auf 100 000 WE entfallen kg Asche	Bemerkungen
Koks	Gas	Wasser	Asche	$\frac{\text{Koks}}{\text{Gas}}$			
70,00	27,60	1,70	0,70	2,54	—	—	
75,30	13,30	0,40	11,00	5,65	— —	— —	
12,20	76,80	1,90	9,10	0,16	— —	—	
15,20	61,50	0,30	23,60	0,25	—	—	
28,20	60,50	7,75	3,55	0,47	—	—	
—	—	26,44	6,36	—	4406	1,45	
—	—	—	—	—	10736	—	
77,80	—	—	—	—	—	—	gut geschmolzen
—	—	—	1,70	—	—	—	
87,00	—	—	—	—	—	—	Weniger stark geschmolzen bis gesintert
—	—	—	3,55	—	—	—	
80,25	—	—	—	—	—	—	Weniger stark geschmolzen
—	—	—	3,10	—	—	—	Gut geschmolzen
—	—	—	1,82	—	—	—	
57,00	—	—	2,28	—	—	—	
—	—	—	7,11	—	—	—	
83,30	13,65	1,35	1,70	6,10	8393	0,20	
—	—	—	19,20	—	—	—	
89,40 ca.	—	—	—	—	—	—	
83,00 über	—	1,05	5,34	—	7823	0,68	
90°/₀	—	—	—	—	—	—	
—	—	9,09	10,88	—	6162	1,75	
58,34	26,66	6,69	8,31	2,19	6893	1,20	
—	—	7,16	21,59	—	5735	3,76	
69,80	—	—	—	—	—	—	Fettkohle, gut geschmolzen
—	—	8,44	11,64	—	6233	1,77	
—	—	6,31	5,57	—	7063	0,79	
43,49	24,55	10,15	21,81	1,75	5049	4,32	
58,15	—	—	—	—	—	—	Backende Gaskohle
69,80	—	—	—	—	—	—	Fettkohle
—	—	7,40	5,69	—	6907	0,82	
—	—	2,35	3,52	—	7800	0,45	
—	—	3,30	18,50	—	6253	2,96	
53,74	28,04	6,78	12,82	1,92	6202	2,10	
59,00	—	—	—	—	—	—	Hart gebläht
72,67	—	—	—	—	—	—	Gut geschmolzen
66,10	14,34	2,35	17,21	4,62	6957	2,48	
71,75	20,90	1,44	5,91	3,43	7920	0,75	
59,24	12,05	1,95	26,76	4,92	6190	4,33	

obere Linie Mittelwert.
mittlere ,, Höchstwert.
untere ,, Kleinstwert.

Herkunft	Anzahl der Analysen	Die Reinkohle enthält in Prozenten				
		C	H	O + N	S	$\dfrac{O+N}{H}$
Illinois, Gasreiche Sorten	2	—	—	—	—	—
Illinois		—	—	—	—	—
Jowa		—	—	—	—	—
Indiana		—	—	—	—	—
Kansas		—	—	—	—	—
Kentucky		—	—	—	—	—
Maryland		—	—	—	—	—
Ohio		—	—	—	—	—
Pennsylvania, Anthrazit	3	94,75	2.66	2.59		
„ Gasarme Sorten . . .		—	—	—	—	—
., Gasreiche „ . . .		—	—	—	—	—
Tennessee		—	—	—	—	—
West-Virginia, Gasarme Sorten . .		—	—	—	—	—
„ Gasreiche „ . .		—	—	—	—	—

Erläuterung: Neben den Klammern

Enthalten die flüchtigen Bestandteile vorwiegend mittelschwere Kohlenwasserstoffe, so erfolgt die Entgasung weniger schnell, daher können die Gase zum großen Teile innerhalb oder wenigstens in der Nähe des frischen Brennmaterials ausbrennen und so wesentlich zur schnellen Oxydation des festen Kohlenstoffes beitragen. Es bildet

Die Rohkohle enthält in Prozenten					Heizwert WE/ kg × = Reinkohle	Auf 100 000 WE entfallen kg Asche	Bemerkungen
Koks	Gas	Wasser	Asche	Koks/Gas			
53,35	35,02	4,94	7,69	1,53	7150	1,08	
55,23	37,37	3,93	3,27	1,47	7600	0,43	
49,48	32,47	5,94	12,12	1,52	6740	1,80	
43,39	31,29	9,68	15,70	1,40	6154	2,56	
63,07	27,12	2,21	7,60	2,32	7668	1.00	
29,97	26,55	6,68	36,80	1,13	4695	7,85	
32,97	29,78	11,4	25,85	1,10	4905	5.28	
41,78	42,89	8,01	7,32	0,98	6667	1,09	
26,70	18,97	9,13	45,02	1,41	3532	12,80	
40,33	34,71	9,98	14,91	1,16	5931	2,52	
43,70	39,78	7,12	9,40	1,09	6572	1,43	
32,55	22,18	13,76	31,53	1,47	4303	7,33	
48,97	29,52	4,77	16,74	1,66	6488	2,58	
53,52	34,41	5,69	6,38	1,55	7384	0.86	
42,01	22,73	9,02	26,24	1,85	5657	4.62	
50,30	31,64	6,81	11,25	1,60	6716	1,68	
57,68	39,16	1,10	2,03	1 49	8273	0 25	
41,33	24,86	16,41	17,40	1,65	5257	3,30	
69,26	20,08	1,45	9,21	3,45	7665	1,20	
72,31	17,67	1,26	6,76	4,10	7864	0,86	
68,50	21,05	1,14	9,31	3,26	7484	1,24	
49,06	32,42	5,16	13,36	1,51	6663	2,00	
51,31	36,23	2,60	9,86	1,42	7454	1,32	
45,04	28,29	9,41	17,26	1,60	5821	2,98	
Weit über 90 % Koks							
69,17	18,61	2,84	9,38	3,72	7674	1,22	
74,08	18,08	0,72	7,12	4,10	8124	0,88	
59,83	20,86	3,51	15,80	2,85	6991	2,26	
54,82	30,62	2,77	11,79	2,11	7431	1,59	
61,84	34,39	1,29	2,38	1,80	8318	0,28	
43,72	32,03	4,57	19,68	1,37	6307	3,13	
53,73	29,88	2,09	14,30	1,79	7031	2,00	
57,70	30,28	1,65	10,37	1,90	7558	1,37	
45,70	25,13	3,07	26,10	1,82	6007	4,34	
73,56	18,47	2,22	5,75	4,00	8102	0.71	
74,33	21,37	0,67	3,63	3,50	8386	0.43	
75,48	14,21	4,29	6,02	5,30	7764	0.77	
56,82	31,64	2,16	9,38	1,80	7468	1.26	
60,76	35,49	0,98	2,77	1,72	8204	0,34	
48,72	34,16	7,94	9,18	1,43	6711	1,37	

obere Linie Mittelwert.
mittlere   ,, Höchstwert.
untere   ,, Kleinstwert.

sich dann ein mehr oder weniger poröser Koks mit großen Angriffsflächen für den oxydierenden Sauerstoff.

.Schließlich findet bei den größtenteils aus schweren Kohlenwasserstoffen bestehenden flüchtigen Bestandteilen eine äußerst langsame Entgasung statt, welche sich unter Umständen darin bemerkbar macht.

daß ein an der Oberfläche durchweg verkoktes Stück Kohle im Innern vollständig frisch erhalten ist. Derartige Kohlen kommen natürlich den gasarmen in bezug auf die erreichbare Verbrennungsgeschwindigkeit sehr nahe.

Die verwickelten Beziehungen zwischen der Zusammensetzung der Brennmaterialien sowie der Menge und Art der flüchtigen Bestandteile derselben sind noch nicht völlig aufgeklärt. Jedenfalls steht fest, daß dabei das geologische Alter sehr wesentlich mitspricht, und zwar mit zunehmendem Alter die leichten Kohlenwasserstoffe sich vermindern. Ferner lehrt die Erfahrung, daß ein gewisses Verhältnis zwischen dem Sauerstoff und Gasgehalt der Kohle besteht. Man findet in der Regel

	bei jungen	mittleren	alten
	Kohlen		
$\dfrac{\text{Sauerstoff}}{\text{Wasserstoff}}$	4 bis 5	2,5 bis 3,2	1 bis 0,7
$\dfrac{\text{Fester Kohlenstoff}}{\text{Flüchtige Bestandteile}}$	0,5 bis 0,8	1 bis 2	3 bis 7
Entgasung erfolgt	schnell	normal	sehr langsam.

Die folgende Tafel zeigt, wie sich beim Werdegang der Kohle vom frischen Holze bis zum Anthrazit die chemische Zusammensetzung, der Heizwert und der Gehalt an flüchtigen Bestandteilen ändern. Durch die allmählich erfolgende Abgabe von Kohlensäure und Methan werden hauptsächlich der Sauerstoffgehalt, weniger der Wasserstoffgehalt vermindert, wobei eine entsprechende Anreicherung mit Kohlenstoff eintritt. Da die leichten Kohlenwasserstoffe naturgemäß zuerst entweichen, so ist es leicht einzusehen, daß die Entgasungsgeschwindigkeit der Kohlen mit zunehmendem Alter sinkt. Sehr bezeichnend ist im allgemeinen das Verhalten bei der Verkokungsprobe. Der Koks ist sowohl bei sehr gasreichen, schnell entgasenden, wie bei gasarmen Kohlen pulverförmig, und dies wahrscheinlich deshalb, weil im ersten Falle durch die lebhafte Entgasung der feste Kohlenstoff auseinander gesprengt wird, während im zweiten Falle nicht genügend Gase vorhanden sind, um das Backen des Kokses herbeizuführen.

Die vorstehend erwähnte Tafel ist aus einer größeren Anzahl Analysen ermittelt; sie gibt nur ein — nicht ausnahmslos zutreffendes — ungefähres Bild. Manche Kohlen, namentlich solche mit sehr hohem Wasserstoffgehalt, durchbrechen die Reihe erheblich.

Die Güte und Geschwindigkeit der Oxydation und der Zündung nehmen mit wachsender Feuerraumtemperatur ganz erheblich zu, und deshalb sind möglichst hohe Feuerraumtemperaturen für eine vollkommene Verbrennung unerläßlich. Dabei spielt aber die Art und Zusammen-

Verkohlung vegetabiler Brennstoffe.

Stadium	Die trockene und aschenfreie Substanz hat				Auf 100 C entfallen				Verkokungsergebnis				Bemerkungen
	C	H	O+N	W.	H	H dispon.	O+N	$\frac{O+N}{H}$	Art des Kokes	Koks G T	Gas G T	$\frac{Koks}{Gas}$	
Holz	50	6	44	4488	12	1	88	7,3	Pulver	13	87	0,15	Äußerst schnell ent-gasend
Junger Torf .	50	6	44	4488	12	1	88	7,3	-	13	87	0,15	Äußerst schnell ent-gasend
Torf im Mittel	56,3	5,4	38,3	4692	9,6	1,1	68	7,1	-	20	80	0,25	Schnell entgasend
Torf vollständig zersetzt . .	59,1	5,3	35,6	5543	9,0	1,5	60	6,7	-	35	65	0,54	- -
Lignite pliocän	55	5,8	39,2	5034	10,6	1,6	71	6,7	-	37	63	0,59	Äußerst schnell ent-gasend
Braunkohlen im Mittel . . .	67	5,5	27,5	5897	8,2	3,1	41	5,0	-	43	57	0,75	Schnell entgasend
Alt.Braunkohlen	75	5	20	6800	6,7	3,3	26,7	4,0	Pulver bis gefrittet	45	55	0,82	Etwas weniger schnell entgasend
Sand-Gaskohlen	76,8	5,2	18	7111	6,8	ca 4,0	23,4	3,5	Pulver bis gefrittet	60,2	39,8	1,5	Kräftige Gasent-wicklung
Backende Gas-kohlen . . .	84,0	5,4	10,6	8022	6,4	ca 5.0	12,6	1,96	Gesintert und schwach gebläht	64,8	35,2	1,84	Weniger kräftig
Fettkohlen . .	87,2	5,0	7,8	8261	5,75	ca 4,8	8,96	1,56	Geschmolzen und aufgebläht	79	21	3,76	Langsam entgasend
Sinterkohlen .	90,4	4,4	5,2	8439	4,87	ca 4,3	5,76	1,18	Gesintert und schwach gebacken	86,3	13,7	6,3	Sehr langsam entgasend mit fort-schreitendem Abbrande des Kokes
Sandkohlen . .	91,6	3,8	4,6	8381	4,15	ca 3,6	5,02	1,21	Pulver	88,6	11,4	7,8	Äußerst langsam nur an der Ober-fläche der Stücke entgasend
Anthrazit . . .	94,8	2,7	2,5	8300	2,85	ca 2,5	2,63	0,93	-	93,8	6,2	15,1	Kaum fühlbare Gasbildung

2*

setzung des Brennmaterials und besonders die in diesem enthaltene Feuchtigkeit eine sehr große Rolle, weil letztere nicht nur durch Verminderung des Heizwertes, sondern mehr noch durch Erhöhung der spezifischen Wärme der Rauchgase die Verbrennungstemperatur herabdrückt. Demzufolge muß bei der Ausbildung des Feuerraumes bzw. Bemessung der Abstrahlfläche auf die Eigenheiten des zu verfeuernden Materiales Rücksicht genommen werden.

Wenn der Feuchtigkeitsgehalt eine gewisse Grenze überschreitet, dann sinkt die Verbrennungstemperatur weit unter das zulässige Maß, und in diesem Falle kann nur durch eine Vortrocknung des Materials die vorteilhafteste Ausnutzung desselben bzw. eine einigermaßen gute Verbrennung erreicht werden. Wie aus Fig. 1 zu ersehen ist, welche die Abhängigkeit des Heizwertes der Verbrennungstemperatur und des erreichbaren Wirkungsgrades vom Feuchtigkeitsgehalt des Brennmaterials darstellt, kann die richtige Vortrocknung unter Umständen auch sonst große Vorteile bieten, indem sich dadurch die

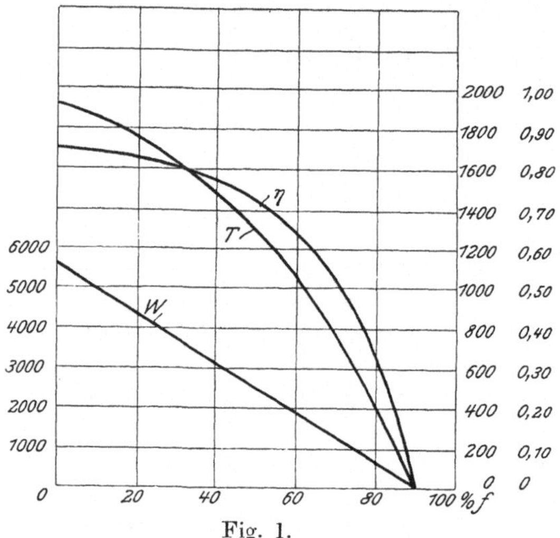

Fig. 1.

Leistung der Anlage — entsprechend der höheren Verbrennungstemperatur — und der Wirkungsgrad steigern läßt. Dabei ist aber zu beachten, daß bei unzweckmäßiger Methode der Vortrocknung, d. i. wenn mit zu hohen Temperaturen gearbeitet wird, ein großer Teil der wertvollen flüchtigen Bestandteile des Materials verloren gehen kann.

Auf die Güte der Verbrennung und den ganzen Feuerungsbetrieb haben die mineralischen Verunreinigungen des Brennmaterials einen großen Einfluß. Es gelingt niemals, diese Verunreinigungen in Form von Asche oder Schlacke vollständig von dem Verbrennlichen zu scheiden, vielmehr enthalten die Feuerungsrückstände stets einen von der Güte der Konstruktion und Bedienung der Feuerung abhängigen Anteil an unverbrannten Stoffen. Der sich daraus ergebende Verlust ist unter Umständen außerordentlich groß, namentlich im gewöhnlichen Betriebe, wo nicht immer auf diesen Umstand genügend geachtet wird oder werden kann. Derselbe wächst offenbar mit dem Aschengehalt des Brennmaterials, was bei der Beurteilung desselben und der damit zu erwartenden Resultate wohl zu beachten ist.

Von diesem Veiluste abgesehen, können die genannten Verunreinigungen den Feuerungsbetrieb wesentlich schädigen, und dabei spielt die chemische Zusammensetzung der unverbrennlichen Teile eine große Rolle. Bei hohem Kalkgehalt bildet sich im Feuer eine lose, staubförmige Asche, während der Gehalt an Silizium und Eisen zur Bildung von fließender Schlacke führt. Letztere kann aber bei unzweckmäßig ausgewählten Feuerungen einen rationellen Betrieb geradezu unmöglich machen, indem unter dem Einfluß hoher Verbrennungstemperaturen eine flüssige Schlacke entsteht, welche die Rostspalten in kurzer Frist verstopft und sehr schwer herauszuholen ist. Auf diesen Umstand muß bei der Auswahl der Feuerungsart Rücksicht genommen werden

2. Die Verbrennungsluft.

a) **Theoretisch erforderliche Luftmenge.** Bei vollkommener Verbrennung verbinden sich

$$1 \text{ Atom C mit 2 Atome O zu } CO_2 = \text{Kohlensäure}$$
$$2 \text{ Atome H mit 1 Atom O zu } H_2O = \text{Wasser}$$
$$1 \text{ Atom S mit 2 Atome O zu } SO_2 = \text{Schweflige Säure}$$

Setzt man die Atomgewichte für

$$C = 12$$
$$H = 1$$
$$S = 32 \text{ und}$$
$$O = 16$$

so läßt sich die zur vollkommenen Verbrennung erforderliche Sauerstoffmenge wie folgt berechnen:

$$O = \frac{2 \cdot 16}{12} \cdot c + \frac{16 \cdot h}{2 \cdot 1} + \frac{2 \cdot 16}{32} \cdot s - 0 \quad \ldots \ldots \text{(3}$$

wenn die Zusammensetzung des Brennmateriales mit

$$c \text{ Gewichtsteilen Kohlenstoff}$$
$$h \qquad ., \qquad \text{Wasserstoff}$$
$$s \qquad ., \qquad \text{Schwefel und}$$
$$o \qquad ., \qquad \text{Sauerstoff}$$

gegeben ist.

Daraus folgt:

$$O = \frac{8}{3} \cdot c + 8h + s - 0 \quad \ldots \ldots \ldots \text{(4}$$

Im Mittel erhält die Luft 0,236 Gewichtsteile Sauerstoff und 0,764 Gewichtsteile Stickstoff. Es ergibt sich daher die zur vollkommenen Verbrennung theoretisch erforderliche Luftmenge zu

$$L_o = \frac{O}{0\,236}$$

$$= \frac{1}{0,236} \left(\frac{8}{3}\, c + 8\, h + s - o \right)$$

$$= 11,3\, c + 33,9\, h + 4,2\, (s - o) \quad \ldots \ldots \quad (5$$

Es ist wohl zu beachten, daß die theoretisch erforderliche Luft-menge in der Regel nicht dazu ausreicht, um eine annähernd vollkommen Verbrennung zu schaffen, und deshalb der Feuerung eine gewisse Menge Luft im Überschuß zugeführt werden muß. Die Größe dieses Lufte überschusses hängt von der Bauart und Bedienung der Feuerung ab- welche Verhältnisse weiter unten behandelt werden sollen.

Die praktisch erforderliche Luftmenge ist also zu

$$L = L_o \cdot n \quad \ldots \ldots \ldots \ldots \ldots \quad (6$$

zu setzen, wobei der Faktor „n" je nach den vorliegenden Umständen zwischen 1,1 und 2,5 schwanken kann.

b) Näherungsformeln für den Luftbedarf. Die vorstehenden Formeln sind für die häufig vorkommende Bestimmung des Luftbedarfes etwas umständlich. Sie versagen, wenn die chemische Zusammensetzung des Brennmaterials unbekannt ist. Daher ist es erwünscht, nach einem Ausdruck zu suchen, welcher den Luftbedarf möglichst annähernd richtig, schnell und leicht finden läßt. In manchen Lehr- und Hand-büchern wird angegeben, daß zur Verbrennung von 1 kg Kohle 15—18 kg Luft erforderlich seien. Diese Faustregel ist aber viel zu roh, denn sie vernachlässigt ganz die Verschiedenheiten der Kohlen und die besonderen Umstände jeder Feuerungsanlage.

Erheblich genauer ist es, wenn man den Luftbedarf in Beziehung zum Heizwert des Brennmaterials bringt.

Zur Verbrennung einer 1000 WE entsprechenden Menge sind nämlich erforderlich:

$$\text{bei Kohlenstoff } \frac{8}{3} \cdot \frac{1000}{8100} = 0,329 \text{ kg Sauerstoff,}$$

$$\text{bei Wasserstoff } 8 \cdot \frac{1000}{29\,000} = 0,276 \text{ kg Sauerstoff}$$

und

$$\text{bei Schwefel } \quad 1 \cdot \frac{1000}{2500} = 0,400 \text{ kg Sauerstoff.}$$

Diese Zahlen weichen nicht sehr erheblich voneinander ab, und dabei ist zu bedenken, daß in der Regel der Gehalt an Wasserstoff und

Schwefel im Verhältnis zum Kohlenstoff verschwindend klein ist. Deshalb kann man setzen

$$L_0 = 1{,}37 \cdot \frac{W}{1000} \qquad \dots \dots \dots \quad (7$$

wobei nur der Heizwert W bekannt sein muß.

Für Kohlen mit hohem Feuchtigkeitsgehalt (f) wird besser gesetzt

$$L_0 = 1{,}37 \, \frac{W + 600\,f}{1000} \qquad \dots \dots \dots \quad (8$$

Man kann nun noch einen Schritt weiter gehen und — namentlich bei überschläglichen Rechnungen — den Luftbedarf auf die zu erzeugende Dampfmenge beziehen.

Man erhält so

$$L = n \cdot 1{,}15 \cdot D \text{ bis } n \cdot 1{,}25 \cdot D \quad \dots \dots \quad (9$$

wenn D die zu erzeugende Dampfmenge bezeichnet.

Die vorstehenden Werte sind unter Annahme eines Gesamtwirkungsgrades der Kesselanlage von 78 % und 20—40° C. Speisewassertemperatur berechnet. Der untere Wert (1,15) stimmt ziemlich gut für gesättigten Dampf, während der obere einer Überhitzung auf 300° C entspricht.

Bei mit Unterwind arbeitenden Anlagen ist häufig bequemer mit

$$L = 0{,}255 \cdot n \text{ bis } 0{,}275 \cdot n \text{ in cbm Luft pro Sekunde } \dots \quad (10$$

für 1000 kg Dampf pro Stunde zu rechnen.

Übungsbeispiele:

1. Es sei gegeben:

Zusammensetzung der Kohle mit 0,83 c; 0,04 h; 0,04 o; 0,02 f; 0,01 s und W = 7750.

Bei 25 % Luftüberschuß (n = 1,25) findet man den Luftbedarf genau

$$L = 1{,}25 \cdot [11{,}3 \cdot 0{,}83 + 33{,}9 \cdot 0{,}04 + 4{,}2 \cdot (0{,}01 - 0{,}04)] = 13{,}26 \text{ kg und}$$

nach der Näherungsformel

$$L = 1{,}25 \cdot 1{,}37 \cdot \frac{7750}{1000} = 13{,}27 \text{ kg,}$$

also fast genau übereinstimmend.

2. Zu berechnen der Luftbedarf für 500 kg Kohle, enthaltend: 0,51 c; 0,045 h; 0,19 o; 0,025 s; 0,14 f und 0,09 r mit 4719 WE Heizwert, wenn mit 50 % Luftüberschuß (n = 1,5) gearbeitet wird.

Die genaue Formel liefert

$$1{,}5\,[11{,}3 \cdot 0{,}51 + 33{,}9 \cdot 0{,}045 + 4{,}2 \cdot (0{,}025 - 0{,}19)] = 9{,}894 \text{ kg}$$

und die Näherungsformel

$$1{,}5 \cdot 1{,}37 \cdot \frac{4719 + 0{,}14 \cdot 600}{1000} = 9{,}871 \text{ kg}$$

mit einer Abweichung von weniger als $\frac{1}{4}$ %.

3. Mit der in Beispiel 1 angenommenen Kohle sollen 1000 kg Dampf von 12 atm auf 300° C überhitzt aus Speisewasser von 30° C bei 25 % Luftüberschuß erzeugt werden.

Die Näherungsformel liefert

$$L = 1000 \cdot 1{,}25 \cdot 1{,}25 = 1562{,}5 \text{ kg Luft.}$$

Die genaue Berechnung ergibt:

Zur Erzeugung von 1 kg des oben bezeichneten Dampfes sind ca. 700 WE erforderlich. Daraus ergibt sich bei 78 % Wirkungsgrad die Verdampfungsziffer

$$\frac{7750 \cdot 0{,}78}{700} = 8{,}64 \text{ fach,}$$

folglich für 1000 kg Dampf der Kohlenverbrauch

$$B = \frac{1000}{8{,}64} = 116 \text{ kg}$$

und damit der Luftbedarf

$$L = 116 \cdot 13{,}26 = 1538{,}2 \text{ kg.}$$

Der Fehler der Näherungsformel beträgt also etwa 1,6 %.

4. Für die stündliche Erzeugung von 25 000 kg Dampf von 10 atm soll der die erforderliche Druckluft liefernde Ventilator berechnet werden unter Annahme eines Luftüberschusses von 25 %.

Man findet annähernd

$$L = \frac{25\,000}{1000} \cdot 0{,}225 \cdot 1{,}25 = 8{,}00 \text{ cbm p. Sek.}$$

Der Wärmeaufwand pro Kilogramm Dampf beträgt ca. 640 WE, es ergibt sich also mit der im Beispiel 2 angenommenen Kohle bei 75 % Wirkungsgrad eine

$$\frac{4719 \cdot 0{,}75}{640} = 5{,}75 \text{ fache Verdampfung}$$

und sind demnach stündlich

$$\frac{25\,000}{5{,}75} = 4350 \text{ kg Kohle}$$

zu verbrennen, welche

$$4350 \cdot 1{,}37 \cdot \frac{4719 + 0{,}14 \cdot 600}{1000} \cdot 1{,}25 = 35\,900 \text{ kg Luft}$$

erfordern.

Nimmt man das spezifische Volumen der Luft zu 0,8 cbm pro kg
an, so ergibt sich der Luftbedarf zu

$$\frac{35\,900}{3600} \cdot 0,8 = 8,0\,\text{cbm pro Sekunde}$$

wie oben annähernd ermittelt.

c) Volumen und spezifisches Gewicht der Luft. Bei der Einschätzung
des Volumens der Verbrennungsluft und der Rauchgase sind der
Feuchtigkeitsgehalt der Luft, der barometrische Druck und die Luft·
temperatur sorgfältig zu beachten.

Zuweilen ist die Luft äußerst stark mit Feuchtigkeit gesättigt,
welche das Gewicht derselben vermindert bzw. das Volumen bedeutend
erhöht. Dieser Umstand macht sich meistens umso stärker bemerkbar,
weil gleichzeitig ein tiefes barometrisches Minimum herrscht. Namentlich in den heißen Gegenden muß man daher in dieser Hinsicht sehr
vorsichtig sein.

Man erhält für feuchte Luft, wenn f den Feuchtigkeitsgehalt in
Gewichtsteilen bezeichnet, auf 0 Grad und 760 Barometerstand reduziert:

$$R_m = f \cdot 47,11 + (1 - f) \cdot 29,27 \qquad . \quad . \quad (11$$

sowie

$$G_n = 13,596 \cdot \frac{p'}{R_m \cdot (273 + t)}$$

wenn

  p' den Luftdruck in mm Quecksilbersäule

  t die Lufttemperatur in Celsiuspraden

bezeichnen.

Hieraus ergibt sich auf 760 mm Barometerstand und 0^0 C bezogen

$$G_n = \frac{37,85}{R_m} \qquad . \quad . \quad . \quad . \quad . \quad . \quad (12$$

für f = 0	0,01	0,02	0,03	0,04	0,05	0,06	0,07	0,08
G_n = 1,293	1,284	1,275	1,267	1,259	1,251	1,242	1,234	1,227
Dabei ist der Kondenspunkt = 0	14	25	32	38	42	45	48	50^0 C

Ferner ist die Meereshöhe nicht außer acht zu lassen.

Meereshöhe	Mittlerer Luftdruck	Spezif. Volumen der Luft	Spezif. Gewicht der Luft ·	Zuschlag %
0	760	0,800	1,250	0
200	742	0,817	1,220	2
400	724	0,837	1,190	5
600	707	0,860	1,160	8
800	690	0,880	1,130	10
1000	674	0,900	1,110	13
1500	635	0,955	1,050	20
2000	598	1,040	0,960	30

In der vorstehenden Tabelle sind die mittleren Luftdrucke für verschiedene Mereshöhen nach K o h l r a u s c h und die entsprechenden Volumen und Gewichte mittelfeuchter Luft angegeben. Die letzte Spalte zeigt, um wieviel Prozent das für Meresspiegel mit 0,8 cbm pro Kilogramm berechnete Volumen der jeweiligen Höhenlage entsprechend größer angenommen werden muß

Mit zunehmender Temperatur erhöht sich das Volumen und verringert sich das spezifische Gewicht der Luft wie des Gases.

Man erhält nach M a r i o t t e :

$$V_t = V \cdot (1 + \alpha\, t) \quad\ldots\ldots\ldots\ldots\ldots\ldots \tag{13}$$

wobei

α den Ausdehnungskoeffizient der Gase $= 0,00367$

t die Temperatur derselben in Celsiusgraden.

bezeichnet.

In der folgenden Tabelle sind die Werte $1 + \alpha\, t$ für verschiedene Temperaturen von 0—50° C, das spezifische Volumen und das spezifische Gewicht mittelfeuchter Luft sowie die gleichen Werte von mittelfeuchten Rauchgasen für höhere Temperaturen eingetragen.

Daraus ist zu ersehen, daß in heißen Gegenden mit einem um wenigstens 10 % höheren Luftvolumen zu rechnen ist als im gemäßigten Klima.

Tabelle der Luft- und Gasvolumen.

Mittelfeuchte Luft.

T	1 + a T	V	G	T	1 + a T	V	G
0	1	0,776	1,288	30	1,110	0,861	1,160
5	1,018	0,790	1,265	35	1,128	0,875	1,141
10	1,037	0,805	1,242	40	1,147	0,890	1,123
15	1,055	0,819	1,221	45	1,165	0,904	1,105
20	1,073	0,833	1,200	50	1,183	0,918	1,088
25	1,092	0,847	1,180				

Mittelfeuchte Rauchgase.

T	1 + a T	V	G	T	1 + a T	V	G
75	1,275	0,981	1,011	375	2,374	1,828	0,547
100	1,366	1,052	0,951	400	2,465	1,898	0,527
125	1,458	1,123	0,890	425	2,537	1,969	0,508
150	1,549	1,193	0,838	450	2,648	2,039	0,490
175	1,641	1,263	0,792	475	2,740	2,110	0,474
200	1,733	1,334	0,750	500	2,832	2,181	0,459
225	1,824	1,404	0,709	525	2,924	2,251	0,444
250	1,916	1,475	0,680	550	3,015	2,322	0,431
275	2,008	1,546	0,647	575	3,107	2,392	0,414
300	2,099	1,616	0,619	600	3,198	2,462	0,406
325	2,191	1,687	0,593	625	3,290	2,533	0,395
350	2,282	1,757	0,570	650	3,381	2,603	0,384

T	$1 + aT$	V	G	T	$1 + aT$	V	G
675	3,473	2,674	0,374	1150	5,212	4,013	0,249
700	3,564	2,744	0,364	1175	5,304	4,084	0,244
725	3,656	2,815	0,355	1200	5,396	4,155	0,241
750	3,747	2,885	0,347	1225	5,488	4,226	0,236
775	3,839	2,956	0,338	1250	5,579	4,296	0,232
800	3,930	3,026	0,330	1275	5,671	4,367	0,229
825	4,022	3,097	0,323	1300	5,762	4,426	0,226
850	4,113	3,168	0,316	1325	5,854	4,508	0,222
875	4,205	3,238	0,309	1350	5,945	4,578	0,218
900	4,297	3,309	0,302	1375	6,037	4,648	0,215
925	4,384	3,380	0,296	1400	6,128	4,719	0,212
950	4,480	3,450	0,290	1425	6,220	4,789	0,209
975	4,572	3,520	0,284	1450	6,311	4,859	0,206
1000	4,663	3,591	0,279	1475	6,403	4,930	0,203
1025	4,755	3,661	0,274	1500	6,495	5,001	0,200
1050	4,846	3,731	0,268	1525	6,537	5,072	0,197
1075	4,938	3,802	0,263	1550	6,678	5,142	0,194
1100	5,029	3,872	0,259	1575	6,770	5,213	0,192
1125	5,121	3,943	0,254				

3. Die Rauchgase.

a) Gastabelle:

Name	Zeichen	Molekular-Gewicht	Konstante	Gewicht kg/cbm	Volumen cbm/kg	Spez. Wärme für 100°	Spez. Wärme für 100-1500°
Kohlenoxyd	CO	28	30,29	1,251	0,800	—	—
Kohlensäure	CO_2	44	19,28	1,963	0,509	0,20	0,252
Schweflige Säure . .	SO_2	64	13,24	2,858	0,35	0,15	0,17
Wasserdampf	H_2O	18	47,11	0,804	1,244	0,48	0,72
Sauerstoff	O	32	26,5	1,428	0,70	0,217	0,226
Stickstoff	N	28	30,22	1,252	0,80	0,245	0,259
Luft rein und trocken		29	29,27	1,293	0,773	0,24	0,254

Die Werte der obigen Tabelle sind zum Teil dem Taschenbuch „Hütte", 18. Auflage, entnommen, die spezifischen Wärmen der Gase nach Mallard und Chevalier ermittelt und die spezifischen Wärmen des Wasserdampfes mit der Formel

$$c\,p_d = 0,43 + 0,00019\,t \quad\quad\dots\dots\quad (14$$

berechnet.

Bekanntlich ändern sich die spezifischen Wärmen mit der Temperatur ganz erheblich, und deshalb sollten diese Werte eigentlich für jeden Fall besonders bestimmt werden. Dies würde aber zu langwierigen Rechnungen führen, umsomehr, als die fraglichen Temperaturen zu meist nicht bekannt sind, sondern erst ermittelt werden sollen. Wegen der unvermeidlichen Unsicherheiten der hier vorkommenden Rechnungen, bei welchen viele nicht immer ganz zutreffende Annahmen gemacht werden müssen, hat aber eine zu weitgehende numerische Genauigkeit keinen Wert, und kommt es in erster Linie darauf an, die wesentlichen Umstände richtig zu erfassen und angemessen zu bewerten. Deshalb ist es genügend, wenn man mit zwei Werten der spezifischen Wärme rechnet, von welchen der obere den im Feuerraume vorliegenden Verhältnissen annähernd entspricht, während der untere für die Abgaswärme maßgebend ist.

Nach den Versuchen von Holborn und Hennig (Hütte, 21. Aufl., I., S. 417) ist für vollkommene Gase

Stickstoff $\qquad$ cm = 0,235 + 0,000 019 · t

Kohlensäure $\quad$ cm = 0,201 + 0,000 074 2 · t — 0,000 000 018 · t²

Wasserdampf cm = 0,467 + 0,000 000 044 · t² — 0,000 016 8 . t

In der Nähe des Sättigungspunktes stimmt dieser Wert offenbar nicht. In Fig. 2 sind die mittleren spezifischen Wärmen abhängig von der Temperatur aufgetragen. Die ausgezogene Linie für H_2O entspricht den Formeln von Holborn und Hennig, während die punktierte der Formel 19 entspricht.

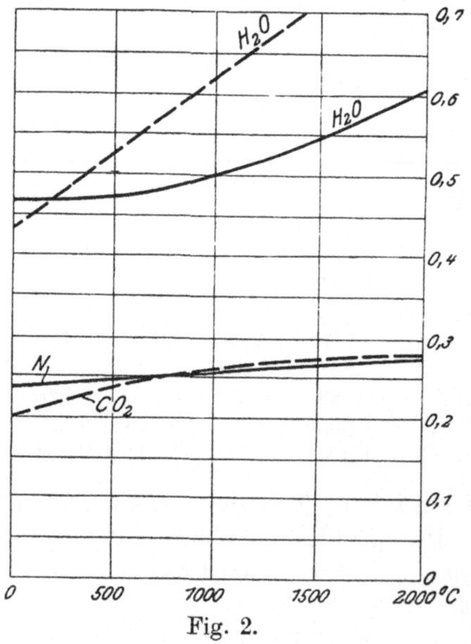

Fig. 2.

b) Zusammensetzung und spezifisches Gewicht der Gase. In den Rauchgasen finden wir die brennbaren Bestandteile und den Feuchtigkeitsgehalt der Kohle sowie die der Feuerung zugeführte oder sonstwie unbeabsichtigt in die Kesselzüge eingedrungene Luft. Für die klare Übersichtlichkeit des Folgenden ist es nun zweckmäßig, die Rauchgase in zwei Teile zerlegt zu denken, und zwar:

1. die Feuergase, welche von den eigentlichen Verbrennungsprodukten und dem der verbrannten Sauerstoffmenge entsprechenden Stickstoff gebildet werden, und

2. die überschüssige Luft, mit der die Feuergase gewissermaßen verdünnt sind.

Bei vollkommener Verbrennung bildet der im Brennmaterial enthaltene Kohlenstoff

$$\left(1 + \frac{8}{3}\right) c = 3{,}667\,c \text{ Gewichtsteile Kohlensäure } CO_2.$$

Der Wasserstoff bildet

$$(1 + 8)\,h = 9\,h \text{ Gewichtsteile Wasser } H_2O,$$

welche mit dem Feuchtigkeitsgehalt der Kohle

$$f + 9\,h \text{ Gewichtsteile Wasserdampf}$$

ergeben. Schließlich bildet der Schwefel

$$(1 + 1) \cdot s = 2\,s \text{ Gewichtsteile Schweflige Säure } SO_2,$$

und verbleiben in den Feuergasen von der verbrannten Luft

$$0{,}764 \cdot L_0 \text{ Gewichtsteile Stickstoff.}$$

Daraus folgt die Zusammensetzung der Feuergase zu

$$(3{,}667\,c)\,CO_2 + (f + 9\,h)\,H_2O + (2\,s)\,SO_2 + [0{,}764 \cdot L_0]\,N \quad . \quad . \quad (15$$

Das Gewicht der Feuergase ist aber offenbar

$$Q_0 = L_0 + c + h + o + s + f \quad . \quad . \quad . \quad . \quad . \quad (16$$

Führt man die spezifischen Volumen ein, so berechnet sich die Zusammensetzung der Feuergase in Raumteilen wie folgt:

$$0{,}509 \,.\, 3{,}667 = 1{,}867\,c \quad RT. \; CO_2$$
$$1{,}244 \,.\, (f + 9\,h) \qquad RT. \; H_2O$$
$$0{,}35 \cdot 2\,s \quad = 0{,}7\,s \quad RT. \; SO_2$$
$$0{,}8 \cdot 0{,}764\,L_0 = 0{,}611\,L_0\,RT. \; N$$

Beispielsweise ergibt eine Kohle mit $0{,}83\,c$; $0{,}04\,h$; $0{,}04\,o$; $0{,}01\,s$ und $0{,}03\,f$:

$$0{,}83 \,.\, 1{,}867 \qquad\qquad = 1{,}550 \text{ cbm } CO_2$$
$$(0{,}03 + 9 \,.\, 0{,}04) \,.\, 1{,}244 = 0{,}485 \text{ cbm } H_2O$$
$$0{,}01 \,.\, 0{,}70 \qquad\qquad = 0{,}007 \text{ cbm } SO_2$$
$$10{,}61 \,.\, 0{,}611 \qquad\qquad = 6{,}483 \text{ cbm } N$$
$$\text{Totales Volumen} \qquad = 8{,}525 \text{ cbm.}$$

$L_0 = 10{,}61$ kg. Siehe Übungsbeispiel 1 Seite 23[1]).

$Q = 10{,}61 + 0{,}83 + 0{,}04 + 0{,}04 + 0{,}01 + 0{,}03 = 11{,}56$ kg.

Daraus folgt das spezifische Gewicht der Feuergase

$$\frac{11{,}56}{8{,}525} = 1{,}356 \text{ kg/cbm.}$$

Die Feuergase enthalten

$$100 \cdot \frac{1{,}550}{8{,}525} = 18{,}21 \; \% \; CO_2.$$

$$100 \cdot \frac{0{,}485}{8{,}525} = 5{,}69 \; \% \; H_2O.$$

---

[1]) $\dfrac{13{,}26}{1{,}25} \cdot = 10{,}61.$

Dagegen gibt eine Kohle mit 0,51 c; 0,045 h; 0,19 o; 0,025 s und 0,14 f folgendes Bild:

$$0,51 \cdot 1,867 = 0,952 \text{ cbm } CO_2$$
$$(0,14 + 9 \cdot 0,045) \cdot 1,244 = 0,678 \text{ cbm } H_2O$$
$$0,025 \cdot 0,70 = 0,018 \text{ cbm } SO_2$$
$$6,596 \cdot 0,611 = 4,030 \text{ cbm } N$$
$$\text{Totalvolumen} = 5,678$$

$$L_0 = \frac{9,894}{1,5} = 6,596. \quad \text{Siehe Übungsbeispiel 2 Seite 23.}$$

$$Q = 6,596 + 0,51 + 0,045 + 0,14 + 0,025 = 7,316 \text{ kg}$$

Das spezifische Gewicht

$$= \frac{7,316}{5,678} = 1,288 \text{ kg/cbm.}$$

Die Feuergase enthalten

$$100 \cdot \frac{0,952}{5,678} = 16,75 \% \ CO_2.$$

$$100 \cdot \frac{0,678}{5,678} = 11,93 \% \ H_2O.$$

Die überschüssige Luft enthält in beiden Fällen

$$0,611 \ L_0 \ (n - 1) \text{ Raumteile Stickstoff}$$

und

$$0,236 \cdot 0,7 \ L_0 \ (n - 1)$$
$$= 0,165 \ L_0 \ (n - 1) \text{ Raumteile freien Sauerstoff.}$$

Auf Grund der vorstehenden Zahlen sind die in den Figuren 3 und 4 dargestellten Gaszusammensetzungen bei einer Kohle enthaltend

nach Figur 3   0,83 c   0,04 h, 0,04 o, 0,01 s und 0,07 f
,,   ,,   4   0,51 c, 0,45 h, 0,09 o, 0,025 s und 0,14 f

berechnet worden.

Aus den vorstehenden Zahlen und den Figuren ist zu ersehen, daß trockene Rauchgase, namentlich bei geringem Luftüberschuß, erheblich schwerer sind als Luft, während bei feuchten Gasen die Größe des Luftüberschusses keine Rolle spielt und das Gewicht ungefähr gleich dem der mittelfeuchten Luft zu setzen ist.

Ferner geht klar daraus hervor, daß die Höhe des relativen Kohlensäuregehaltes zwar auf die Größe des in den Rauchgasen enthaltenen Luftüberschusses schließen läßt, man aber einen genauen Einblick nur gewinnen kann, wenn die Zusammensetzung der Kohle wenigstens annähernd bekannt ist. Bei feuchten Gasen wird der relative Kohlensäuregehalt durch den voluminösen Wasserdampf bedeutend herabgedrückt.

Angenähert kann man setzen für trockene Rauchgase

$$\gamma = 1{,}36 - 0{,}03\,n \ldots \ldots \ldots \ldots \quad (17$$

für feuchte Rauchgase

$$\gamma = 1{,}30 - 0{,}03\,(f + 9\,h) \ldots \ldots \ldots \quad (18$$

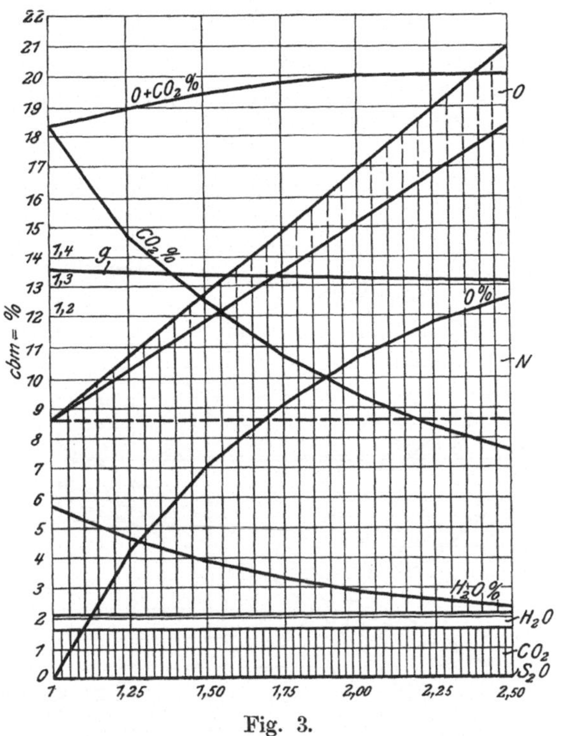

Fig. 3.

Ferner ergibt sich angenähert für trockene Gase

$$n = \frac{O\%_{0} + 6{,}2}{8{,}5}$$

wenn $O\%$ den durch Gasanalyse festgestellten Gehalt der Rauchgase
an freiem Sauerstoff bezeichnet.

Es wird darauf aufmerksam gemacht, daß diese Formel nur bei
von Kohlenoxyd freiem Gase gilt.

c) **Spezifische Wärme der Gase.** Wie bereits unter I 3c erwähnt,
ist der untere oder obere Wert der spezifischen Wärme der Rauchgase
zu berücksichtigen, je nachdem die Verhältnisse der Abgase oder der
Feuerung berechnet werden sollen.

Unter Berücksichtigung der Werte in der Gastabelle und der unter
I 3b, Seite 29 entwickelten Zusammensetzung der Feuergase läßt sich
die spezifische Wärme derselben wie folgt berechnen:

Unterer Wert $c\,\mathfrak{p}_u$:

$$\text{Kohlensäure } 0,2 \cdot 3,667c \quad = 0,733c$$
$$\text{Wasser} \qquad\qquad\qquad = 0,48\,(f + 9\,h)$$
$$\text{Schwefl. Säure } 0,15 \cdot 2s \quad = 0,30s$$
$$\text{Stickstoff } 0,245 \cdot 0,764 \cdot \mathrm{I}_0 = 0,187 \cdot \mathrm{L}_0.$$

Folglich wird für die Feuergase

$$c\,\mathfrak{p}_u = \frac{0,733c + 0,48\,(f + 9\,h) + 0,3s + 0,187\,\mathrm{L}_0}{Q_0} \quad \ldots \text{(20}$$

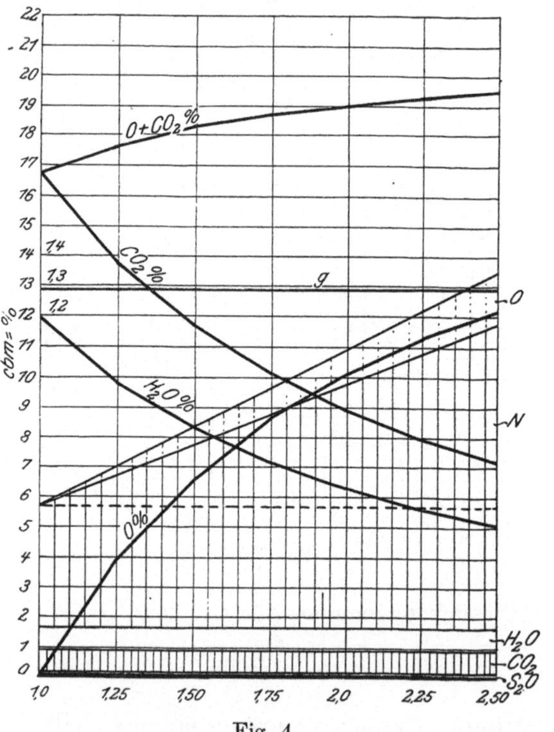

Fig. 4.

Ebenso findet man den oberen Wert $c\,\mathfrak{p}_0$:

$$\text{Kohlensäure } 0,252 \cdot 3,667c = 0,924c$$
$$\text{Wasserdampf} \qquad\qquad = 0,72\,(9\,h + f)$$
$$\text{Schwefl. Säure } 0,17 \cdot 2s \quad = 0,34s$$
$$\text{Stickstoff } 0,259 \cdot 0,764 \cdot \mathrm{I}_0 = 0,198 \cdot \mathrm{L}_0$$

das ist

$$c\,\mathfrak{p}_0 = \frac{0,924c + 0,72\,(f + 9\,h) + 0,34s + 0,198\,\mathrm{L}_0.}{Q_0} \quad \ldots \text{(21}$$

Spezifische Wärme der Feuergase aus Kohle mit 0,83 c 0,04 h 0,04 o 0,01 s und 0,03 f.

Unterer Wert c p_u:

$$\text{Kohlensäure } 0,83 \cdot 0,733 \qquad = 0.608$$
$$\text{Wasserdampf } (0,03 + 9 \cdot 0.09) \cdot 0.48 = 0,187$$
$$\text{Schwefl. Säure } 0,01 \cdot 0,30 \qquad = 0,003$$
$$\text{Stickstoff } 10,61 \cdot 0,187 \qquad = 1,984$$
$$Q_0 \cdot c\, p_u \qquad = 2,782$$

$$\text{daher } c\, p_u = \frac{2,782}{11,56} = 0.241$$

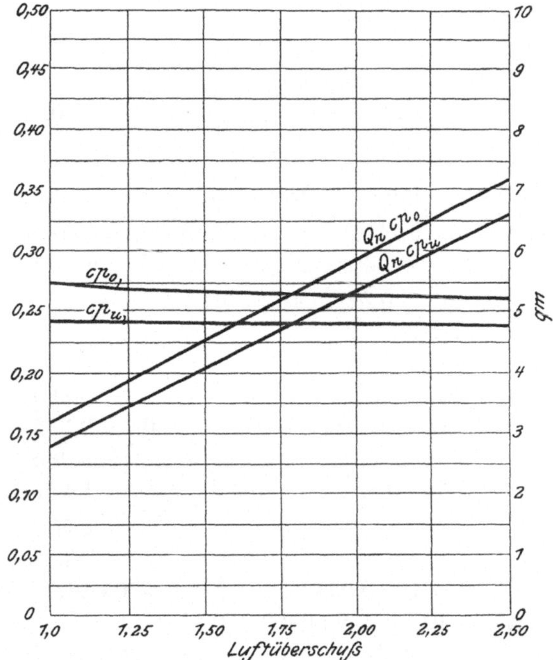

Fig. 5.

Oberer Wert c p_0:

$$\text{Kohlensäure } 0,83 \cdot 0,924 \qquad = 0.767$$
$$\text{Wasserdampf } (0,03 + 9 \cdot 0,04) \cdot 0.72 = 0.281$$
$$\text{Schwefl. Säure } 0,01 \cdot 0,24 \qquad = 0.003$$
$$\text{Stickstoff } 10.61 \cdot 0,198 \qquad = 2.101$$
$$Q \cdot c\, p_0 \qquad = 3.152$$

$$\text{daher } c\, p_0 = \frac{3,152}{11,56} = 0,273.$$

Die überschüssige Luft ergibt

$$Q_1 c\, p_u = L_0 (n - 1) \cdot 0,24 \qquad Q_1 c\, p_o = L_0 (n - 1) \cdot 0,254$$

und daraus ergeben sich für die Rauchgase mit steigendem Luftüberschuß die Größen $c\, p_u$ und $c\, p_o$ gemäß Fig. 5.

Zum Vergleich werde nachstehend die spezifische Wärme der Feuergase aus einer Kohle enthaltend

$$0,45\,c\quad 0,03\,h\quad 0,16\,o\quad 0,02\,s\quad 0,27\,f$$

berechnet.

Es ist

$$W = 0,45 \cdot 8100 + \left(0,03 - \frac{0,16}{8}\right) \cdot 29000 + 0,02 \cdot 2500$$
$$- 0,27 \cdot 600 = 3823$$

Somit wird

$$L_o = 1,37 \cdot \frac{3823 + 0,27 \cdot 600}{1000} = 5,46$$

und

$$Q = 5,46 + 0,45 + 0,03 + 0,16 + 0,02 + 0,27 + 0,11 = 6,49.$$

Die Addition von 0,11 ergibt sich aus der angenommenen Luftfeuchtigkeit von 2 %, welche das Gewicht der Verbrennungsluft um

$$0,02 \cdot 5,46 = 0,11$$

erhöht.

Man erhält für $c\, p_u$:

$$
\begin{aligned}
CO_2 &= 0,45 \cdot 0,733 & &= 0,330 \\
H_2O &= (0,27 + 9 \cdot 0,03 + 0,11) \cdot 0,48 & &= 0,312 \\
S_2O &= 0,02 \cdot 0,3 & &= 0,006 \\
N &= 5,46 \cdot 0,187 & &= 1,021 \\
& & &\overline{1,669}
\end{aligned}
$$

Für $c\, p_o$:

$$
\begin{aligned}
CO_2 &= 0,45 \cdot 0,924 & &= 0,416 \\
H_2O &= (0,27 + 9 \cdot 0,03 + 0,11) & & \\
& \qquad\qquad\quad \cdot 0,72 & &= 0,488 \\
S_2O &= 0,02 \cdot 0,34 & &= 0,007 \\
N &= 5,46 \cdot 0,198 & &= 1,081 \\
& & &\overline{1,992}
\end{aligned}
$$

Für die überschüssige Luft ist:

$$L_n c\, p = (n - 1) \cdot (5,46 \cdot 0,24 + 0,11 \cdot 0,48) = (n - 1) \cdot 1,363$$

und

$$L_n c\, p = (n - 1) \cdot (5,47 \cdot 0,254 + 0,11 \cdot 0,72) = (n - 1) \cdot 1,455.$$

Dem entsprechen die Linien der Fig. 6.

Daraus ist zu ersehen, daß für Überschlagsrechnungen mit ausreichender Genauigkeit gesetzt werden kann;

für trockene Gase aus hochwertigen Kohlen bei trockener Luft

$$c\,p_u = 0{,}24 \text{ unabhängig vom Luftüberschuß} \quad \dots \quad (22$$

und

$$c\,p_o = 0{,}27 \text{ bei mäßigem Luftüberschuß} \quad \dots \quad (23$$

für mittelfeuchte Gase und trockene Luft

$$c\,p_u = 0{,}26 - 0{,}006 \cdot n \quad \dots \quad (24$$

und

$$c\,p_o = 0{,}30 - 0{,}01 \cdot n \quad \dots \quad (25$$

wobei n die Luftüberschußziffer bezeichnet.

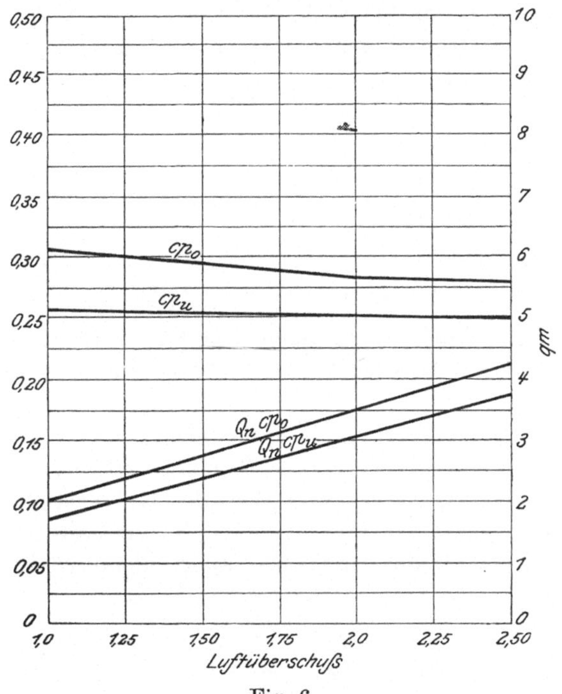

Fig. 6.

Ist mit f_l der Feuchtigkeitsgehalt ·der Luft in Gewichtsteilen gegeben, so können die obigen Werbe bei

$$c\,p_u \text{ um } 0{,}4 \cdot f_l$$

und

$$c\,p_o \text{ um } 0{,}65 \cdot f_l$$

zur Berücksichtigung desselben erhöht werden.

d) Kohlenoxyd in den Gasen. Die Verbrennung ist unvollkommen, wenn die in der Kohle enthaltenen brennbaren Bestandteile C, H und S nicht restlos zu CO_2 bzw. H_2O oder SO_2 übergeführt werden. Die unvollkommene Verbrennung kann entweder dadurch zustande kommen, daß unverbrannte Teile mit den Feuerungsrückständen abgehen oder als sogenannte Flugasche ausgeworfen werden, bzw. daß sich in den Rauchgasen noch brennbare Gase befinden. An dieser Stelle sind nur die durch den Abgang brennbarer Gase entstehenden Verluste zu untersuchen. Da der Schwefel und der Wasserstoff sehr niedrige Entzündungstemperaturen haben, werden diese Teile — abgesehen von den extremsten Fällen unvollkommener Verbrennung — zumeist vollständig verbrannt, und es kommt daher nur der Verlust durch Kohlenoxyd in Frage.

Bei der Bildung von CO verbindet sich 1 Atom C mit 1 Atom O. Entsprechend den Atomgewichten für O $= 16$, C $= 12$ werden dabei

$$\frac{16}{12} = 1{,}333 \text{ Gewichtsteile O}$$

gebunden und

$$1 + \frac{16}{12} = 2{,}333 \text{ Gewichtsteile CO}$$

erzeugt. Diese ergeben

$$2{,}333 \cdot 0{,}8 = 1{,}867 \text{ Raumteile CO,}$$

und daraus folgt, daß das Volumen von $CO_2 + CO$ genau so groß ist, als wenn der Kohlenstoff restlos zu CO_2 verbrannt würde.

Bezeichnen

c den Gehalt der Kohle an Kohlenstoff,

c_1 den zu CO_2 verbrannten Teil des Kohlenstoffes,

c_2 den zu CO verbrannten Teil des Kohlenstoffes.

k_s den Gehalt der Rauchgase an Kohlensäure in RT,

k_o den Gehalt der Rauchgase an Kohlenoxyd in RT,

so ist offenbar

$$\frac{c_1}{c_2} = \frac{k_s}{k_o} \qquad \dots \dots \dots \dots \quad (26$$

folglich

$$c^2 = c \cdot \frac{k}{k_s + k_o} \qquad \dots \dots \dots \dots \quad (27$$

Da bei der Verbrennung von 1 kg C

zu CO_2 8100 WE und

zu CO 2470 WE

gewonnen werden, gehen bei der unvollkommenen Verbrennung von 1 kg C zu CO

$$8100 - 2470 = 5630 \text{ WE}$$

verloren.

Auf 1 kg Kohle bezogen, beträgt also der Verlust

$$N_1 = c \cdot \frac{k_o}{k_s + k_o} \cdot 5630 \quad \ldots \ldots \ldots \quad (28$$

oder in Prozenten des Gesamtheizwertes W der Kohle

$$1 = 100 \cdot \frac{c \cdot k_o}{k_s + k_o} \cdot \frac{5630}{W} \quad \ldots \ldots \ldots \quad (29$$

Wenn c und W bekannt sind, kann man also aus den durch Analyse der Gase gefundenen Werten k_o und k_s den sich durch Abgang unvollkommen verbrannter Gase ergebenden Verlust direkt berechnen.

Die Zusammensetzung der Feuergase ändert sich einerseits durch die Spaltung des CO_2-Volumens in CO_2 und CO und andererseits durch den Zuwachs des dem CO entsprechenden Sauerstoffvolumens.

Dasselbe beträgt offenbar

$$Q\,v = \frac{16}{12} \cdot c_2 \cdot 0{,}7$$

$$= 0{,}933\, c_2$$

und daraus berechnet sich die Zusammensetzung der Feuergase in Raumteilen zu

$$V = (1{,}867\, c_1)\, CO_2 + (1{,}867\, c_2)\, CO + [1{,}244 \cdot (f + 9\, h)]\, H_2O$$
$$+ (0{,}7\, s)\, SO_2 + (0{,}611\, L_0)\, N + (0{,}935\, c_2)O$$

Unter Voraussetzung der bereits wiederholt angenommenen Kohle von

$$0{,}83\, c + 0{,}04\, h + 0{,}04\, o + 0{,}01\, s + 0{,}03\, f$$

sollen nachstehend die Feuergase berechnet werden für den Fall, daß 0,06, 0,12 und 0,18 Gewichtsteile C zu CO verbrannt werden.

Es ergibt sich dann mit den in früheren Beispielen berechneten Zahlen für

c_2	$= 0$	6	12	$18\ ^0/_0$
CO_2	$= 1{,}550$	1,438	1,326	1,214 cbm
CO	$= 0$	0,112	0,224	0,336 cbm
O	$= 0$	0,056	0,112	0,168 cbm

Das Volumen der Feuergase wird

	8,525	8,581	8,637	8,693 cbm

folglich

$CO_2\%$	$= 18{,}21$	16,81	15,36	13,96
$CO\%$	$= 0$	1,31	2,58	3,86
$O\%$	$= 0$	0,65	1,30	1,92

Der Luftüberschuß erhöht das Gesamtvolumen um

$$L_0 \cdot (n - 1) \cdot 0{,}776 = 10{,}61 \cdot 0{,}776\,(n - 1) = 8{,}233 \cdot (n - 1)$$

und das Sauerstoffvolumen um

$$L_0 \cdot (n - 1) \cdot 0{,}165 = 10{,}61 \cdot 0{,}165 \cdot (n - 1) = 1{,}751 \cdot (n - 1)$$

Mit diesen Zahlen sind die in Fig. 7 dargestellten Linien der Gaszusammensetzung der hier angenommenen Kohle berechnet. Diese Figur gibt ein klares Bild davon, wie sich die Zusammensetzung der Gase mit dem Luftüberschuß einerseits und der Bildung von Kohlenoxyd andererseits ändern. Bei Vornahme von Kesselversuchen und Gasanalysen ist es sehr vorteilhaft, wenn man die Charakteristik der Gase vor Augen hat.

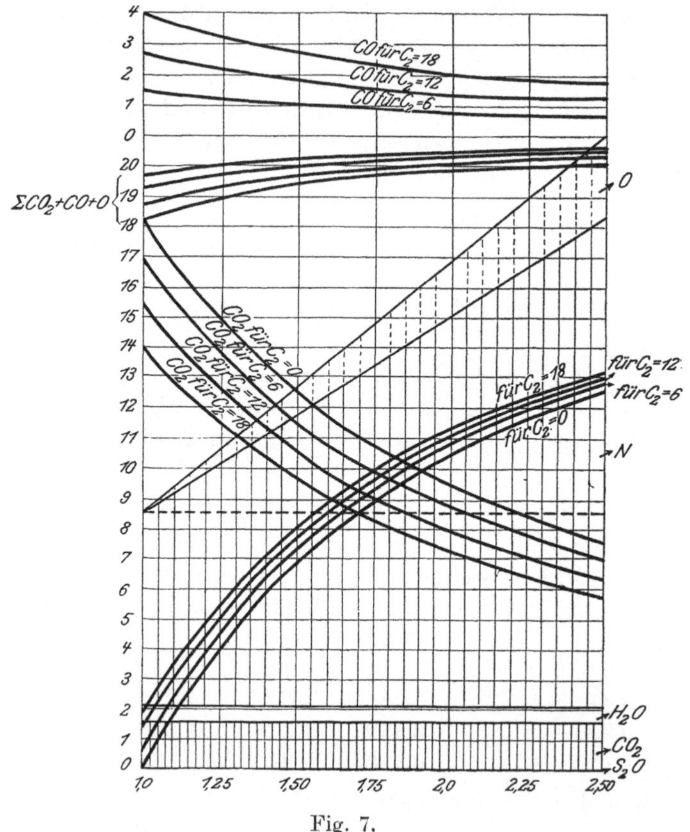

Fig. 7.

Um ein weiteres Beispiel zu geben, soll noch die im Übungsbeispiel auf Seite 30 angenommene Kohle gleicherweise durchgerechnet werden. Es ergeben sich für

C_2	$=$	0	6	12	18 %
CO_2	$=$	0,952	0,840	0,728	0,616 cbm
CO	$=$	0	0,112	0,224	0,336 cbm
O	$=$	0	0,056	0,112	0,168 cbm

Gesamtvolumen 5,678 5,734 5,790 5,846 cbm
$CO_2\% =$ 16,75 14,68 12,55 10,54
$CO\% =$ 0 1,96 3,88 5,75
$O\% =$ 0 0,98 1,94 2,87

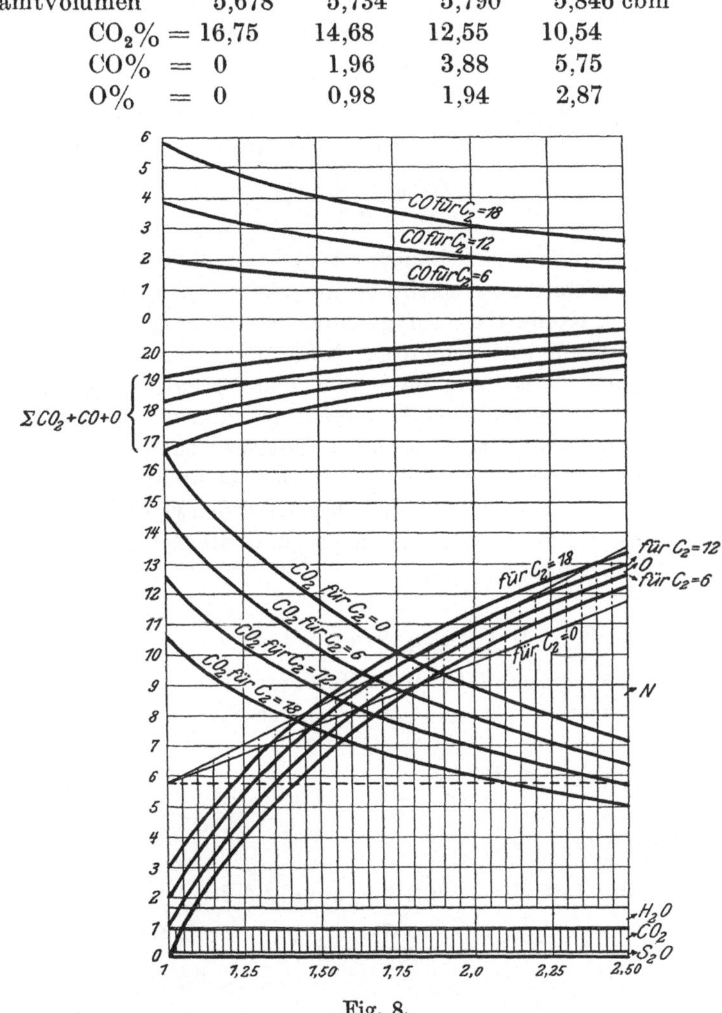

Fig. 8.

Der Luftüberschuß erhöht das Gesamtvolumen um

$$\frac{9,894}{1,5} \cdot 0,776 \cdot (n-1) = 5,122 \cdot (n-1)$$

und das Sauerstoffvolumen um

$$\frac{9,894}{1,5} \cdot 0,165 \cdot (n-1) = 1,089 \cdot (n-1),$$

mit diesen Zahlen sind die Linien der Fig. 8 berechnet worden.

Überschläglich läßt sich der Verlust aus Kohlenoxyd mit Hilfe der folgenden Näherungsformeln berechnen. Man erhält

$$i = 3{,}5 \cdot n \cdot k_o$$

in Prozenten des Heizwertes, wenn der Kohlensäuregehalt und Luftüberschuß in den Gasen bekannt ist, oder auch

$$i = \frac{O\,\% + 5{,}7 \cdot k_o}{2{,}7}$$

wenn der Gehalt an freiem Sauerstoff und an Kohlenoxyd gegeben sind. Diese Formeln dürfen natürlich nur als rohe Annäherungen aufgefaßt werden. Kommt es auf genaue Bestimmungen an, so muß unter allen Umständen die chemische Zusammensetzung des Materials festgestellt werden. Es kann dann aus dem Verhältnis der Kohlensäure zum Kohlenoxyd der unvollkommen verbrannte Teil des Kohlenstoffes sehr einfach ermittelt werden. Voraussetzung hierfür bildet natürliche eine sichere Feststellung des sich tatsächlich ergebenden Kohlenoxydgehaltes, welche bekanntlich gewisse Schwierigkeiten bietet, da das Kohlenoxyd schwer zu fassen ist, und die Genauigkeit immer zu wünschen übrig läßt.

Übungsbeispiel.

Es wird Kohle von 7750 WE Heizwert, wie im Beispiel S. 23 angenommen, verbrannt, und bei der Analyse der Rauchgase sind ermittelt worden:

$$9{,}73\% \ CO_2$$
$$9{,}14\% \ O$$
$$0{,}97\% \ CO$$

Dann ist die Luftüberschußziffer annähernd

$$n = \frac{9{,}14 - \dfrac{0{,}97}{2} + 6{,}2}{8{,}5} = 1{,}74$$

und der Verlust durch Kohlenoxyd

$$i = \frac{9{,}14 + 5{,}7 \cdot 0{,}97}{2{,}7} = 5{,}4\,\%$$

Es werden also

$$\frac{5{,}4 \cdot 7750}{5780 \cdot 100} = 0{,}07\,\% \ C \text{ pro kg Kohle}$$

zu CO verbrannt.

Die zur Nachprüfung angestellte Ausrechnung der Gasbestandteile ergibt

$$(0{,}83 - 0{,}07)\,.\,1{,}867 \qquad = \ 1{,}417\ CO_2 = 9{,}65\%\ CO_2$$
$$0{,}07\,.\,1{,}867 \qquad\qquad = \ 0{,}133\ CO\ = 0{,}91\%\ CO$$
$$1{,}244\,(0{,}03 + 9{,}004) \qquad = \ 0{,}485$$
$$10{,}61\,.\,1{,}74\,.\,0{,}611 \qquad = 11{,}280\ N$$
$$\frac{0{,}14 + 10{,}61\,.\,0{,}165\,.\,0{,}74}{2} = \ \underline{\ 1{,}362\ } \qquad = 9{,}28\%\ O$$
$$ 14{,}677$$

Die Annäherungsformel liefert also ziemlich genaue Resultate.

e) Temperaturwert der Rauchgase. Denkt man, daß die ganze in der Feuerung freiwerdende Wärme von den Rauchgasen zunächst aufgenommen wird, und die spezifische Wärme der letzteren als konstant vorausgesetzt werden darf, so ergibt sich eine Temperatur, welche als Maßstab für die Beurteilung fast aller thermischen Verhältnisse einer Kesselanlage vorteilhaft benutzt werden kann.

Bezeichnen

t_0 die Temperatur der in der Feuerung entstehenden Verbrennungsluft,

w den Heizwert des Brennmaterials,

Q die Menge,

c p die spezifische Wärme der Rauchgase und

η_1 den Wirkungsgrad der Verbrennung,

so ergibt sich der oben besprochene Temperaturwert aus

$$Z_t = \frac{W \cdot \eta_1}{Q\,c\,p} + t_0 \ \ldots\ldots\ldots\ldots\ 32$$

Ist ferner beispielsweise die Abgastemperatur mit T_0 gegeben, so berechnet sich die in den Abgasen verloren gehende Wärme offenbar zu

$$J = Q \cdot c\,p \cdot T_0.$$

Folglich wird der Schornsteinverlust

$$i_s = \frac{Q\,c\,p \cdot T_0}{W \cdot \eta_1 + Q\,c\,p\,t_0}.$$

Es ist aber

$$W \cdot \eta_1 + Q\,c\,p\,t_0 = Z_t \cdot Q\,c\,p,$$

folglich

$$i_s = \frac{Q\,c\,p \cdot T_0}{Z_t \cdot Q\,c\,p}$$

$$= \frac{T_0}{Z_t} \ \ldots\ldots\ldots\ldots\ 33$$

und somit der Wirkungsgrad der Heizfläche

$$\eta = 1 - \frac{T_0}{Z_t} \ \ldots\ldots\ldots\ldots\ 34$$

Ist ferner mit T_r die Feuerungstemperatur gegeben, so erhält man die von der Feuerung an die Heizfläche direkt abgegebene Wärmemenge zu

$$J_s = W \cdot \eta_1 + Q c p \cdot t_0 - T_r \cdot Q c p$$
$$J_s = (Z_t - T_r) \cdot Q c p$$

Die gesamte von der Heizfläche aufgenommene Wärmemenge beträgt aber

$$J = (Z_t - T_0) \cdot Q c p,$$

folglich ist der Anteil der direkten Heizfläche

$$i_f = \frac{Z_t - T_r}{Z_t - T_0} \cdot \frac{Q c p}{Q c p} \quad \ldots \ldots \ldots \ldots \quad 35$$

Nimmt man an, daß die Vorwärmung, Verdampfung und Überhitzung an verschiedenen Stellen der Heizfläche erfolgen, so findet man die entsprechende Abnahme der Rauchgastemperatur, wenn bezeichnen

$q - t_0$ die dem Wasser zuzuführende Flüssigkeitswärme,
$r \quad$ die Verdampfungswärme,
$ü \quad$ die Überhitzungswärme,
$J \quad$ die insgesamt erforderliche Wärme.

Für die Vorwärmung

$$< T_q = Z_t \cdot \frac{q - t_0}{J} \quad \ldots \ldots \ldots \ldots \quad 36$$

Ebenso für die Verdampfung

$$< T_r = Z_t \cdot \frac{r}{J} \quad \ldots \ldots \ldots \ldots \quad 37$$

und für die Überhitzung

$$< T_u = Z_t \cdot \frac{ü}{J} \quad \ldots \ldots \ldots \ldots \quad (38$$

Die Abgase müssen beispielsweise an den Vorwärmer mit einer Temperatur

$$T_q = T_0 + Z_t \cdot \frac{q - t_0}{J}$$

herantreten, wenn der Vorwärmer gerade die ganze Flüssigkeitswärme aufnehmen soll.

Übungsbeispiele.

Es sei gegeben Kohle von der im Beispiel I oder III_1 gegebenen Zusammensetzung

$$\eta \quad = 1{,}5$$

folglich

$$W = 7750 \ \text{WE}$$
$$Q = 16,87 \ \text{kg}$$
$$c \, p_u = 0,24$$
$$c \, p_o = 0,27$$

Ferner werde angenommen

$$\eta_1 = 0,95$$
$$T_0 = 180^0 \ C$$
$$q - t_0 = 165 \ \text{WE}$$
$$r = 473,30$$
$$\ddot{u} = 55,70$$
$$J = 694,00$$

Die Lufttemperatur

$$t_1 = 20$$

und

$$T_r = 1300^0 \ C$$

so erhält man

$$Z_{tu} = \frac{7750 \cdot 0,95}{16,87 \cdot 0,24} + 20 = 1840$$

$$Z_{t0} = \frac{7750 \cdot 0,95}{16,87 \cdot 0,27} + 20 = 1640$$

folglich der Wirkungsgrad der Heizfläche

$$\eta_2 = \left(1 - \frac{180}{1840}\right) = 0,902.$$

Der von der Feuerung direkt an die Heizfläche abgegebene Teil der Wärmemenge ergibt sich zu

$$J_f = \frac{1640 - 1300}{1840 - 200} \cdot 100 = 20,7 \ \%$$

der totalen Wärmeaufnahme der Heizfläche.

Bei der Reihenschaltung (vom Feuer aus gerechnet) vom Verdampfer, Überhitzer und Vorwärmer ergeben sich angenähert folgende Temperaturen:

Zwischen Verdampfer und Überhitzer:

$$T_v = Z_t - (Z_t - T_0) \cdot \frac{J}{r} = 1840 - (1840 - 180) \cdot \frac{473,30}{694} = 708$$

Zwischen Überhitzer und Vorwärmer:

$$T_{\ddot{u}} = T_v - (Z_t - T_0) \cdot \frac{\ddot{u}}{J} = 708 - (1840 - 180) \cdot \frac{55,7}{694} = 575$$

Hinter dem Vorwärmer:

$$T_o = T_{ü} - (Z_t - T_o) \cdot \frac{q_v - t_o}{J} = 575 - (1840 - 180) \cdot \frac{165}{694} = 180$$

wie vorausgesetzt [1]).

f) Einfluß des Luftüberschusses und der Gasfeuchtigkeit auf Leistung und Wirkungsgrad. Schreibt man

$$Z_t = \frac{W \cdot \eta}{1 + L_o \cdot n} \cdot c\,p + t_l$$

so ergibt sich zunächst, daß die Größe des Wertes Z_t und damit des erreichbaren Wirkungsgrades der Heizfläche ganz wesentlich von dem Verbrennungswirkungsgrade abhängt, weshalb auch die Güte der Verbrennung für die wirtschaftliche Leistung der Kesselanlage in erster Linie ausschlaggebend ist. Die Temperatur der in die Feuerung eintredenden Verbrennungsluft hat dagegen im allgemeinen keine sehr große Bedeutung und ist nur bei genauen Berechnungen sowie hoher Vorwärmung der Luft zu berücksichtigen. Von dieser Vorwärmung wird bei Generatorfeuerungen und auf Schiffen ein ausgedehnter Gebrauch gemacht.

Ganz bedeutend ist der Einfluß der Höhe des Luftüberschusses, und deshalb muß bei jeder rationell arbeitenden Kesselanlage darauf gesehen werden, eine nahezu vollkommene Verbrennung mit der denkbar geringsten Luftmenge zu erreichen.

Sehr wesentlich ist ferner der Einfluß der spezifischen Wärme bzw. des die Höhe derselben vornehmlich bedingenden Wassergehaltes der Rauchgase. Darauf beruht es auch hauptsächlich, daß junge, minderwertige und feuchte Sorten einen geringeren Wirkungsgrad erreichen lassen als hochwertige trockene Kohlen.

Um die Einwirkung des Luftüberschusses und der Zusammensetzung der Kohle auf den Temperaturwert der Gase und die sich weiter daraus ergebenden Verhältnisse der Kesselanlagen anschaulich zu machen, sind diese Werte in Fig. 9 abhängig von dem Luftüberschuß graphisch aufgetragen unter Annahme von 2 verschiedenen Kohlensorten, und zwar einer hochwertigen älteren Steinkohle mit viel Kohlenstoff, wenig Wasserstoff und Feuchtigkeit, sowie einer jungen Kohle mittlerer Verhältnisse. Da, wie später gezeigt wird, die Höhe der mit einer gegebenen Heizfläche erreichbaren Abgastemperatur T_o von der Größe des Wertes $Q\,c\,p$ abhängt, muß T_o mit wachsendem Luftüberschuß zunehmen. Deshalb und weil gleichzeitig der Temperaturwert Z_t sinkt, wird durch den Luftüberschuß eine mit diesem bedeutend fortschreitende Verminderung des erreichbaren Wirkungsgrades der

---

[1]) Bei genauen Rechnungen sind noch die Mantelverluste zu berücksichtigen, welche die Temperaturen etwas verschieben.

Heizfläche herbeigeführt. Die Schaulinien bestätigen den Erfahrungssatz, daß sich mit starkem Luftüberschuß niedrige Anfangs- und hohe Endtemperaturen der Gase, also ein geringer Wirkungsgrad ergeben müssen, während bei tunlichst eingeschränkter Verdünnung der Feuergase das Gegenteil eintritt. Die Linie des Abgasvolumens läßt aber auch den ungünstigen Einfluß des Luftüberschusses auf die Zugverhältnisse der Kesselanlage erkennen und zeigt, daß sich letztere allein

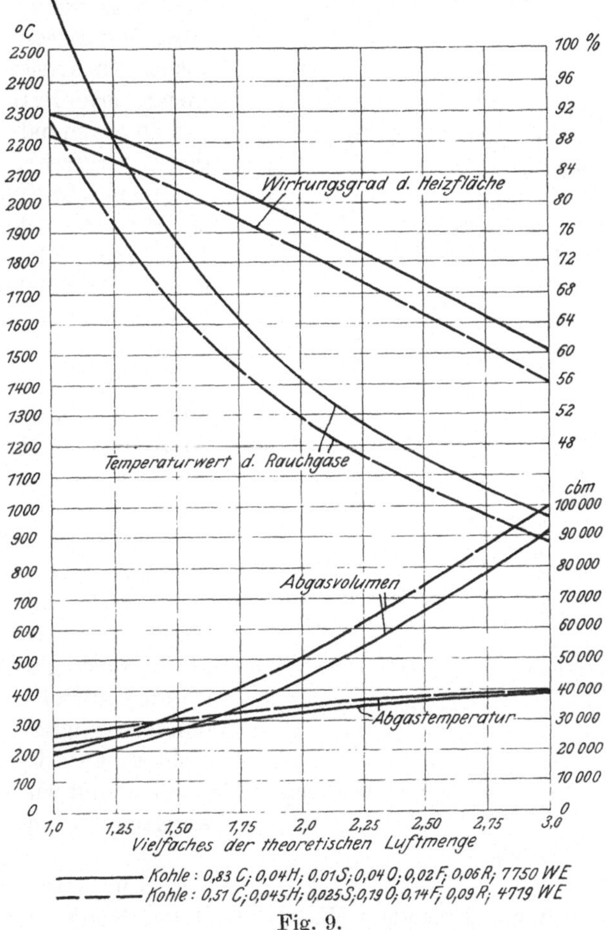

Fig. 9.

durch die Einschränkung des Luftüberschusses unter Umständen wesentlich verbessern lassen. In dieser einfachen Weise hat der Verfasser, wie bereits an anderer Stelle erwähnt, eine angeblich mit viel zu geringem Schornsteinzug arbeitende, überlastete Anlage allein durch die passende Änderung des Feuerungsbetriebes vollständig in Ordnung gebracht,

Durch die unzweckmäßig ausgewählte, d. h. einen zu hohen Luftüberschuß bedingende Feuerung kann eine an sich richtig bemessene Anlage unbrauchbar werden. Hierfür bietet die Kesselanlage einer großen Zentrale in Italien ein treffendes Beispiel, bei deren Projektierung mit höchstens 25 % Luftüberschuß gerechnet wurde. Es zeigten sich bei dieser Anlage ganz unzureichende Zugverhältnisse, welche darauf zurückzuführen waren, daß die eingebauten Wanderroste mehr als die zweifache theoretische Luftmenge erforderten. Demgemäß waren nahezu 250 % des vorgesehenen Gasvolumens abzuführen, wozu die Querschnitte der Kesselzüge, Rauchkanäle und der Schornstein natürlich nicht ausreichen konnten.

Im gleichen ungünstigen Sinne wie der Luftüberschuß wirkt die sich bei feuchten Gasen ergebende hohe spezifische Wärme auf die thermischen und mechanischen Verhältnisse der Kesselanlage ein und daraus ist zu erklären, daß unter sonst gleichen Umständen mit einer feuchten minderwertigen Kohle nicht so gute Resultate zu erzielen sind wie mit hochwertigen Sorten.

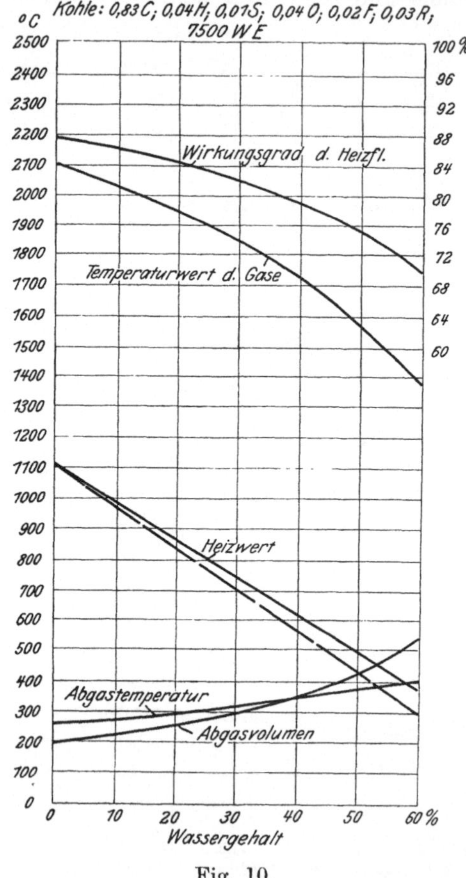

Fig. 10.

Um zu zeigen, wie sich die hier erwähnten Verhältnisse mit zunehmendem Wassergehalt der Kohle ändern, sind die gleichen Werte wie oben in Fig. 10 abhängig von letzteren aufgetragen, wobei mit 25 % Luftüberschuß und 97 % Feuerungswirkungsgrad gerechnet wurde.

In dieser Figur ist ferner zur Darstellung gebracht, wie der untere Heizwert feuchter Kohle bei gleichbleibender Zusammensetzung der trockenen Substanz mit zunehmendem Wassergehalt sich vermindert.

Für die Preiswürdigkeit mehrerer Kohlensorten von sonst gleicher Zusammensetzung, aber verschiedener Feuchtigkeit ist die Größe des unteren Heizwertes zwar sehr wesentlich, aber nicht ausreichend, weil der hohe Wassergehalt die Wärmeausnutzungsfähigkeit vermindert. Demgemäß sind feuchte Kohlen geringer zu bewerten, als es ihnen nach dem unteren Heizwert zukäme, und die punktierte Linie in Fig. 10 soll die Abnahme des wirtschaftlich gerechtfertigten Kohlenpreises darstellen.

Da sich die spezifische Wärme mit der Temperatur ändert, kann der Temperaturwert Z_t niemals eine konstante Größe annehmen. Es genügt aber für alle praktisch vorkommenden Rechnungen, wenn man diesen Wert, soweit es sich um die Heizfläche handelt, unter Einsetzung von $c\,p_u$, und bei der Feuerung mit $c\,p_o$ ermittelt.

4. Wärmeübergang.

a) Wärmeleitung. Die Wärmeleitung in einer Wand mit ebenen und parallelen Oberflächen ergibt sich, wenn

t_a die Temperatur der die Wärme aufnehmenden Oberfläche,
t_i die Temperatur der die Wärme abgebenden Oberfläche,
s die Dicke der Wand in Zentimeter,
l den Wärmeleitungskoeffizienten

bezeichnen, aus

$$W_l = (t_a - t_i) \cdot \frac{l}{s} \text{ in WE pr. qm} \quad \ldots \ldots \quad (39$$

Wärmeleitungskoeffizienten.

Bezogen auf 1 cm Dicke der Wand, 1 qm Fläche und WE pro Stunde.

Eisen	6 000	Quarzsand	4,7	Kork	26
Kupfer	33 000	gebrannter Ton	70	Baumwolle	1,4
Blei	2 800	Ziegelmauerwerk	70	Papier	16 bis 3
Zink	10 500	Gipsmörtel	47	Wolle	4
Zinn	5 400	Kokspulver	16	Asbestmasse	13
Wasser	50	Holz quer zur Faser	3,2	Korkpulver	8
		,, längs der ,,	10,8		
Glas	56	Luft und Gase	1,9	Isoliermasse	5—15

b) Berührungswärme. Der Wärmeübergang von einem Körper zum anderen hängt von der Innigkeit der Berührung und bei flüssigen und gasförmigen Körpern von dem Bewegungszustande der letzteren ab.

Bezeichnen
k den Wärmeübergangskoeffizienten der Berührung,

t_a die Temperatur des die Wärme abgebenden Körpers an
der Berührungsstelle,

t_a bzw. t_i die Oberflächentemperatur,

so erhält man

$$W_b = (t_0 - t_a) \cdot k_a \quad\ldots\ldots\ldots\ldots \text{(40}$$

bzw.

$$W_b = (t_0 - t_i) \cdot k_i \quad\ldots\ldots\ldots\ldots \text{(41}$$

Die Größe des Koeffizienten k ist durch die Art der Berührung
und die Eigenschaften der die Wärme abgebenden bzw. aufnehmenden
Körper bedingt. Je inniger die Berührung stattfindet, um so größer
wird k, denn im gleichen Maße nimmt der Widerstand gegen den Wärmeübergang ab. Bei vollkommener Berührung fester Körper wird k
unendlich groß, und kann infolgedessen eine Temperaturdifferenz
zwischen den Oberflächen nicht auftreten. Einen besonderen Fall
bildet die Berührung fester mit flüssigen oder gasförmigen Körpern,
weil hierbei noch der Bewegungszustand der letzteren in Betracht
zu ziehen ist.

In der Ruhelage ergibt sich der Übergang ebenso, als wenn es
sich um zwei feste Körper handelte. Infolge der geringen Leitfähigkeit
der flüssigen und gasförmigen Körper findet jedoch eine starke Erwärmung bzw. Abkühlung der mit der festen Oberfläche in direkte
Berührung tretenden Teilchen statt, wodurch das Temperaturgefälle
und somit auch der Wärmeübergang entsprechend vermindert wird.
Werden die Flüssigkeiten oder Gase in richtige Bewegung gesetzt,
so treten mehr oder weniger schnell neue, noch nicht erwärmte oder
abgekühlte Teilchen mit der Oberfläche in Berührung, und wird dadurch ein lebhafter Wärmeaustausch aufrecht erhalten. Für Gase auf
einer metallenen Oberfläche ergibt sich der Wärmeübergangskoeffizient
ganz allgemein zu

$$k = 2 + 10 \cdot \sqrt{v} \quad\ldots\ldots\ldots\ldots \text{(42}$$

wobei v die Strömungsgeschwindigkeit der Gasteilchen längs der Heizfläche bezeichnet.

v ist in der Regel etwas kleiner als die mittlere Strömungsgeschwindigkeit der Gase, weil die die Heizfläche berührenden Teilchen
durch Reibung zurückgehalten werden. In der Mitte weiter, gerader
Gaskanäle bildet sich daher ein Kern von schnell strömenden heißen
Gasen, welche durch die dazwischen liegenden kälteren und langsamer
strömenden Gaspartien von der Heizfläche isoliert werden. Hierauf
beruht beispielsweise die Wirkung der Schmiedschen Überhitzer in
Lokomotiven, welchen verhältnismäßig heiße Gase durch mehrere
besonders weite Heizröhren zugeführt werden. Zur Berücksichtigung
dieser verschiedenen Strömungsgeschwindigkeiten kann man setzen

$$k = 2 + \sqrt{\frac{v\,u}{f}} \qquad \ldots \ldots \ldots \quad (43$$

wobei f die Querschnittsfläche in Quadratmeter und u den Umfang in Metern bezeichnen.

Jede Richtungsänderung wirbelt die Gasfäden durcheinander und bewirkt somit, daß heiße Gasteilchen vom Kern zur Oberfläche gelangen.

Dies tritt besonders stark bei den versetzt angeordneten Siederöhren in Erscheinung, wenn der Rohrabstand, wie in Fig. 11 dargestellt ist, sehr klein gewählt wird. Dabei ist „v" gleich der mittleren Gasgeschwindigkeit anzunehmen, und ergibt sich der Wärmeübergangskoeffizient unter Umständen noch etwas größer als nach Formel 42.

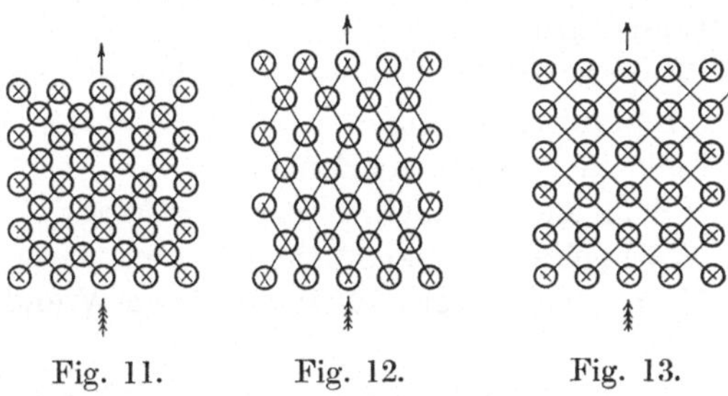

Fig. 11. Fig. 12. Fig. 13.

Bei der weiteren Rohrstellung (siehe Fig. 12) ist dagegen noch die Bildung eines wenn auch schwachen Gaskernes möglich, und wird deshalb unter Umständen, d. h. bei sehr großen Rohrabständen, der oben angegebene Wert des Wärmeübergangskoeffizienten nicht erreicht.

Bei der Rohrstellung nach Fig. 13 bilden sich zwischen den Rohren neben den Gasströmen tote Winkel, und ist deshalb der Wärmeübergangskoeffizient etwas kleiner als nach Formel 42 anzunehmen.

Die Zugverhältnisse haben ebenfalls einen bedeutenden Einfluß auf den Wärmeübergang. Bei starkem Zuge werden nämlich die Gase schnell durch die Kesselzüge gezogen. so daß sie die Heizfläche nicht in allen Teilen satt umhüllen können, Dies gilt namentlich für weite Querschnitte und dort, wo die Gase ihre Richtung stark ändern oder von einem weiten Querschnitt in einen engen überzugehen haben. Infolgedessen ergibt sich in der Regel eine Verminderung der Abgastemperatur, wenn man den Zug einschränkt, ohne daß deshalb die Kesselleistung zu sinken braucht.

Die richtige Abschätzung dieser Verhältnisse ist nicht gerade sehr leicht, erfordert vielmehr einige Erfahrung. Wenn aber alle wesentlichen Umstände sorgfältig in Berücksichtigung gezogen werden, so ist es wohl möglich, sich den tatsächlichen Werten praktisch genau zu nähern.

Für Wasser und nicht siedende Flüssigkeiten ergibt sich der Wärme-übergangskoeffizient zu

$$k = 300 + 1800 \sqrt{v} \quad \ldots \ldots \ldots \ldots \quad (44$$

wenn siedend

$$k = 800 + 6000 \cdot \sqrt{v} \cdot g \quad \ldots \ldots \ldots \quad (45$$

wobei g das spezifische Gewicht des Wasserdampfgemisches in Tonnen pro Kubikmeter bezeichnet. Günstigenfalles wird

$$k = 10\,000.$$

Ist nun der Wärmeübergang von Rauchgasen auf Wasser durch eine ebene Wand zu berechnen, und bezeichnen

T die Temperatur der Rauchgase,

t die Temperatur des Wassers,

t_a die Temperatur der äußeren Oberfläche der Wand,

t_i die Temperatur der inneren Oberfläche der Wand,

d die Dicke der Wand in Zentimeter,

l den Wärmeleitungskoeffizienten der Wand,

k_a den Wärmeübergangskoeffizienten von Gas auf Wand,

k_i den Wärmeübergangskoeffizienten von Wand auf Wasser oder Dampf,

so erhält man die stündlich auf einen Quadratmeter übertragene Wärmemenge zu

$$J = k_a\,(T - t_a) + \frac{1}{d} \cdot (t_a - t_i) + k_i\,(t_i - t) \quad \ldots \ldots \quad (46$$

und daraus nach leichter Umformung

$$J = C \cdot (T - t) \quad \ldots \ldots \ldots \ldots \ldots \quad (47$$

wobei der Gesamtwärmeleitungskoeffizient C aus

$$\frac{1000}{C} = \frac{1000}{k_a} + \frac{1000 \cdot d}{l} + \frac{1000}{k_i} \quad \ldots \ldots \quad (46$$

zu berechnen ist.

Die Multiplikation mit 1000 empfiehlt sich der leichteren Rechnung wegen, weil dadurch sehr kleine Brüche zu vermeiden sind.

Beispielsweise findet man für

$$T = 1200,\ t = 200,\ k_a = 25,\ d = 2,\ l = 6000,\ k_i = 10\,000:$$

$$\frac{1000}{C} = \frac{1000}{25} + \frac{2 \cdot 1000}{6000} + \frac{1000}{10000} = 40{,}433$$

somit

$$C = \frac{1000}{40{,}433} = 24{,}73$$

und

$$J = 24{,}73 \cdot (1200 - 200) = 24\,730 \text{ WE pro Stunde und Quadratmeter.}$$

Aus

$$J = (t - t_a) \cdot k_a = C \cdot (T - t)$$

erhält man ferner

$$t_a = T - \frac{C}{k_a} \cdot (T - t) \quad . \quad . \quad . \quad . \quad . \quad (49$$

und ebenso

$$t_i = t + \frac{C}{k_i} \cdot (T - t) \quad . \quad . \quad . \quad . \quad . \quad (50$$

Daraus folgt mit den obigen Zahlen

$$t_a = 1200 - \frac{24{,}73}{25} \cdot (1200 - 200) = 211^0 \, C$$

und

$$t_i = 200 + \frac{24{,}73}{10000} \cdot (1200 - 200) = 202{,}5^0 \, C.$$

Würde die Wandstärke nur 0,5 cm betragen, so ergäbe sich

$$\frac{1000}{C} = \frac{1000}{25} + \frac{0{,}5 \cdot 1000}{6000} + \frac{1000}{10000} = 40{,}18,$$

also

$$C = \frac{1000}{40{,}18} = 24{,}89,$$

somit

$$t_a = 1200 - \frac{24{,}89}{2500} \cdot (1200 - 100) = 204^0 \, C.$$

Ferner ist aus dem Vorstehenden zu ersehen, daß bei mit einem Gemisch von Wasser und Dampf bespülten reinen Heizflächen in der Regel unbedenklich

$$C = k_a$$

gesetzt werden kann.

Beim Wärmeübergang von Gasen auf Dampf ergeben sich aber wesentlich ungünstigere Verhältnisse, weil der Dampf die Wärme nicht so gut von der Heizfläche ableitet als das Wasser.

Setzt man beispielsweise eine Dampfgeschwindigkeit von 25 m im voraus, so berechnet sich

$$k_i = 2 + 10 \sqrt{25} = 52;$$

somit wird bei

$$T = 600, \ t = 300, \ d = 0{,}3 \ \text{und} \ l = 6000$$

sowie

$$k_a = 20$$

$$\frac{1000}{C} = \frac{1000}{20} + \frac{0{,}3 \cdot 1000}{6000} + \frac{1000}{52} = 69{,}28,$$

folglich

$$C = \frac{1000}{69,28} = 14,43$$

und

$$J = 14,43 \cdot (600 - 300) = 1329 \text{ WE};$$

damit ergibt sich

$$t_a = 600 - \frac{14,43}{20,0} \cdot (600 - 300) = 383,55$$

und

$$t_i = 300 + \frac{14,43}{52} \cdot (600 - 300) = 383,25.$$

Zur Untersuchung der aus mehreren Schichten gebildeten Wandungen übergehend, ist zunächst der Fall einer mit Kesselstein bedeckten Heizfläche ins Auge zu fassen.

Wenn angenommen werden kann, daß der Kesselstein, wie es gewöhnlich der Fall ist, dicht an der Heizfläche haftet, so ist Übergangswiderstand zwischen dieser und dem Kesselsteine zu vernachlässigen. Bezeichnen nun

d   die Dicke und

l_1 den Wärmeleitungskoeffizienten des Kesselsteins,

so ergibt sich mit den obigen Zahlen

$$\frac{1000}{C} = \frac{1000}{k_a} + \frac{d \cdot 1000}{l} + \frac{d_1 \cdot 1000}{l_1} + \frac{1000}{k_i} \; ;$$

daraus folgt mit

$$d_1 = 0,2 \text{ cm}$$
$$l = 70$$

und im übrigen die gleichen Zahlen wie oben

$$\frac{1000}{C} = \frac{1000}{25} + \frac{0,5 \cdot 1000}{6000} + \frac{0,2 \cdot 1000}{70} + \frac{1000}{10000} = 43,04.$$

somit

$$C = \frac{1000}{43,04} = 23,24$$

und

$$J = 23,24 \, (1200 - 200) = 23240 \text{ WE}.$$

Der Kesselstein hält also den Wärmeübergang wesentlich zurück, und es ergibt sich letzterer im vorliegenden Falle ca. 6 % kleiner als bei einer reinen Heizfläche.

Wesentlich ungünstiger ist aber die dadurch herbeigeführte größere Temperatursteigerung des Kesselbleches.

Diese ergibt sich aus

$$t_a = 1200 - \frac{23,24}{25} \cdot (1200 - 200) = 270\ 4^0\ C$$

und

$$t = t_a - \frac{d \cdot C}{r} \cdot (T - 1) = 270 \cdot \frac{4 - 23,24}{25} \cdot (1200 - 200) = 268,6^0\ C$$

Daraus folgt, daß sich bei Vorhandensein von Kesselstein erheblich höhere Blechtemperaturen als bei reiner Heizfläche einstellen, wodurch die Sicherheit und Lebensdauer der Kessel in Frage gestellt werden. Bei einer rationellen Kesselanlage sollte deshalb die Anordnung so getroffen werden, daß sich unter keinen Umständen der Kesselstein dort niederschlagen kann, wo die höchsten Temperaturen vorkommen, und wo somit seine Wirkung gefährlich werden kann.

c) **Wärmestrahlung von Fläche zu Fläche.** Der Wärmeübergang durch Strahlung von Fläche zu Fläche berechnet sich nach Stefan zu

$$W_s = s \cdot \left[\left(\frac{t_1 + 273}{100} \right)^4 - \left(\frac{t_2 + 273}{100} \right)^4 \right] \ \ . \ . \ . \ . \ 51)$$

wobei

t_1 die Temperatur der ausstrahlenden und
t_2 diejenige der bestrahlten Oberfläche,
s den Wärmestrahlungskoeffizienten

bezeichnen.

Tafel für s.

Körper	s	Körper	s	Körper	s
Eisenblech	2,77	Zink, poliert	0,24	Glühende Kohle	4
desgl. poliert	0,45	Zinn, poliert	0,22	Wasser	5,01
desgl. verrostet	3,36	Silber	0,14	Papier	3,77
desgl. verbleit	0,65	Ölanstrich	3,71	Mauerwerk	3,60
Kupfer, poliert	0,16	Russ	4,01	Flammen	1,00

Für die Größe dieses Wärmeüberganges kommt noch der Widerstand in Betracht, welchen die zwischen den betreffenden Oberflächen liegenden Gase dem Durchgange der Wärmestrahlen entgegensetzen. Die Wärmestrahlen folgen dabei angenähert den diesbezüglichen Gesetzen des Lichtes. Das heißt, bei völlig durchsichtigen Gasen ist der Widerstand sehr klein und letzterer nimmt in gleichem Maße zu wie die Undurchsichtigkeit.

d) **Gleichzeitige Strahlung und Berührung.** Wenn gleichzeitig ein Wärmeübergang durch Berührung und durch Strahlung erfolgt, findet man

$$W_b + W_s = (T - t_a) \cdot K_a + s \left[\left(\frac{T + 213}{100} \right)^4 - \left(\frac{t_a + 273}{100} \right)^4 \right]$$

$$= \frac{1}{d} \cdot (t_a - t_i) = k_i (t_i - t_o) \qquad \ldots \ldots \ldots \quad 52)$$

Diese Formel läßt sich wegen der ihr anhaftenden, in der 4. Potenz vorkommenden Glieder nicht einfach auflösen und anwenden, deshalb empfiehlt sich die Benutzung der in Fig. 14 dargestellten graphischen Konstruktion.

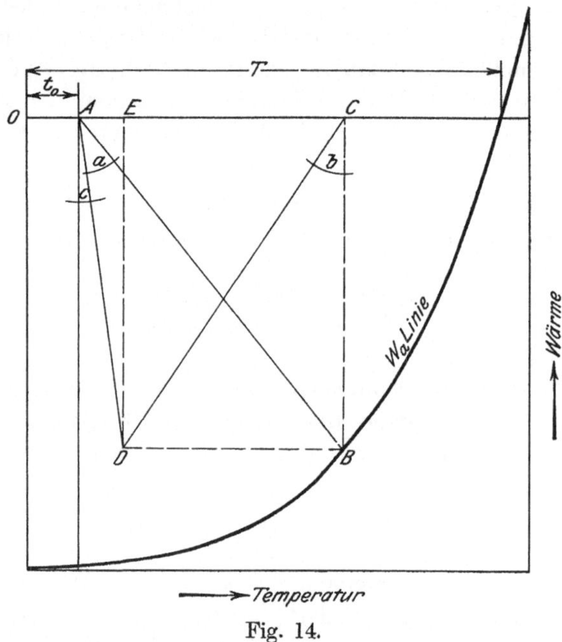

Fig. 14.

Man berechnet zunächst die Werte

$$W_x = \left(\frac{T_x + 273}{100} \right)^4 \cdot s + T_x \cdot k_a$$

und bildet damit die auf ein rechtwinkliges Achsenkreuz bezogene W_a-Linie.

Sodann werden ermittelt

$$\text{tg } a = \frac{1}{k_i} + \frac{d}{l}$$

und

$$\text{tg } b = \frac{1}{k_i}$$

und

$$tg\ c = \frac{d}{l}$$

Darauf wird von dem durch t_0 und T bestimmten Punkte A aus unter dem tg a entsprechenden Winkel eine Gerade gezogen, welche die W_a-Linie im Punkte B schneidet. Über B wird dann die Vertikale B—C gefällt und von C aus unter dem tg b entsprechenden Winkel die Gerade C—D gezogen. Der Schnittpunkt D derselben mit einer nach tg c vom Punkte A ausgezogenen Linie A—D muß bei richtiger Durchführung der Konstruktion in gleicher Höhe mit B liegen.

Es ist nun

$$\underline{B\,C} = W_b + W_s$$
$$\underline{O\,C} = t_a$$
$$\underline{O\,E} = t_i.$$

Der Beweis hierfür ist in der Konstruktion der Figur gegeben; denn es wird offenbar

$$B\,C = \left[\left(\frac{T + 273}{100}\right)^4 - \left(\frac{t_a + 273}{100}\right)^4\right] \cdot s + (T - t_a) \cdot k_a$$

$$= \underline{E\,C} \cdot \frac{l}{tg\ b} = (t_i - t_0) \cdot k_i$$

$$= \underline{A\,E} \cdot \frac{l}{tg\ c} = (t_a - t_i) \cdot \frac{l}{d}\,,$$

wie zu beweisen war.

e) **Punktabstrahlung.** Die Formel von Stefan gilt nur für den Fall, daß die Temperatur der Oberfläche in allen Punkten ungefähr gleich ist und sich daher ein paralleles Strahlenbündel von nahezu gleicher Intensität ergibt. Dabei hat die Entfernung der Oberflächen keinen Einfluß auf die Wärmebestrahlung, wenn die Strahlendurchlässigkeit der zwischen beiden Oberflächen liegenden Gase als unendlich groß angenommen werden kann.

Bei den gewöhnlichen Feuerungen ist dieser ideale Zustand aber kaum zu erreichen. Vielmehr wechseln immer verhältnismäßig dunkle Punkte mit Stellen höchster Verbrennungsintensität ab. Findet aber die Wärmeabstrahlung von einem Punkte aus an eine ebene Fläche statt, so ergeben sich ganz andere Verhältnisse, und ist die Verteilung der Wärme auf die bestrahlte Fläche wesentlich von dem Abstande derselben von dem Strahlenpunkte abhängig.

Liegt die Wärmequelle im Mittelpunkte des Strahlenbündels in Fig. 15, so entspricht die Intensität der Bestrahlung bei näherer und weiterer Entfernung der bestrahlten Flächen ungefähr den stark ausgezogenen Linien.

Hieraus ist zu ersehen, daß in unmittelbarer Nähe des Kesselbleches auftretende Nachverbrennungen unter Umständen verheerend wirken können. Daraus folgt aber auch die wichtige Bedingung, daß das Feuer niemals allzu dicht an die Heizfläche heran gedrückt werden sollte.

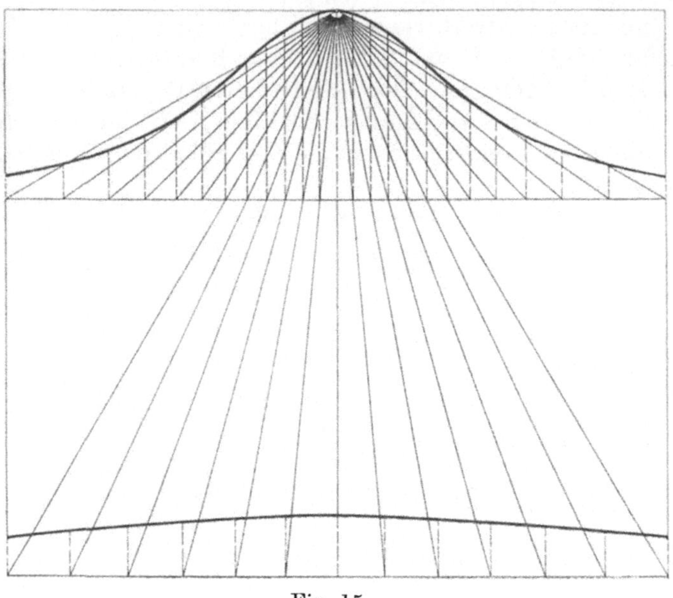

Fig. 15.

f) **Zusammengesetzte Wand.** Zum Schluß möge an einem durchgerechneten Beispiele gezeigt werden, wie sich der Wärmeübergang und davon abhängig die Temperatur in einer aus mehreren Schichten schlechter Wärmeleiter bestehenden Wand ergeben. Dabei soll die Wandung eines Feuerraums betrachtet werden, welche aus den nachstehend angegebenen Schichten zusammengesetzt ist.

Nächst dem Feuer 25 cm feuerfeste Ziegel,
sodann 25 cm gewöhnliche Ziegel,
ferner 5 cm Diatomit
und nach außen 0,5 cm Eisenblech.

Die Wandtemperatur im Feuerraum soll zu 1300⁰ C, die Lufttemperatur im Kesselhause zu 20⁰ C sowie der Wärmeübergangskoeffizient von der Außenwand auf die Luft zu 10 angenommen werden. Wird ferner der Übergangskoeffizient von Schicht zu Schicht = 4 gesetzt, so ergibt sich

$$\frac{10}{C} = \frac{10 \cdot 25}{40} + \frac{10}{4} + \frac{10 \cdot 25}{40} + \frac{10}{4} + \frac{5 \cdot 10}{5} + \frac{10}{4} + \frac{0,5 \cdot 10}{6000} + \frac{10}{10} = 31,0$$

also

$$C = \frac{10}{31} = 0,323$$

und folglich

$$J = 0,323 \cdot (1300 - 20) = 413 \text{ WE p. qm.}$$

Daraus berechnen sich die Oberflächentemperaturen der einzelnen Schichten, siehe Fig. 14, zu

$$t_1 \;= 1300$$

$$t^{1}/_{2} = 1300 - \frac{413}{40} = 1042^0 \text{ C}$$

$$t_2 \;= 1042 - \frac{413}{4} = 939^0 \text{ C}$$

$$t^{2}/_{3} = \;939 - \frac{413}{40} = 681^0 \text{ C}$$

$$t_3 \;= \;681 - \frac{413}{4} = 578^0 \text{ C}$$

$$t^{3}/_{4} = \;578 - \frac{413}{5} = 165^0 \text{ C}$$

$$t_4 \;= \;165 - \frac{413}{4} = 62^0 \text{ C}$$

$$t^{4}/_{5} = \;\;62 - \frac{0,5 \cdot 413}{6000} = 62^0 \text{ C}$$

$$t \;= \;\;62 - \frac{413}{10} \cong 20^0 \text{ C}$$

wie angenommen.

Wenn zur Verminderung des Wärme-übergangs noch zwei weitere Diatomit-schichten oder ein entsprechender anderer Wärmeisolator zwischen Mauer-werk und Eisenmantel eingelegt werden, ergibt sich

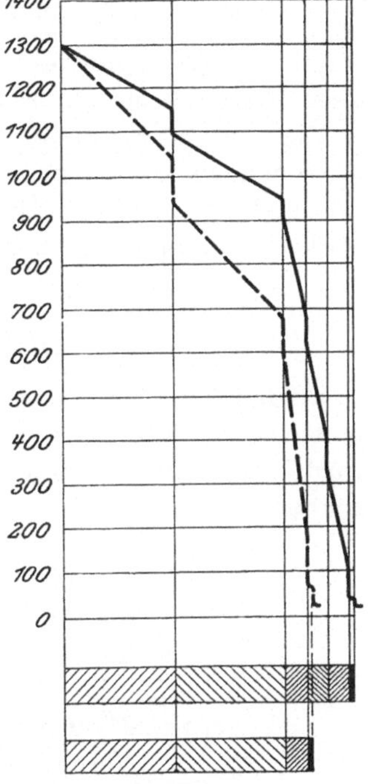

Fig. 16.

$$\frac{10}{C} = 31 + \frac{10}{4} + \frac{5 \cdot 10}{5} + \frac{10}{4} + \frac{5 \cdot 10}{5} = 56$$

somit

$$C = \frac{10}{56} = 0,179$$

und

$$J = 0,179 \cdot (1300 - 20) = 230 \text{ WE p. qm.}$$

Die Oberflächentemperaturen der einzelnen Schichten berechnen sich dann wie in Fig. 16 dargestellt.

Durch die Einlage weiterer Isolierschichten kann zwar der Wärmeübergang weiter herabgemindert werden, wird aber gleichzeitig der größte Teil des Temperaturgefälles in diese Schichten verlegt, weshalb das Mauerwerk durchweg hohe Temperaturen auszuhalten hat. Deshalb darf die Wärmeundurchlässigkeit nicht zu weit gesteigert werden, weil andernfalls sich im Mauerwerk starke Wärmespannungen ergeben, die eine schnelle Zerstörung desselben herbeiführen können. Da der Wärmeabgang durch die Wandung auch bei relativ schwacher Isolation verhältnismäßig gering ist und selbst bei mäßig gut angelegten Feuerungen selten mehr als 0,2—0,7 % der bei der Verbrennung entwickelten Wärme erreicht, lohnt es sich nicht, auf Kosten der Dauerhaftigkeit diesen Verlust noch weiter herabzumindern. Wesentlich größer ist in der Regel der sich aus der abkühlenden Wirkung der durch die Poren und sonstigen Undichtigkeiten des Mauerwerks eingesogenen kalten Luft ergebende Verlust. Deshalb kommt es in der Regel mehr darauf an, die Wandungen luftdicht als wärmeundurchlässig zu machen.

5. Feuerraumtemperaturen.

a) Gänzliche Verbrennung im geschlossenen Raume. Geht man zunächst vom dichtgeschlossenen, d. h. allseitig mit die Wärme vollkommen zurückhaltenden Wandungen umgebenen Feuerraum aus, und bezeichnen

B die stündlich verbrannte Brennstoffmenge in kg,
W den Heizwert derselben in WE pro kg,
η den Wirkungsgrad der Verbrennung,
Q die Menge und
$c\,p_0$ die mittlere spezifische Wärme der Rauchgase,
t_0 die Temperatur der in den Feuerraum eintretenden
        Verbrennungsluft,

so berechnet sich die freiwerdende Wärmemenge, wenn die Verbrennung im Feuerraum zu Ende geführt wird, zu

$$J = B \cdot W \cdot \eta,$$

welche von den Rauchgasen aufgenommen werden muß und denselben eine Temperatursteigerung von

$$\varDelta T = \frac{J}{Q\,c\,p_0}$$

verleiht.

Es ergibt sich somit die mittlere Temperatur des Verbrennungsraumes zu

$$T_r = t_0 + \frac{B\,W_\eta}{Q\,c\,p} \qquad \ldots \ldots \ldots \quad 53)$$

Dieser Ausdruck stimmt offenbar mit dem auf Seite 41 berechneten Temperaturwert der Gase überein.

Die Höhe der mittleren Verbrennungstemperatur wächst mit zunehmendem Verbrennungswirkungsgrade und zunehmender Eintrittstemperatur der Luft sowie abnehmendem Luftüberschuß und abnehmender spezifischer Wärme der Rauchgase. Diese Verhältnisse lassen sich daher angenähert aus der Helligkeit und der Farbe der Flamme abschätzen. Man kann dabei von den Glutfarben des Eisens ausgehen, welche annähernd den nachstehend angegebenen Verhältnissen in der Feuerung entsprechen.

Glutfarben des Eisens:

Im Dunkeln rotglühend . . .	500⁰ C
dunkelrot	700⁰ C
dunkelkirschrot	800⁰ C
kirschrot	900⁰ C
hellkirschrot	1000⁰ C
dunkelorange	1100⁰ C
helles Glühen	1150⁰ C
hellorange	1200⁰ C
weißglühend	1300⁰ C
blendend weiß	1400—1500⁰ C.

b) Teilweise Verbrennung im geschlossenen Raume. Erfolgt die Verbrennung nur zu einem Teile im Feuerraume, so sinkt die mittlere Verbrennungstemperatur in demselben unter Umständen ganz bedeutend. Dabei ist zu berücksichtigen, daß ein erheblicher Teil der im Brennmaterial enthaltenen Wärme für die Verdampfung des mitgeführten Wassers, die Vorwärmung des Brennmaterials und der Luft und die Vergasung der Brennstoffe aufgewendet werden muß.

Bezeichnen

B_1 = den im Feuerraum zur Verbrennung gelangenden Teil,

B_2 = den denselben unverbrannt verlassenden Teil der brennbaren Stoffe

W_2 = den Heizwert der letzteren,

so wird

$$T_r = t_0 + \frac{(B \cdot W - B_2 \cdot W_2)\,\eta}{Q\,c\,p} \qquad \ldots \ldots \ 54)$$

Die hierauf zurückzuführende Verminderung der mittleren Feuerraumtemperatur macht sich besonders bei engen Flammrohren und dicht unter der Heizfläche liegenden Unterfeuerungen bemerkbar, wo die Brenngase nicht genügend Zeit haben, mit dem freien Sauerstoff in Berührung zu treten und zur Zündung zu gelangen.

Sind beispielsweise

$$B = 500 \text{ kg pro Stunde}$$
$$W_1 = 6000$$
$$B_2 = 0{,}02 \, B = 100 \text{ kg pro Stunde}$$
$$W_2 = 9100$$
$$n = 2{,}0$$
$$c \, p_0 = 0{,}29$$
$$t_1 = 20$$
$$\eta_1 = 0{,}92$$

gegeben, so erhält man

$$T_r = 20 + 0{,}92 \cdot \frac{500 \cdot 6000 - 100 \cdot 9100}{500 \cdot \left(1 + 1{,}37 \cdot \dfrac{6000}{1000} \cdot 2{,}0\right) \cdot 0{,}29} = 784^0.$$

während sich bei $B_2 = 0$

$$T_r = 20 + \frac{0{,}92 \cdot 500 \cdot 6000}{500 \cdot \left(1 + 1{,}37 \cdot \dfrac{6000}{1000} \cdot 2{,}0\right) \cdot 0{,}29} = 1110^0 \, C$$

ergeben würde. Infolge der geringen Temperatur wird aber die Verbrennung sehr zurückgehalten und unvollkommen gemacht. Es ist daraus zu ersehen, daß die langflammige Verbrennung den Verbrennungs-Mirkungsgrad wesentlich beeinträchtigt, weil bei derselben dem Feuerraume große Wärmemengen entzogen werden, die an anderer Stelle durch Nachverbrennung teilweise in Erscheinung treten.

c) Wirkung der direkten Heizfläche. Die vorstehend gemachte Voraussetzung, daß die Umschließungen des Verbrennungsraumes vollkommen wärmedicht sind, ist niemals ganz zu erfüllen; denn selbst die die Wärme zurückstrahlenden, aus schlechten Wärmeleitern bestehenden Wandungen des Feuerraumes ergeben einen gewissen Wärmeverlust, welcher aber wenig ins Gewicht fällt und schon aus Gründen der Haltbarkeit des Feuerungsmauerwerkes nicht unter ein gewisses Maß heruntergedrückt werden darf (siehe S. 58). Dieser Verlust ist bei sorgfältig ausgeführten und unterhaltenen Feuerungsanlagen im allgemeinen aber so gering, daß er vollständig vernachlässigt werden kann.

Die den Feuerraum umschließenden Heizflächen dagegen nehmen bei der Berührung und durch Ausstrahlung ganz bedeutende Wärmemengen auf, und durch Wahl der richtigen Größe der direkten Heizfläche läßt sich die Feuerraumtemperatur in ziemlich weiten Grenzen beliebig einstellen.

Bezeichnen

f die Größe der bestrahlten direkten Heizfläche,

t die Oberflächentemperatur derselben,

so findet man nach Stefan die abgestrahlte Wärmemenge nach Formel 51 auf Seite 53 und

$$T_r = \frac{B\,W \cdot \eta - J\,s}{Q\,c\,p} \qquad \ldots \ldots \ldots \quad 55)$$

Das ergibt

$$T_r = \frac{B \cdot W \cdot \eta - s \cdot f\left[\left(\frac{(T_r + 273)}{100}\right)^4 - \left(\frac{(t + 273)}{100}\right)^4\right]}{Q\,c\,p} \qquad . \quad 56)$$

Dieser Ausdruck ist schon wegen des demselben anhaftenden in der 4. Potenz vorkommenden Wertes sehr unbequem. Es ist aber äußerst wichtig, die voraussichtliche Feuertemperatur möglichst genau zu ermitteln, und deshalb erscheint eine handliche Näherungsformel am Platze.

In den Grenzen von $T_r = 900$ bis 1500^0 C findet man

$$T_r = \frac{W \cdot \eta_1 + f \cdot \dfrac{240\,000}{B} + 350}{Q\,c\,p + \dfrac{330}{B} \cdot f + 0,7} \qquad \ldots \quad 56)$$

und daraus erfolgt bei gegebenem T_r die Größe der Strahlfläche

$$f = B \cdot \frac{(W \cdot \eta_1 + 350) - T_r\,(Q\,c\,p + 0,7)}{330 \cdot T_r - 240\,000} \qquad \ldots \quad 57)$$

Hinsichtlich der Größe der in Rechnung zu stellenden Abstrahlfläche ist folgendes zu berücksichtigen:

Setzt man $t_0 = 200^0$ C, was im Allgemeinen zutreffen durfte, so wird

$$T_r = \frac{B\,W\,\eta - s \cdot f\left[\left(\frac{T_r + 273}{100}\right)^4 - 500\right]}{O\,c\,p} \qquad \ldots \quad 56a)$$

Wenn die Oberfläche des Feuers vollkommen eben wäre und allein für die Abstrahlung in Betracht käme, so könnte höchstens als Abstrahlfläche derjenige Teil der direkten Heizfläche angesehen werden, welcher parallel zur Feuerfläche liegt und von der Projektion dieser auf die Heizfläche begrenzt wird. In Wirklichkeit ist aber schon wegen der lebhaften Flammenentwicklung die Größe der Abstrahlfläche dadurch nicht begrenzt, und deshalb ist es zulässig, als solche den Teil der direkten Heizfläche anzusehen, welcher von den Wärmestrahlen erreicht wird. Bei Wasserrohrkesseln kann man die Horizontal-Projektion der direkten Heizfläche ansetzen. Bei Innenfeuerungen in glatten Flammrohren ist im allgemeinen eine sich aus der Länge des Rostes und dem halben Umfang des Flammrohres ergebenden Fläche anzusetzen, und für gewellte Rohre kann dieser Betrag um 5—10 % erhöht werden.

Um die Wichtigkeit einer richtigen Bemessung der Abstrahlfläche möglichst klar zu zeigen, sind in Fig. 17 die sich unter verschiedenen Verhältnissen ergebenden (obere Linien) Feuerraumtemperaturen und die entsprechenden Wärmeaufnahmen der direkten Heizfläche (untere Linien) graphisch aufgezeichnet. Dabei ist von dem Werte $f = 1$ ausgegangen und angenommen worden, daß 50 bis 350 kg Kohle pro Stunde von 7500 WE Heizwert mit verschieden hohem Luftüberschuß praktisch vollkommen ($\eta_1 = 0{,}97$) verbrannt werden. Wenn beispielsweise die Abstrahlfläche gleich der Rostfläche wäre, so würden diese Zahlen den Rostbelastungen von 50 bis 350 kg/qm entsprechen, während bei einer doppelt so großen Rostfläche sich die Belastungsgrenzen von 25 bis 175 kg/qm ergäben.

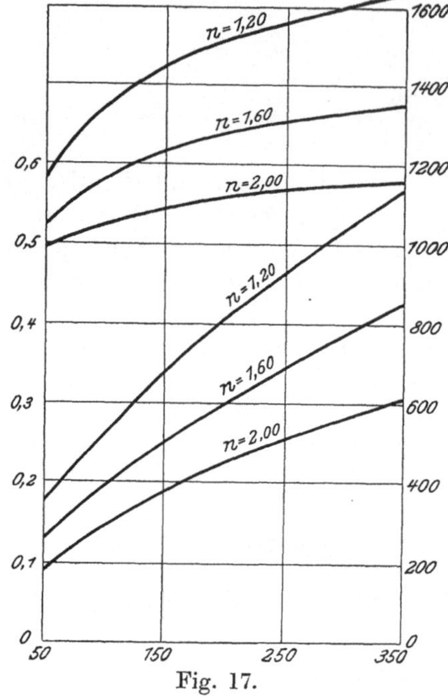

Fig. 17.

Wird, wie es bei gewöhnlichen Feuerungen bisher üblich war, mit der zweifachen theoretisch erforderlichen Luftmenge gearbeitet, so ist die Feuerraumtemperatur und die Wärmeaufnahme der direkten Heizfläche verhältnismäßig gering, und steigen diese Werte mit zunehmender Rostbelastung oder, was dasselbe bedeutet, abnehmender Größe der Abstrahlfläche nur unbedeutend.

Aus den unter I 3 f besprochenen Gründen muß man aber in einer rationell ausgebildeten Kesselanlage dahin streben, den Luftüberschuß möglichst herabzudrücken, und bei passend angelegten Feuerungen ist eine praktisch vollkommene Verbrennung mit höchstens 15 bis 20 % Luftüberschuß unschwer zu erreichen.

Wie die Schaulinien der Fig. 17 für 20 und 60 % Luftüberschuß erkennen lassen, steigen dabei die Verbrennungstemperaturen und die Wärmeaufnahme der direkten Heizfläche mit zunehmender Rostbelastung bzw. abnehmender Größe der Abstrahlfläche ganz außerordentlich. Nun wird zwar die Verbrennung durch die höhere Feuerraumtemperatur wesentlich gefördert, und aus diesem Grunde sollte letztere möglichst hoch gehalten werden; aber andererseits wird durch die steigende Wärmeaufnahme die Anstrengung der direkten Heizfläche außerordentlich erhöht, was zu schweren Schäden für die Sicherheit und die Lebensdauer des Kessels zu führen vermag.

Aus dem Vorstehenden ist ohne weiteres zu ersehen, daß beim Entwurf der Feuerungsanlagen die Größe der erforderlichen Abstrahlfläche unter Berücksichtigung aller in Betracht kommenden Verhältnisse sehr sorgfältig ermittelt werden muß, wenn die denkbar höchsten Resultate erreicht werden sollen.

Übungsbeispiele.

1. Gegeben ist eine Innenfeuerung im glatten Flammenrohr mit

$$W = 7800$$
$$n = 2,0$$
$$\eta = 0,8$$
$$c\,p_0 = 0,27$$

Rostbelastung 80 kg pro qm.

Abstrahlfläche gleich ca. 1,5 Rostfläche

Zu berechnen ist die mittlere Feuerraumtemperatur.

Man erhält

$$T_r = \frac{7800 \cdot 0,8 + 1,5 \cdot \dfrac{240\,000}{80} + 350}{\left(1 + 1,37 \cdot \dfrac{7800}{1000} \cdot 2,0\right) \cdot 0,27 + 1,5 \cdot \dfrac{330}{80} + 0,7} = 860^0\,\text{C}.$$

Wird der oben berechnete Wert von $T = 860^0$ C in Formel 56a eingesetzt, so ergibt sich

$$T_r = \frac{7800 \cdot 0,80 \cdot 80 - 1,5 \cdot 4,0 \cdot \left[\left(\dfrac{860 + 273}{100}\right)^4 - 500\right]}{80 \cdot \left(1 + 1,37 \cdot \dfrac{7800}{1000} \cdot 2,0\right) \cdot 0,27} = 834^0\,\text{C}.$$

Der wahre Wert von T_r liegt also zwischen 860 und 834 bei etwa 850⁰ C.

Wenn nun unter Beibehaltung aller übrigen Werte der Wirkungsgrad der Verbrennung zu n = 0,97 angenommen wird, so berechnet sich $T_r = 960^0$ C. Läßt man ferner den Luftüberschuß auf 20 % (n = 1,2) herabgehen, so ergibt sich $T_r = 1060^0$ C.

Daraus ist einerseits der günstige Einfluß der nahezu vollkommenen Verbrennung im Feuerraume und andererseits die Wirkung des Luftüberschusses zu erkennen. Die Zahlen beweisen aber auch, daß bei übermäßig großer Abstrahlfläche selbst dann eine gute Verbrennung nur schwer zu erreichen ist, wenn die für die möglichste Temperatursteigerung günstigen Umstände vorliegen.

2. Gegeben eine Unterfeuerung im Wasserrohrkessel mit

$$\begin{aligned}
f &= 10 \\
W &= 7250 \\
\eta_1 &= 0{,}97 \\
n &= 1{,}25 \\
c\,p_0 &= 0{,}27
\end{aligned}$$

und zu berechnen die mittlere Feuerraumtemperatur bei

$B = 1000$, 2000 und 3000 kg pro Stunde.

Man erhält

$$W \cdot \eta = 7250 \cdot 0{,}97 = 7030$$

$$Q\,c\,p = \left(1 + 1{,}37 \cdot \frac{7250}{1000} \cdot 1{,}25\right) \cdot 0{,}27 = 3{,}625,$$

folglich mit der Näherungsformel für $B = 1000$

$$T_r = \frac{7030 + 350 + 10 \cdot \dfrac{240\,000}{1000}}{3{,}625 + 0{,}7 + \dfrac{10 \cdot 330}{1000}} = 1282^0\,C.$$

Diesen Wert eingesetzt, findet man

$$T_r = \frac{1000 \cdot 7030 - 4 \cdot 10\left[\left(\dfrac{(1282 + 273)}{100}\right)^4 - 500\right]}{1000 \cdot 3{,}625} = 1300^0\,C.$$

Der wahre Wert liegt also zwischen 1300 und 1282^0 bei etwa 1290^0
Für $B = 2000$ wird

$$T_r = \frac{7030 + 350 + 10 \cdot \dfrac{240\,000}{2000}}{3{,}625 + 0{,}7 + \dfrac{10 \cdot 330}{2000}} = 1480^0\,C$$

und mit dieser Zahl

$$T_r = \frac{2000 \cdot 7030 - 4 \cdot 10 \cdot \left[\left(\dfrac{(1480 + 273)}{100}\right)^4 - 500\right]}{2000 \cdot 3{,}625} = 1420^0\,C$$

Wahrer Wert etwa 1452.

Für $B = 3000$ ergibt sich

$$T_r = \frac{7030 + 350 + 10 \cdot \dfrac{240\,000}{3000}}{3{,}625 + 0{,}7 + \dfrac{10 \cdot 330}{3000}} = 1506^0\,C$$

bzw.

$$T_r = \frac{3000 \cdot 7030 - 4 \cdot 10 \cdot \left[\left(\frac{(1506 + 273)}{100}\right)^4 - 500\right]}{3000 \cdot 3{,}625} = 1572^0 \text{ C.}$$

Wahrer Wert etwa 1540, Abweichung 1 %.

d) Schwankungen der Feuerraumtemperatur. Bei einer idealen Feuerung sollte die Temperatur in allen Teilen des Feuerraumes nahezu gleich sein, d. h. sich überall ein gleich starkes und möglichst weißes Feuermeer ergeben. Dies ist im allgemeinen aber nicht zu erreichen, vielmehr treten stets ziemlich große Unterschiede auf, wobei die kalten Stellen den Wirkungsgrad der Verbrennung herabdrücken, während die übermäßig warmen für die Lebensdauer und Sicherheit der Anlage gefährlich sind..

Deshalb ist es von größter Bedeutung, die Ursachen dieser Temperaturunterschiede klarzulegen und wirksame Mittel zur Vermeidung derselben aufzusuchen.

Am einfachsten lassen sich diese Temperaturunterschiede an Hand einer Vorschubfeuerung, Fig. 22, erklären, weil bei derselben sich ein ganz regelmäßiger Temperaturverlauf ergibt.

Auf der Strecke a b wird das frisch in die Feuerung eintretende Material angewärmt, durch Verdampfung des mitgeführten Wassers ausgetrocknet und vergast. Wegen der verhältnismäßig hohen und dichtliegenden Schicht tritt hier auch wenig Luft ein. In diesem Teile der Feuerung wird aber keine Wärme entwickelt, sondern verbraucht. Demgemäß stellt sich dort eine niedrige Temperatur ein, entsprechend dem Bedarf an Wärme und der Zuleitung derselben von anderer Stelle des Feuerraumes.

Auf der Strecke b c ist die frische Kohle in voller Glut; es verbrennen dort die hochwertigen, flüchtigen Bestandteile der Kohle und tritt in der Regel gerade die erforderliche Luftmenge ein. Infolgedessen entsteht auf dieser Strecke eine außerordentlich hohe Temperatur, welche im Punkte e zuweilen so weit ansteigt, daß das Mauerwerk zum Schmelzen kommt.

Schließlich auf der Roststrecke c d, wo der feste Kohlenstoff ausbrennen soll und wegen der schwachen Bedeckung des Rostes sehr viel überschüssige Luft eintritt, sinkt die Temperatur wieder weit unter den Mittelwert.

Bei Aufwurffeuerungen sinkt die Feuerraumtemperatur kurz nach jeder Beschickung infolge der Wärmeaufnahme des frischen Brennmaterials, steigt dann während der Ausbrennung der flüchtigen Bestandteile über den Mittelwert und sinkt danach unter denselben während der Ausbrennung des festen Kohlenstoffes. Prof. Graßmann hat dies im

„Führer des Maschinisten", I. Abt., in dem hier wiedergebenen Diagramm Fig. 18 sehr gut dargestellt. Wesentlich ungünstiger als die hier besprochenen zeitlichen Schwankungen wirken bei Aufwurffeuerungen aber die infolge unsachgemäßer Beschickung auftretenden örtlichen Temperaturunterschiede. Wird nämlich das frische Brennmaterial nicht gleichmäßig über der ganzen Feuerungsfläche ausgebreitet, sondern auf einen kleinen Fleck geworfen, so sinkt an dieser Stelle die Temperatur ganz besonders und wird dort der Luftzutritt nahezu vollständig abgesperrt. Die von dort aufsteigenden Gase sind dann zu kalt, um noch innerhalb des Verbrennungsraumes restlos zur Zündung gelangen zu können. Sie gehen vielmehr als lästige Rauchbildner ab.

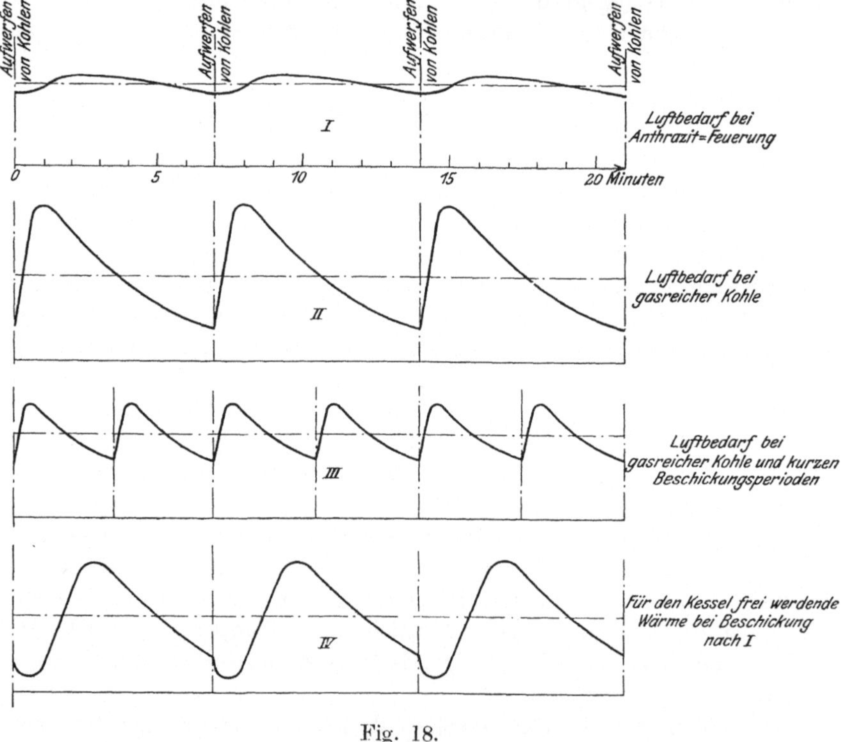

Fig. 18.

e) **Rückstrahlflächen.** Die hier besprochenen Temperaturunterschiede sind am besten zu beheben, wenn ein möglichst energischer Wärmeaustausch zwischen den einzelnen Punkten des Feuerraumes geschaffen wird. Da die Wärmeleitung der Gase sehr gering ist, kann hierfür nur die Rückstrahlung der Wandungen des Feuerraumes in Betracht kommen. Diese Wandungen müssen die mittlere Feuerraumtemperatur annehmen und eine ausreichende Wärmekapazität besitzen.

Die Heizflächen können daher wegen ihrer geringen Temperatur nicht in Frage kommen, vielmehr dienen als Rückstrahlflächen allein genügend starke und nach außen gut isolierte Mauern.

Bezeichnen

T_w die Temperatur der Maueroberfläche gleich der mittleren Feuerraumtemperatur,

T_1 die jeweilige Feuerraumtemperatur,

f_w die Fläche der Mauern in qm,

so erhält man die pro Stunde aufgenommene bzw. abgestrahlte Wärmemenge aus

$$J_w = f_w \cdot 4 \cdot \left[\left(\frac{T_w + 273}{100} \right)^4 - \left(\frac{T_1 + 273}{100} \right)^4 \right] \quad . \quad . \quad 58)$$

Wie nachstehende Tabelle zeigt, wächst die Leistungsfähigkeit der Rückstrahlflächen mit zunehmender mittlerer Feuerraumtemperatur ganz bedeutend.

$$\text{Wärmeabstrahlung bei } T_1 = 800^0 \text{ C.}$$

T_w	=	1000	1100	1200	1300	1400	1500	^{0} C
J_w	=	52 100	88 800	134 500	191 600	285 400	341 600	WE

Die Lage der Rückstrahlflächen ist so zu wählen, daß die Wärme dorthin abgestrahlt wird, wo sie erforderlich ist.

f) Nachverbrennungen. Wenn die den Feuerraum verlassenden unverbrannten Gase an irgendeinem Punkte bei für die Zündung ausreichend hoher Temperatur mit dem freien Sauerstoff der überschüssigen Luft in Berührung treten, so ergibt sich eine häufig explosionsartig rasch verlaufende Zündung und Ausbrennung des Gemenges bei außerordentlich hoher Temperatur, welche den zunächst liegenden Kesselteilen sehr gefährlich werden kann.

Bezeichnen

B_m die Menge der Gase,

W_m den Heizwert derselben,

T_1 die Anfangstemperatur der Bestandteile,

so wird

$$T_m = \frac{B_m \cdot W_m \, \eta_m}{Q \, c \, p} + T_1 \quad . \quad . \quad . \quad . \quad . \quad . \quad 59)$$

Beispielsweise ergibt sich für ein Gemisch von Kohlenoxyd mit Kohlenwasserstoff

$c \, p_0 = 0,3$ (wegen der hohen Temperatur)

$T_1 = 1000$

$\eta_1 = 0,90$

$$T_m = 1000 + \cfrac{9000 \cdot 0{,}9}{\left(1 + 1{,}37 \cdot \cfrac{9000}{1000}\right) \cdot 0{,}3} = 3025^0\,\text{C.}$$

Infolge der Leitung und Abstrahlung der Wärme auf die benachbarten Gasteilchen kann die Temperatur allerdings den oben berechneten Wert nicht ganz erreichen[1]). Da aber die Wärmeentwicklung fast plötzlich erfolgt, ist nicht genügend Zeit zur Ableitung geboten, und daraus erklärt sich die verheerende Wirkung der Nachverbrennungen. Diese Erscheinungen treten namentlich bei schroffen Richtungsänderungen des Gasstromes auf, weil dort die Gas- und Luft- bzw. Sauerstoffäden durcheinander gewirbelt werden.

Bei einem Zweiflammrohrkessel mit 700 mm Flammrohrweite und hinten angebautem Überhitzer brannte das Mauerwerk der Überhitzerkammer ständig durch, trotzdem dasselbe nach und nach aus dem hochfeuerfestestem Material hergestellt wurde und sich am Ende des Flammrohres Temperaturen von unter 700⁰ ergaben. Die genaue Untersuchung dieses Falles zeigte, daß in den engen, stark überlasteten Flammrohren eine äußerst unvollkommene Verbrennung stattfand, und somit große Mengen unverbrannter Gase das Flammrohr verließen. Beim Übergang in die Überhitzerkammer gelangten diese Gase mit dem freien Sauerstoff in Berührung und unter Entwicklung außerordentlich hoher Temperaturen zur Nachverbrennung.

Bei einem Lokomobilkessel mit unvollkommen ausgebildeter Vorfeuerung brannten ständig die aus dem Boden der Feuerbuchse hervorstehenden Enden der Rauchrohre ab. Die Ursache dieser Erscheinung ergab sich bei näherer Prüfung darin, daß das Feuergewölbe den Schrägrost der Vorfeuerung nicht in ganzer Länge überdeckte und daher ein Teil der von der Entgasungszone kommenden unverbrannten Gase entweichen konnte. Durch

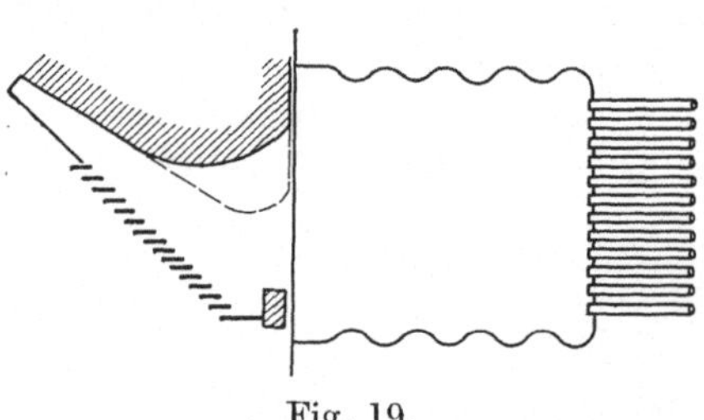

Fig. 19.

Verlängerung des Gewölbes — wie in Fig. 19 punktiert dargestellt — konnte das Übel vollständig behoben werden.

Ein sehr gewöhnlicher Fall ergab sich bei einer Batterie von 8 Wasserrohrkesseln mit dicht unter den Rohrreihen angeordneten Rosten, d. h. ohne ausreichenden freien Raum für die Flammenentfalung und Ausbrennung der flüchtigen Bestandteile. Während einer Betriebsperiode,

---

[1]) Auch die über 2000⁰ C einsetzende Dissoziation begrenzt die Temperatursteigerung.

in welcher die Kessel stark belastet werden mußten, brannten sämtliche, im zweiten Zuge liegenden Überhitzer und die dieselben tragenden gußeisernen Balken aus, weil beim Übergang in die Überhitzernkammern die unverbrannten Gase mit dem freien Sauerstoff zur Nachverbrennung gelangten.

Über die Nachverbrennungserscheinungen herrschen selbst bei als tüchtig bekannten Fachgenossen ziemlich unklare Anschauungen. Es wird sogar von manchen angenommen, daß die Nachverbrennungen nicht stattfinden könnten, weil sie in einem mit Kohlensäure, d. h. unverbrennbarem Medium gefüllten Raume stattfinden müßten. Das ist natürlich ganz irrig, denn alle Verbrennungsvorgänge spielen sich in mit dem unverbrennlichen Stickstoff gefüllten Räumen ab, und die Möglichkeit derselben hängt nur von der Menge des darin enthaltenen Sauerstoffes sowie davon ab, ob die Wärmetönung ausreicht, um die Verbrennungstemperatur genügend hoch zu halten.

6. Luftzuführung.

a) Allgemeines. Bei dem in Fig. 20 dargestellten Gasbrenner verlaufen die Gas- und Luftfäden parallel. Eine Vermischung derselben findet nur insoweit statt, als die Fäden durch die bei der Verbrennung sich ergebende Ausdehnung durcheinander gebracht werden. Derartige Brenner arbeiten daher mit verhältnismäßig langer Flamme und deshalb sowie wegen des hohen Luftüberschusses mit geringer Temperatur.

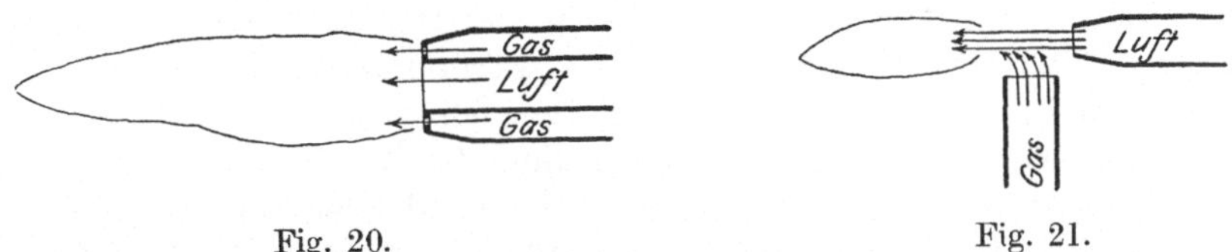

<table>
<tr><td>Fig. 20.</td><td>Fig. 21.</td></tr>
</table>

Wird dagegen — wie in Fig. 21 dargestellt — die Luft quer durch den Gasstrom getrieben, und dieser damit abgelenkt, so findet eine sehr innige Durchmischung des Gases mit der Luft statt, kann daher mit geringem Luftüberschuß eine sehr gute Verbrennung erreicht werden, und entwickelt sich eine kurze, äußerst heiße Flamme.

Daraus ist ganz klar zu ersehen, daß es nicht allein darauf ankommt, genügend Luft zuzuführen, sondern auch, daß die Luft möglichst innig und tunlichst nahe dem Ausgangspunkte der Verbrennung mit den Brennstoffen durchmischt wird. Von der mehr oder weniger guten Erfüllung dieser Bedingung hängt die Größe des von der Feuerung beanspruchten Luftüberschusses ab. Offenbar läßt das Aussehen der Flamme in bezug auf Farbe und Länge erkennen, ob eine gute Luftzuführung vorliegt oder nicht; denn im ersteren Falle müssen sich kurze, helle Flammen, im zweiten Falle lange und dunkle ergeben. Dabei darf aber nicht außer acht gelassen werden, daß die Helligkeit und Länge der Flammen auch noch von der Temperatur des Feuerraumes abhängt. Bei niedriger Temperatur erfolgt nämlich die Zündung sehr träge und kann sich daher trotz guter Luftzuführung eine lange, matte Flamme bilden, während hohe Temperaturen die Zündung äußerst beschleunigen und den Mangel der Luftzuführung teilweise ausgleichen können.

Unter I 3 f ist gezeigt worden, daß es zur Erlangung einer rationell arbeitenden Anlage unbedingt erforderlich ist, den Luftüberschuß möglichst herabzudrücken. Die vorstehenden Erwägungen zeigen aber auch, daß die den geringen Luftüberschuß bedingende rationelle Verteilung der Luft für die Betriebssicherheit und Lebensdauer von allergrößter Bedeutung ist. Bei kurzflammiger Verbrennung wird vermieden, daß die Flammen die Heizfläche berühren und unverbrannte Brennstoffteilchen in der Nähe derselben zu der äußerst gefährlichen Nachverbrennung gelangen.

b) Öl- und Gasfeuerungen. Gasfeuerungen bereiten hinsichtlich der passenden Luftzuführung die geringsten Schwierigkeiten, weil das Brennmaterial von Anfang an im brennfähigen Zustande vorliegt und daher leicht mit Luft durchsetzt werden kann. Es ist nur erforderlich, den Gasstrom in möglichst feine Fäden aufzulösen und zwischendurch die Luft eintreten zu lassen.

Ebenso ist bei der Verbrennung von flüssigen Brennstoffen, Masut, Petroleum, Teeröl und dergl., eine gute Luftdurchmischung unschwer zu erreichen, wenn diese Materialien in passenden Düsen fein verstäubt werden. Soll das Material durch die Verbrennungsluft mitgerissen werden, so ist dazu bei dickflüssigen Ölen ein starker Luftüberschuß nötig. In diesem Falle hilft eine Anwärmung des Öles, wodurch dasselbe dünnflüssig wird. Wegen des sich sonst abscheidenden schwer anbrennenden Teers erfordern flüssige Brennstoffe im allgemeinen aber einen starken Luftüberschuß, welcher die Wirtschaftlichkeit derselben wesentlich beeinträchtigt. Deshalb kommt man trotz mancher Vorteile für den einfachen Betrieb von der Verwendung des Öles auch dort ab, wo dasselbe, bezogen auf den Heizwert, billiger als Kohle zu erhalten ist.

c) Aufwurffeuerungen. Ganz andere Verhältnisse treten bei den festen Brennstoffen, Kohle und dergl., auf.

Betrachtet man zunächst die kontinuierlich beschickte Aufwurffeuerung, so ergibt sich folgendes.

Die Verbrennungsluft tritt durch die Rostspalten oder sonstigen Öffnungen ein und durchstreicht die darüber liegende Brennmaterialschicht. Die Größe des Lufteintritts hängt einerseits von dem vorherrschenden Druckgefälle und andererseits von den in der Schicht zu überwindenden Widerständen ab. Sind diese Widerstände überall gleich,

d. h. ist der Rost gleichmäßig hoch mit gleich dicht liegendem Material bedeckt, so tritt auch an allen Stellen die gleiche Luftmenge ein. Ist dann auch der Luftbedarf überall derselbe, so wird sich eine nahezu vollkommene Luftverteilung ergeben, umsomehr, da die Luft in den Poren der Schicht gezwungen wird, sich mit den Brenngasen innig zu durchmischen.

Derart günstige Verhältnisse sind natürlich niemals zu erreichen, es ist vielmehr stets mit einer sehr ungleichmäßigen Luftverteilung, namentlich bei geringer Schichthöhe, zu rechnen.

Der Einfluß der unvermeidlichen Verschiedenheiten der Höhe und Durchlässigkeit der Schicht verschwindet offenbar mit zunehmender Schichthöhe, und deshalb kann erfahrungsgemäß unter gewissen Umständen bei richtig betriebenen Aufwurffeuerungen der erforderliche Luftüberschuß bis auf 25 % herabgedrückt werden. Darauf beruht meistens die mit der Anwendung künstlichen Zuges, mehr noch bei Unterwind, erreichte Verbesserung des Wirkungsgrades älterer Kesselanlagen. Die Vergrößerung der Schichthöhe wird durch die Art und Zusammensetzung der Schlacke begrenzt. Bei starker Rostbedeckung ergeben sich im Innern der Schicht sehr hohe Temperaturen, welche manche Schlacken zum Schmelzen bringen und daher ein schnelles Zufließen der Rostspalten verursachen.

Ferner wird der erforderliche Luftüberschuß durch die Menge und Entgasungsgeschwindigkeit der in den Kohlen enthaltenen flüchtigen Bestandteile begrenzt.

Da die frische Kohle auf die Oberfläche der Schicht geworfen wird, treten die von dieser aufsteigenden ausdestillierten Brenngase in ein verhältnismäßig sauerstoffarmes Gemenge. Denselben fehlt aber die in den verschlungenen Poren der Schicht stattfindende innige Durchmischung mit dem Sauerstoff, und deshalb macht sich der Sauerstoffmangel besonders fühlbar.

Wird nun noch dazu — wie es meistens der Fall ist — die Kohle nicht ausgestreut, sondern werden damit nur einzelne Stellen bedeckt, so steigen von diesen geschlossene starke Gasströme auf, welche um so weniger genügend mit Sauerstoff versorgt werden können, als gerade dort der Luftzutritt durch das frische Material versperrt wird. Es ist sehr leicht einzusehen, daß sich bei einer dem Bedarf nicht entsprechenden Verteilung des Luftzutrittes eine langflammige Verbrennung einstellen muß und deshalb das Resultat durch Vorsorge eines ausreichend großen freien Verbrennungsraumes sich wesentlich verbessern läßt, sowie auch das starke Qualmen der Kesselfeuerungen nicht zum wenigsten auf das Fehlen eines solchen zurückzuführen ist. Durch zweckmäßige Führung bzw. Ablenkung der Flammen läßt sich natürlich die Durchmischung der Brenngase mit Luft ganz bedeutend fördern, die Ablenkung darf aber nicht durch die verhältnismäßige kalte Heizfläche erfolgen, weil an derselben die Flammen ersticken. Ferner ist bei der Verwendung von Flammenführungen einige Vorsicht geboten; werden nämlich die Flammen irgendwo sehr schroff abgelenkt und eingeschnürt, so kann dort eine außerordentlich lebhafte Verbrennung von zerstörender Wirkung zusammengedrängt werden. Alle Richtungsübergänge müssen deshalb allmählich und unter Einhaltung ausreichend geringer Gas- bzw. Flammengeschwindigkeiten vorgenommen werden.

Bei Handfeuerung ist eine kontinuierliche Beschickung nicht möglich und wird daher das frische Material in längeren oder kürzeren Intervallen aufgeworfen. Selbst bei sorgfältiger Verteilung desselben über die ganze Feuerungsfläche läßt sich ein ziemlich starker Luftüberschuß nicht übergehen, weil der Luftbedarf sehr stark wechselt, wenn gasreiche Kohlen zu verfeuern sind.

Zunächst muß nämlich das frische Material angewärmt und ausgetrocknet werden. Die dazu nötige Wärme wird der Feuerung entzogen, und dadurch wird ein, wenn auch bei guter Beschickung nicht sehr bedeutendes Sinken der Feuerraumtemperatur herbeigeführt. Dieser Temperatursturz hat aber auch eine Verminderung der Verbrennung und somit des Luftbedarfes zur Folge, verursacht also bei gleichbleibender Zufuhr einen Luftüberschuß. Während der Entgasung der frischen Kohle steigt dann der Luftbedarf ganz bedeutend, namentlich wenn gasreiche und schnell entgasende Kohlen zu verfeuern sind. Danach sinkt der Luftbedarf wieder unter den Mittelwert. Diese Verhältnisse sind von Prof. Graßmann im „Führer des Maschinisten", I. Abt., in den in Fig. 17 wiedergebenen Kurven sehr deutlich dargestellt.

Wenn der Verbrennungsraum mit ausreichenden und gut verteilten Rückstrahlflächen versehen wird, so können die auf den wechselnden Temperaturen beruhenden Schwankungen des Luftbedarfes stark gemildert werden.

d) Vorschubfeuerungen. Die Vorschubfeuerungen zeigen hinsichtlich des Luftbedarfes von den Aufwurffeuerungen wesentlich abweichende Verhältnisse. Indem das Brennmaterial in diesen den Feuerraum vom frischen Zustande bis zur völligen Ausbrennung allmählich fortschreitend durchläuft, lassen sich drei ineinander übergehende Zonen denken, und zwar, mit den Bezeichnungen in Fig. 22:

Anfang, von a bis b,
   Vorwärmung, Austrocknung und Entgasung, daher kein oder ein geringer Luftbedarf;

Mitte, von b bis c,
   voller Brand des teilweise entgasten Materials sowie der Gase und deshalb starker Luftbedarf;

Ende, von c bis d,

Abbrand des festen Kohlenstoffes mit geringem Luftbedarf.

In einer ideal angelegten Vorschubfeuerung sollte sich der Lufteintritt dem obenstehend erläuterten Bedarf entsprechend über die Rostfläche verteilen, und dies gelingt auch bei Schräg- und Treppenrosten, wenn Kohlen zu verfeuern sind, welche nicht zur Bildung fließender Schlacke neigen.

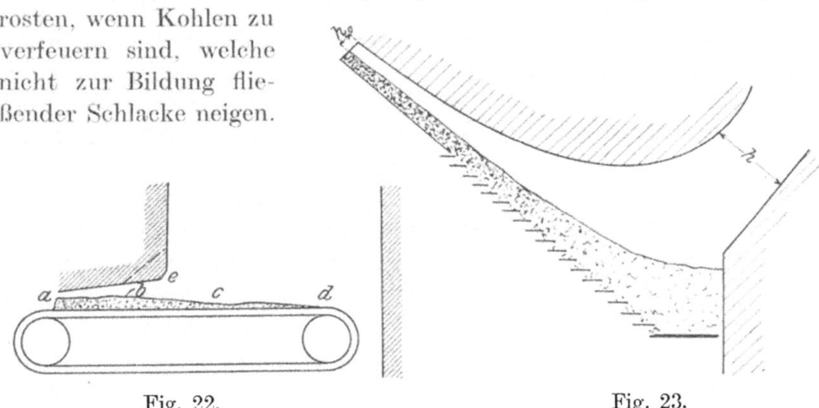

Fig. 22.Fig. 23.

Man läßt dabei nach Fig. 23 die ausgebrannte Kohle auf dem unteren Teile des Rostes anhäufen und verhindert in dieser Weise dort einen zu starken Luftdurchgang. Fließende Schlacke bildende Kohlen lassen sich natürlich in dieser Weise nicht verfeuern, weil sich bei denselben über der Aschenklappe ein schwer zu beseitigender fester Schlackenkuchen ansammeln würde.

Die meisten Vorschubfeuerungen, wie namentlich die Ketten- und Wanderroste, ergeben einen Luftzutritt, welcher diametral von dem Luftbedarf abweicht. Während nämlich am Anfang sehr wenig und in der Mitte kaum genug Luftzutritt sich ergibt, ist am Ende ein außerordentlich starker Luftüberschuß vorhanden, der das wirtschaftliche Resultat dieser Feuerungen wesentlich herabdrückt, wie dies aus Fig. 22 ersichtlich und allgemein bekannt ist.

e) Unterschubfeuerungen. Die Unterschubfeuerungen sind hinsichtlich der für die Luftverteilung maßgebenden Verhältnisse zu unterscheiden in Haufenfeuerungen und Rostfeuerungen.

Bei den Haufenfeuerungen tritt die Luft ausschließlich durch die an den Rändern der Zuführungsmulden angebrachten Luftdüsen ein. Man überläßt es dabei der Luft, sich im Haufen zu verteilen, und wenn die Düsenform der zu verbrennenden Kohle richtig angepaßt ist und dem Haufen die nötige Form und Höhe gegeben wird, läßt sich eine nahezu ideale Luftverteilung und somit eine praktisch vollkommene Verbrennung mit wenig mehr als der theoretisch erforderlichen Luftmenge erreichen. Der Vorteil dieser Anordnung liegt darin, daß die unterhalb der glühenden Schicht ausdestillierten flüchtigen Bestandteile der Kohle nach Aufnahme der gesamten Verbrennungsluft, also bei starker Übersättigung mit Sauerstoff, den darüber liegenden glühenden Koksfilter durchbrechen müssen, wobei die Brennstoffe sehr innig mit dem Sauerstoff durchmischt werden und sich infolgedessen eine ganz kurzflammige Verbrennung ergibt.

Für die Form und Anordnung der Luftdüsen ist der Gehalt der Kohle an flüchtigen Bestandteilen und festem Kohlenstoff entscheidend.

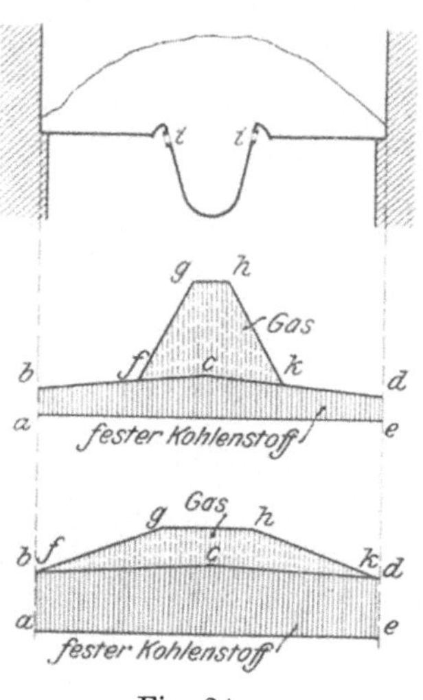

Fig. 24.

Die Ausdestillation der Gase, namentlich bei schnell entgasenden Kohlen, findet unter dem Einfluß der in der Schicht nach unten abgeleiteten Wärme am oberen Rande der Zuführungsmulde statt. Deshalb drängen sich die Gase im mittleren Teile der Feuerung zusammen und muß dorthin ein entsprechender Teil der Luft geleitet werden. In Fig. 24 ist eine Haufenfeuerung im Querschnitt schematisch dargestellt. Die Luft tritt an den Punkten i i in den Haufen ein. Der feste Kohlenstoff (Koks) verursacht den durch die Fläche a, b, c, d, e, bezeichneten Luftbedarf, während sich letzterer für die flüchtigen Bestandteile aus der Fläche f, g, h, k ergibt.

Je größer also der Anteil an flüchtigen Bestandteilen ist, um so größer ist die Fläche f g h k im Verhältnis zu a b c d e und umgekehrt. Der Fläche a b f g h k d e entsprechend muß die Luft über den Haufen verteilt werden. Es ist ohne weiteres einleuchtend, daß der Einfluß der Unregelmäßigkeiten der Haufenform mit zunehmender Höhe des Haufens abnimmt und umgekehrt stark anwachsen muß. Um einen ungefähren Anhalt zu geben, sind in Fig. 24 die Luftbedarfsdiagramme für gasreiche und gasarme, schwer entgasende Kohle dargestellt.

Deshalb sind bei derartigen Feuerungen nur mit sehr hohen Haufen die denkbar günstigsten Resultate zu erreichen. Man arbeitet mit Schichthöhen von 500—900 mm.

In den mit Rosten versehenen Unterschubfeuerungen läßt sich, wie leicht einzusehen ist, eine so günstige Luftverteilung nicht immer erreichen. Der Luftbedarf verteilt sich über die Feuerungsfläche ungefähr ebenso wie bei der Haufenfeuerung, d. h. es wird über der Zuführungsmulde sehr viel und an den Rändern wenig Luft gebraucht. Der

Lufteintritt ist aber den Widerständen in der Schicht, also der Schichthöhe umgekehrt proportional, weshalb in der Mitte zu wenig, an den Rändern dagegen übermäßig viel Luft einströmt. Fig. 25 zeigt ganz klar, wo bei derartigen Feuerungen Luftmangel bzw. Überschuß sich ergibt.

In Anbetracht dieser Verhältnisse sind einige der Rostunterschubfeuerungen an den Rändern der Mulde mit Luftdüsen ausgerüstet, welchen Luft von hoher Pressung zugeführt wird, um den Luftmangel in der Feuerungsmitte zu beheben und unter den Rosten einen geringen Überdruck halten zu können. Dadurch läßt sich die Luftverteilung natürlich bedeutend verbessern, aber schon deshalb noch nicht vollkommen gestalten, weil das günstigste Verhältnis zwischen den Pressungen bei den Düsen und unter den Rosten von sehr vielen, ständig wechselnden Faktoren abhängt. Es wirken dabei der Gasgehalt und die Stückgröße

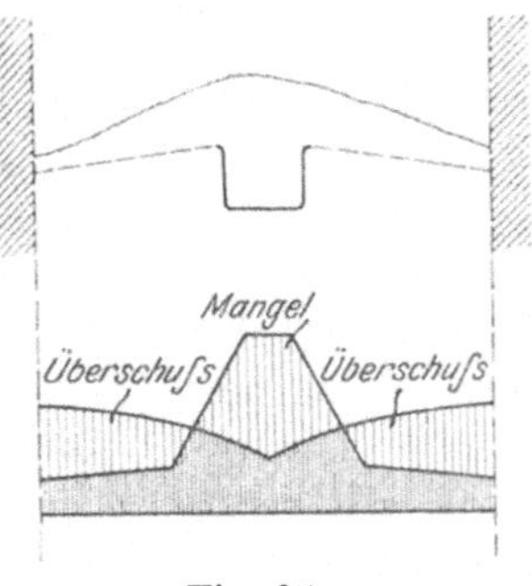

Fig. 25.

der Kohle sowie die Höhe der Schicht an den verschiedenen Punkten der Feuerung sehr wesentlich auf die Luftverteilung ein.

f) Mischfeuerungen. Beim gemischten Betriebe mit Kohle und Gas sowie Kohle und Öl liegen für die rationelle Luftzuführung die denkbar ungünstigsten Verhältnisse vor, wenn — wie es bisher allgemein üblich ist — das Gas oder Öl ohne besondere Luftzufuhr oberhalb der glühenden Schicht in den Feuerraum geblasen oder das Öl auf die glühende Schicht geworfen wird.

Über der Schicht finden diese Brennstoffe unter allen Umständen eine relativ sauerstoffarme Gasmasse vor. Entsprechend ihrer bereits gasförmigen Beschaffenheit bzw. der rasch erfolgenden Verdampfung dieser Brennstoffe, strömen dieselben sehr schnell ab und verbleiben daher zum großen Teil unverbrannt, weil es nicht gelingt, ihnen rechtzeitig die erforderliche Sauerstoffmenge so zuzuführen, daß die Zündung vor sich gehen kann.

Die zusätzliche Verbrennung gewisser Mengen Öl gelingt aber rauchlos und vollkommen in einer richtig ausgebildeten Unterschub-Haufenfeuerung, wenn derselben das Öl mit der Kohle von unten her zugeführt wird. In diesem Falle müssen die Öldämpfe nach gründlicher Sättigung mit Luft die glühende Koksschicht durchstreichen und innerhalb derselben ausbrennen, während der sich abscheidende Teer am Koks niederschlägt und mit demselben allmählich verbrennt.

g) Sekundäre Luft. Um die Versorgung mit Sauerstoff sicherzustellen bzw. zu verbessern, ist in der verschiedensten Art die

Zuführung von sekundärer und zusätzlicher Luft versucht worden. Die hierzu dienenden Einrichtungen haben sich aber fast ausnahmslos als unzweckmäßig erwiesen, indem sie das durchschnittliche Betriebsergebnis verschlechtern, anstatt zu verbessern. Wenn sich bei Inbetriebsetzung derartiger Einrichtungen eine Erhöhung des Wirkungsgrades einstellt, so ist dies meistenteils auf die richtige Behandlung des Feuers durch einen geschickten Heizer zurückzuführen.

Im gewöhnlichen Betriebe darf aber auf die stete ungeteilte Aufmerksamkeit des Personales nicht gerechnet werden, und ist daher die richtige Behandlung empfindlicher Apparate umsoweniger zu erwarten, als die zutreffende Beurteilung des Verbrennungsvorganges und der jeweils erforderlichen Luftmenge äußerst schwierig ist. Alle mit sekundärer Luft arbeitenden Feuerungen leiden deshalb fast ausnahmslos unter einem sehr starken Luftüberschuß.

Die sekundäre Luft wird entweder als sekundäre Oberluft — zuweilen unter gleichzeitiger Anwendung eines Dampfschleiers — in den Feuerraum geblasen, oder durch geeignete Aussparungen in der Feuerbrücke bei dieser zugeführt. Im letzteren Falle kann unter Umständen eine schädliche Zusammendrängung des Feuers über oder dicht hinter der Feuerbrücke entstehen, welche infolge der dabei auftretenden hohen Temperatur die Heizfläche teilweise außerordentlich anstrengt.

Zu den sogenannten rauchverzehrenden Einrichtungen gehören auch die — besonders bei Flammrohr-Innenfeuerungen angewendeten — Einbauten aus feuerfestem Mauerwerk, in welchen die ausverbrannten Gase mit dem freien Sauerstoff durch die Ablenkung des Gasstromes durchmischt werden und infolge der hohen Temperatur der Mauerflächen sehr schnell zur Zündung gelangen. Bei richtiger Anordnung und Größe kann mit solchen Einbauten eine vollkommen rauchfreie Verbrennung bei sehr geringem Luftüberschuß erreicht werden.

Alle diese Hilfsmittel sind aber in einer gut durchgebildeten Feuerung ganz unnötig; sie schädigen jedenfalls den Verbrennungsvorgang dadurch, daß ein Teil der Verbrennungswärme für die Temperatursteigerung im eigentlichen Feuerraume verloren geht, sie verstärken somit zunächst das Übel, welches von ihnen bekämpft werden soll.

7. Form und Abmessungen des Feuerraumes.

a) Allgemeines. Im Feuerraume soll die in der Schicht begonnene Verbrennung vollendet werden, so daß denselben nur völlig ausgebrannte Gase verlassen. Wird dies nicht erreicht und gelangen unverbrannte Gase in die relativ kalten Kesselzüge, so erstickt die Flamme und geht nicht nur ein Teil der wertvollen Brennstoffe unausgenutzt als

lästige Rauchbildner verloren, sondern können auch gefährliche Nachverbrennungen entstehen.

Um die Verbrennung auf den Feuerraum zu beschränken, sind in erster Linie ausreichend hohe Temperaturen erforderlich, damit die Entgasung und Zündung schnell genug erfogen kann. Hierbei kommt die Größe der Abstrahlfläche in Frage, welche für die mittlere Feuerraumtemperatur entscheidend ist und dem zu verfeuernden Material und der hauptsächlich vorherrschenden Belastung angepaßt werden muß. Sodann ist die richtige Lage und Größe der Rückstrahlflächen zum Ausgleich etwaiger schädlicher Temperaturunterschiede zu wählen. Endlich muß durch die Anlage eines ausreichenden freien Verbrennungsraumes den Gasen die Möglichkeit gegeben werden, sich mit dem freien Sauerstoff zu durchmischen, bevor sie den Feuerraum verlassen. Hierzu ist aber eine gewisse Zeit erforderlich, und deshalb muß der freie Weg der Gase in einem richtigen Verhältnis zur Geschwindigkeit der Gase bzw. der Belastungsdichte des Feuerraumes stehen.

Durch passende Ablenkung der Gase kann die Durchmischung sehr gefördert werden, die Ablenkung ist daher bei allen Vorschubfeuerungen sehr erwünscht und unbedingt notwendig, wenn auf solchen leicht entgasende junge Kohlen verbrannt werden sollen. Da die Ablenkung vorteilhaft nur durch Mauerflächen erfolgen kann, diese aber eine Temperaturerhöhung verursachen, kann davon nur soweit Gebrauch gemacht werden, als es dem zulässigen Feuerraum entspricht.

Die Verbrennung muß sich möglichst gleichmäßig über den ganzen Feuerraum verteilen, um zu verhindern, daß sich an einzelnen Stellen desselben ungünstig hohe Temperaturen ergeben. Hierauf ist besonders bei Anlage der Ablenkungswände Rücksicht zu nehmen und deshalb müssen die Feuerraummessungen so gewählt werden, daß die Flammen- bzw. Gasgeschwindigkeit überall annähernd gleich und nicht zu hoch ausfällt.

Die Form und Anordnung des Feuerraumes ist also wesentlich durch die verschiedene Art des Brennmaterials und der Beschickung bedingt. Unter den jeweils gegebenen Bedingungen muß aber auch die Art der Beschickung passend gewählt werden, wenn ein günstig geformter und daher mit dem zu verfeuernden Material gute Ergebnisse versprechender Feuerraum geschaffen werden soll.

Die Entscheidung der Frage ob Vor-, Unter- oder Innenfeuerungen anzuwenden sind, hängt am Ende nur von der zu erwartenden, bzw. zulässigen Feuerraumtemperatur und der Vergasungsgeschwindigkeit des Brennmaterials ab.

b) Innenfeuerungen. Für Innenfeuerungen können wegen der starken Wärmeaufnahme der den Feuerraum umschließenden direkten Heizfläche nur hochwertige und trockene Kohlen in Frage kommen,

da sich mit minderwertigem Material eine ausreichend hohe mittlere Feuerraumtemperatur nicht erreichen läßt.

Mit Rücksicht auf die Erhaltung eines der entwickelten Gasmenge entsprechend großen freien Raumes für die Flammenentfaltung ergibt sich zwischen der zulässigen Belastung und dem lichten Durchmesser des Flammrohres ein bestimmtes Verhältnis, welches ohne Schaden für die Güte der Verbrennung nicht überschritten werden kann.

Bezeichnen

B die stündlich pro Flammrohr verbrannte Kohlenmenge,
W den Heizwert der Kohle,
n die Luftüberschußziffer,
d den lichten Durchmesser des Flammrohres in Meter,
T_r die mittlere Feuerraumtemperatur,
γ das spezifische Gewicht der Gase und
v die zulässige Flammen- bzw. Gasgeschwindigkeit,

so erhält man den für die Abführung der Flammen bzw. Gase erforderlichen freien Querschnitt aus

$$f = B \cdot \left(1 + 1{,}37 \cdot \frac{W \cdot n}{1000}\right) \cdot \left(1 + 0{,}00367\, T_r\right) \cdot \frac{1}{\gamma \cdot 3600 \cdot v} \qquad 60)$$

Dies ergibt mit

$$\begin{aligned}
W &= 7500 \\
n &= 1{,}5 \\
\gamma &= 1{,}3 \\
T_r &= 1200 \\
f &= \frac{B}{v} \cdot 0{,}019 \ \ldots \ldots \ldots \quad 61)
\end{aligned}$$

Der gefährliche Querschnitt liegt im allgemeinen über der Feuerbrücke und es kann in der Regel angenommen werden, daß die Oberkante der Brücke die Flammrohrmitte um 100 mm überragt. Demgemäß ist angenähert

$$f = \frac{d^2\,\pi}{4 \cdot 2} - d \cdot 0{,}1$$

Folglich wird

$$B = \left(\frac{d^2\,\pi}{8} - d \cdot 0{,}1\right) \cdot \frac{v}{0{,}019} \ \ldots \ldots \quad 62)$$

Man kann setzen

$v = 10$ bei mäßiger Anstrengung,
$v = 15$ bei starker Anstrengung.

Bezeichnen ferner

l die Länge des Rostes,
$R = l \cdot d$ die Rostfläche,

so erhält man für $r = 10$ m pro Sekunde auf Grund der vorstehenden Formel die zulässige Belastung des Flammrohres wie folgt:

Stündliche Kohlenmenge pro Flammrohr.

Durchmesser mm d .	700	800	900	1000	1100	1200	1300	1400
Kohlenmenge kg B .	96	127	162	202	245	292	345	398
$\frac{B}{d}$ . . . . =	137	160	180	200	222	243	265	284
l mm . . . . . . =	1700	1800	1900	2000	2100	2200	2200	2200
$\frac{B}{R}$ . . . . =	81	89	95	100	106	110	120	176

Aus den vorstehenden Zahlen ist zu ersehen, daß die Leistungsfähigkeit der Flammrohre nicht, wie in vielen Lehr- und Handbüchern angegeben, im geraden Verhältnis zum Durchmesser, sondern erheblich schneller zunimmt. Es sind also beispielsweise 2 Flammrohre von 700 mm einem Flammrohr von 1400 mm nicht gleichwertig, sondern die beiden engen Rohre können zusammen nur halb so viel verbrennen als das zweite.

Nachstehend sind die sich aus obiger Formel ergebenden zulässigen Belastungen der Flammrohre den von Professor Graßmann im „Führer des Maschinisten", Abt. I S. 291 angegebenen gegenübergestellt, um daran zu zeigen, wie weit die bisher gebräuchliche Annahme von den tatsächlichen Verhältnissen abweicht.

Zulässige Belastung der Flammrohre in WE.

Durchmesser	700	800	900	1000	1 100	1 250	
Graßmann .	819 000	936 000	1 053 000	1 170 000	1 287 000	1 462 500	WE/st
Nach obiger Formel . .	720 000	953 000	1 215 000	1 515 000	1 837 000	2 385 000	WE/st
Differenz . .	— 12%	+ 1,8%	+ 15,4%	+ 28,5%	+ 42,7%	+ 63,2%	

Darum ist es grundfalsch, wenn man die Leistung eines Großwasserraumkessels dadurch zu vergrößern sucht, daß zwei enge statt eines weiten Flammrohres angewendet werden.

Abgesehen von der leichteren Bedienbarkeit und besseren Übersicht der Roste in weiten Flammrohren, welche Faktoren für das gute Betriebsresultat von größter Bedeutung sind, kommt noch in Betracht, daß der Flammen- bzw. Gaskern im Verhältnis zu dem mit der kalten Heizfläche in Berührung tretendem Umfange mit wachsender Lichtweite des Flammrohres ganz erheblich zunimmt. Im gleichen Maße verbessern sich aber naturgemäß die Verhältnisse für eine vollkommene und rauchfreie Verbrennung, weil dabei ein größerer Teil der Flammen und Gase nicht mit der kalten Heizfläche in Berührung tritt.

Die vorteilhafte Rostlänge hängt einerseits von Bedienungsrücksichten ab und ist im übrigen so zu bestimmen, daß sich während der vorherrschenden Belastung eine möglichst günstige Feuerraumtemperatur ergibt. Die Berechnung der Abstrahlfläche und damit der Rostfläche siehe I, 4 c, S. 61.

Bei den Tenbrinkfeuerungen mit rückschlagender Flamme, Fig. 26, liegen hinsichtlich der Belastungsfähigkeit dieselben Verhältnisse vor wie in einem gewöhnlichen Flammrohr, sofern der nutzbare Teil des Rostes nicht weit aus dem Rohre herausreicht. Dies muß aber unter allen Umständen vermieden werden, weil sonst die im oberen, außerhalb des Rohres liegenden Rostteile entwickelten Gase nicht gezwungen würden, sich mit dem Sauerstoff zu durchmischen und zu verbrennen.

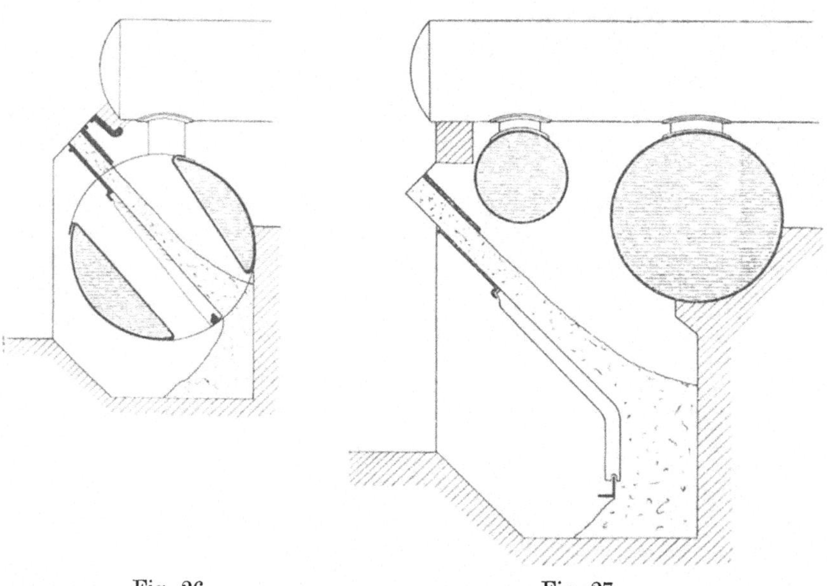

Fig. 26.   Fig. 27.

In den nach Fig. 27 mit Quersiedern ausgerüsteten Halb-Tenbrinkfeuerungen muß dafür gesorgt werden, daß die Verbrennung möglichst zu Ende geführt wird, bevor die Gase an die engste Stelle zwischen den beiden Quersiedern gelangen, weil dahinter die Temperatur sehr schnell abfällt und für eine sichere Zündung aller noch verbleibenden unverbrannten Gase nicht ausreicht.

Bezeichnen

f_r die Größe der Rostfläche in Quadratmetern,
b   die Rostbreite,
l   die Rostlänge in Metern,

B_r die Rostbelastung in kg/qm,

J_r die stündlich auf 1 qm Rost erzeugte Wärmemenge,

so ergibt sich der erforderlichste Durchgangsquerschnitt an der engsten Stelle nach Formel 60, wenn

$$n = 1{,}5$$
$$T_r = 1500$$
$$\gamma_a = 1{,}3$$
$$W = 7500$$

$$F_1 = \frac{B_r \cdot f_r}{v \cdot 44} \quad \ldots \ldots \ldots \quad 63)$$

$$v = 10 \text{ sec/m}$$

gesetzt werden

$$F_1 = \frac{B_r \cdot f_r}{440} \quad \ldots \ldots \ldots \quad 64)$$

Angenähert erhält man

$$F_1 = \frac{J_r \cdot f_r}{3\,300\,000} \quad \ldots \ldots \ldots \quad 64\,a)$$

Je weiter der Rost von den Quersiedern entfernt wird, um so besser erfolgt die Verbrennung.

Die Innenfeuerungen der Lokomotiven haben sehr hohe freie Feuerräume, und da dieselben in der Regel mit hoher Schicht betrieben werden ergeben sie bei äußerst geringem Luftüberschuß — entsprechend 16 bis 17 % CO_2 — eine tadellose Verbrennung und starke Leistungen.

c) Unterfeuerungen. Bei den Unterfeuerungen ist hinsichtlich der Flammenführung zu unterscheiden zwischen dem

1. Abzug der Flammen über der Feuerbrücke,
2. Senkrechtem Aufstiege der Flammen.

Im ersteren Falle ist nach Figur 28 für die freie Höhe h_i über der Feuerbrücke ein genügender Querschnitt für den unbehinderten Abzug der Gase zuzulassen und der Abstand der Heizfläche vom Brennmaterial so groß zu bemessen,

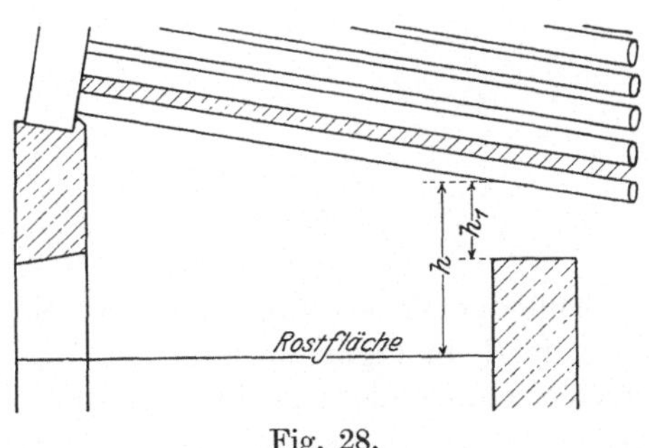

Fig. 28.

daß die Flammen nicht zu stark an die kalte Heizfläche gedrängt werden.

Man wähle

$$h_1 = \frac{B_r \cdot 1}{500} + 0{,}1 \quad \ldots \ldots \ldots \quad 65)$$

bzw.

$$h_1 = \frac{J_r \cdot l}{3\,750\,000} + 0,1 \quad \ldots \ldots \quad 66)$$

Ferner

$$h = 0,8 + \frac{J_r \cdot l}{6\,000\,000} \quad \ldots \ldots \quad 67)$$

Dies ergibt für

$J_r \cdot l =$	1 000 000	2 000 000	3 000 000	4 000 000
h_1 =	0,37	0,64	0,90	1,17
h =	0,97	1,14	1,30	1,47

Wenn die Flammen von der Schicht senkrecht aufsteigend, nach Fig. 29, in die Kesselzüge eintreten, wähle man

$$h = 0,9 + \frac{J_r}{2\,500\,000} \quad \ldots \ldots \quad 68$$

Daraus folgt für

$J_r =$	500 000	1 000 000	1 500 000	2 000 000
	1,10	1,30	1,50	1,70

Die Höhen sind nach den vorstehenden Formeln für die überhaupt vorkommende höchste Belastung zu berechnen.

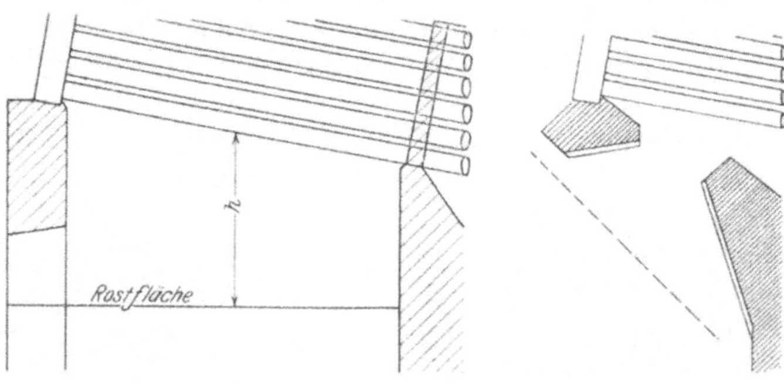

Fig. 29.   Fig. 30.

Muß der Feuerraum an irgend einer Stelle eingeschnürt werden, wie es z. B. in Figur 30 dargestellt ist, so darf an der engsten Stelle der Querschnitt nicht zu klein werden und ist derselbe eventuell nach Formel 64 zu berechnen, auch darf die Einschnürung nicht zu dicht unter der Heizfläche liegen, weil sonst bei derselben übermäßig hohe Temperaturen auftreten könnten.

d) Vorfeuerungen. Bei den Vorfeuerungen ergeben sich verschiedenartige Verhältnisse, je nachdem die Beschickung vorschubweise erfolgt oder nicht. Eine besonders sorgfältige Durchbildung erfordern die zur Verbrennung von jungen und leicht entgaslichen Braunkohlen dienenden Feuerräume der Schräg- und Treppenroste, da anderenfalls diese an sich günstige Type versagt und schädliche Nachverbrennungen verursachen kann. Für diese Feuerungen ist es notwendig, die Gase bis zur völligen Ausbrennung durch das Gewölbe führen zu lassen. Das Gewölbe muß also die ganze Rostlänge bedecken und so angeordnet werden, daß sich überall annähernd die gleiche Gas- bzw. Flammengeschwindigkeit entwickelt. In der Richtung der Rostlänge fortschreitend wächst nicht nur die Menge, sondern auch die Temperatur der Gase und deshalb ist es am besten, wenn der Längsachse des Feuerungsgewölbes leicht eine gekrümmte Form gegeben wird.

Man mache (vergleiche Fig. 23)

$$h_0 = 0,15 \text{ bis } 0,20 \text{ m} \ldots \ldots \ldots \quad 69)$$

$$h_1 = \frac{J_r \cdot l}{3\,000\,000} + 0,1 \ldots \ldots \quad 70)$$

entsprechend Formel 66 jedoch unter Berücksichtigung des hohen spezifischen Volumens der feuchten Gase mit 3 000 000 statt 3 750 000 dividierend. Der gleiche Querschnitt ist dann bis zum Eintritt der Gase in die Kesselzüge beizuhalten, wobei eine eventuelle Verminderung der Breite durch entsprechende Vergrößerung der Höhe des Querschnittes ausgeglichen werden muß.

Dient der Feuerraum für Aufwurf- oder Unterschubfeuerungen, so ist es zweckmäßig, die freie Höhe desselben möglichst groß zu machen, namentlich dann, wenn hohe Verbrennungstemperaturen zu erwarten sind. Anderenfalls werden die Flammen zu stark gegen das Mauerwerk gedrängt und wird diese infolgedessen übermäßig erhitzt.

e) Kombinierte Feuerungen. Sobald ein Feuerraum nicht den ausgesprochenen Charakter einer Innen- bzw. Unter- oder Vorfeuerung hat, sondern dazwischen liegt, ist die Gefahr einer unvollkommenen Verbrennung oder sonstiger Schäden naheliegend, sofern nicht mit besonderer Sorgfalt verfahren wird. Es ergeben sich dabei in den einzelnen Teilen des Feuerraumes ganz verschiedenartige Verhältnisse für die Flammenführung und Temperaturbildung und an den Übergängen von der einen zur anderen Feuerraumart können leicht schroffe Verbrennungen auftreten.

Hierfür bietet jede unsachgemäß eingemauerte Wanderrostfeuerung ein treffendes Beispiel. Die unter dem Gewölbe zusammengedrängten und somit an der freien Flammenentfaltung behinderten Gase kommen bei e (siehe Fig. 22) mit freiem Sauerstoff in innige Berührung und erzeugen dort eine sehr lebhafte Verbrennung mit so hohen Temperaturen, daß in der Regel die Kante des Mauerwerkes in kurzer Zeit abbrennt. Infolge dieser hohen Temperatur wird natürlich auch der in der Nähe liegende Teil der Heizfläche sehr stark angestrengt. Um dies zu vermeiden, muß das Gewölbe allmählich ansteigend ausgeführt werden, wie in Fig. 22 in punktierten Linien dargestellt ist.

Es ist schon darauf hingewiesen worden, daß bei Vorfeuerungen für schnell entgasende Brennmaterialien das Gewölbe die ganze Rostfläche bedecken muß. Werden derartige Feuerungen teilweise als Unterfeuerungen wie in Fig. 31 angegeben, ausgeführt,

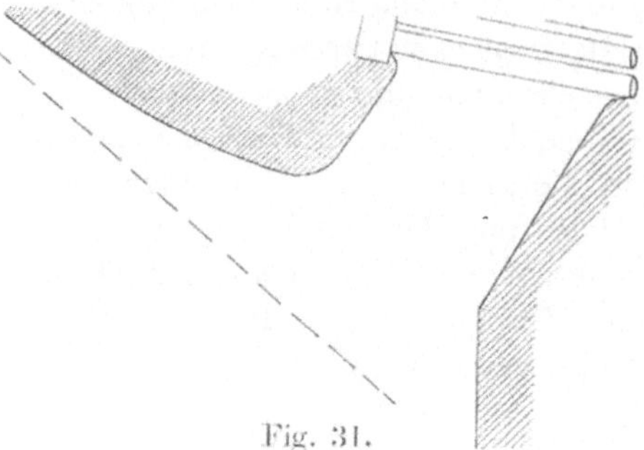

Fig. 31.

so geht ein Teil der Gase oder wenigstens der Luft unverbrannt ab.

III. Die Heizfläche.

1. Der Dampf.

a) Vorwärmen, Verdampfen und Überhitzen. Nach den Versuchen von Regnault ist:

Die spezifische Wärme des Wassers

$$c = 1 + 0{,}00004 \cdot t + 0{,}0000009 \cdot t^2 \quad \ldots \ldots \ldots \quad 71)$$

oder abgerundet

$$c = 1 \quad \ldots \ldots \ldots \ldots \quad 71a)$$

mit einem Fehler von nur 1,6 % bei der für Kesselanlagen in der Regel als Grenzwert anzusehenden Temperatur von 200⁰ C.

Es ergibt sich die Flüssigkeitswärme

$$q = t + 0{,}00002 \cdot t^2 + 0{,}0000003 \cdot t^3 \quad \ldots \ldots \quad 72)$$

nach Regnault und angenähert

$$q = t \quad \ldots \ldots \ldots \ldots \quad 72a)$$

Ferner ist die gesamte Verdampfungswärme

$$r = 606{,}5 - 0{,}695 \cdot t - 0{,}00011 \cdot t^2 \quad \ldots \ldots \quad 73)$$

oder angenähert

$$r = 607 - 0{,}708 \cdot t \quad \ldots \ldots \ldots \quad 73a)$$

Die Gesamtwärme des Dampfes ergibt sich aus

$$\lambda = q + r \quad \ldots \ldots \ldots \ldots \ldots \quad 74)$$

angenähert zu

$$\lambda = 606{,}5 + 0{,}305 \cdot t \quad \ldots \ldots \ldots \quad 74a)$$

Tabelle für gesättigten Wasserdampf nach Zeuner.

Druck absolut kg/qcm	Tempe- ratur t	Wärme Flüssig- keits- q	Wärme Verdam- pfungs- r	Wärme Gesamt- λ	Spezi- fisches Gewicht γ kg/cbm	$\dfrac{1000}{\lambda \cdot \gamma}$	$\dfrac{1000}{(\lambda-30)\gamma}$	$\dfrac{1000}{(\lambda-120)\gamma}$	$\dfrac{1000}{r \cdot \gamma}$	Druck
0,5	80,90	81,19	549,99	631,17	0,306	5,18	5,73		6,00	0,5
1,0	99,09	99,58	537,15	636,72	0,587	2,67	2,98		3,16	1,0
1,5	110,76	111,42	528,87	640,28	0,86	1,81	2,00		2,20	1,5
2,0	119,57	120,37	522,60	642,97	1,128	1,38	1,52		1,70	2,0
2,5	126,73	127,66	517,49	645,15	1,391	1,11	1,23		1,40	2,5
3	132,80	133,85	513,15	647,00	1,651	0,94	1,03	1,15	1,18	3,0
3,5	138,10	139,27	509,35	648,62	1,908	0,81	0,90	0,99	1,03	3,5
4	142,82	144,10	505,96	650,06	2,163	0,71	0,78	0,87	0,92	4,0
4,5	147,09	148,48	502,89	651,36	2,415	0,64	0,70	0,78	0,83	4,5
5	150,99	152,48	500,07	652,55	2,667	0,57	0,63	0,70	0,75	5,0
5,5	154,50	156,18	497,47	653,65	2,916	0,52	0,58	0,65	0,70	5,5
6	157,94	159,63	495,05	654,66	3,164	0,48	0,55	0,60	0,65	6,0
6,5	161,08	162,85	492,78	655,63	3,41	0,45	0,50	0,55	0,60	6,5
7	164,03	165,89	490,64	656,53	3,656	0,43	0,46	0,51	0,56	7,0
7,5	166,82	168,76	488,62	657,38	3,901	0,39	0,43	0,48	0,52	7,5
8	169,46	171,49	486,69	658,18	4,144	0,37	0,40	0,45	0,50	8,0
8,5	171,98	174,09	484,86	658,95	4,387	0,35	0,38	0,42	0,47	8,5
9	174,38	176,58	483,11	659,69	4,629	0,33	0,36	0,40	0,45	9,0
9,5	176,68	178,96	481,43	660,39	4,87	0,31	0,34	0,38	0,43	9,5
10	178,89	181,24	479,82	661,06	5,109	0,29	0,32	0,36	0,41	10,0
10,5	181,01	183,44	478,27	661,71	5,349	0,28	0,31	0,34	0,39	10,5
11	183,05	185,56	476,77	662,33	5,589	0,27	0,29	0,32	0,37	11,0
11,5	185,03	187,61	475,32	662,93	5,826	0,26	0,28	0,31	0,36	11,5
12	186,99	189,59	473,92	663,52	6,063	0,25	0,27	0,30	0,35	12,0
12,5	188,78	191,51	472,57	664,08	6,3	0,24	0,26	0,29	0,34	12,5
13	190,57	193,38	471,25	664,63	6,534	0,23	0,25	0,28	0,32	13,0
13,5	192,31	195,18	469,97	665,16	6,773	0,22	0,24	0,27	0,31	13,5
14	194,00	196,94	468,73	665,69	7,006	0,21	0,23	0,26	0,30	14,0
14,5	195,64	198,66	467,52	666,17	7,244	0,21	0,22	0,25	0,29	14,5
15	197,24	200,32	466,34	666,66	7,477	0,20	0,22	0,24	0,28	15
16	200,32	203,53	464,07	667,60	7,943	0,19	0,21	0,23	0,27	16
17	203,26	206,67	461,83	668,49	8,418	0,18	0,20	0,22	0,26	17
18	206,07	209,54	459,81	662,35	8,865	0,17	0,19	0,21	0,25	18
19	208,75	212,35	457,82	670,17	9,328	0,16	0,18	0,20	0,24	19
20	211,34	215,07	455,89	670,96	9,794	0,15	0,17	0,19	0,23	20

Hat das Speisewasser beim Eintritt in den Kessel eine Temperatur t_0 so ist die noch aufzuwendende Flüssigkeitswärme

$$q' = q - t_0$$

und ebenso die Gesamtwärme

$$\lambda' = \lambda - t_0$$

Nach Zeuner (vgl. Hütte, 18. Aufl. I S. 299) ergeben sich nach Spannungen geordnet die für die vorliegenden Untersuchungen wesentlichen Zahlen des Wasserdampfes aus der vorstehenden Tafel. Bei Benutzung derselben ist zu berücksichtigen, daß darin die absoluten Drucke eingesetzt sind, während beim Kesselbau gewöhnlich mit dem um eine Atmosphäre höheren Überdruck gerechnet wird (10 atm abs. = 9 atm Überdruck).

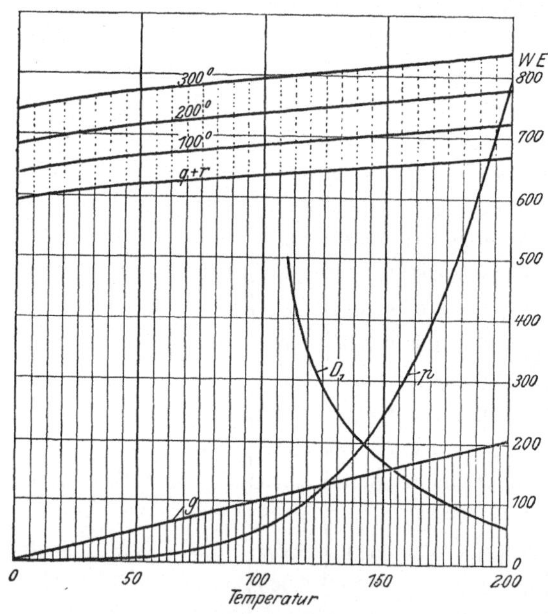

Fig. 32.

Sind mit

t_i die Temperatur des gesättigten und

$t_ü$ diejenige des überhitzten Dampfes

gegeben, so findet man die mittlere spezifische Wärme des überhitzten Dampfes angenähert aus

$$c\,p_ü = 0{,}43 + 0{,}00019 \cdot (t + t_ü) \quad\ldots\ldots\quad 75)$$

und die Überhitzungswärme aus

$$ü = (t_i - t_ü) \cdot [0{,}43 + 0{,}00019 \cdot (t_i + t_ü)] \quad\ldots\quad 75a)$$

Um einen Überblick über die gegenseitige und absolute Größen der Flüssigkeits-Verdampfungs- und Überhitzungswärmen zu geben, sind diese Werte in den Figuren 32 und 33 abhängig von der Temperatur und der Spannung dargestellt.

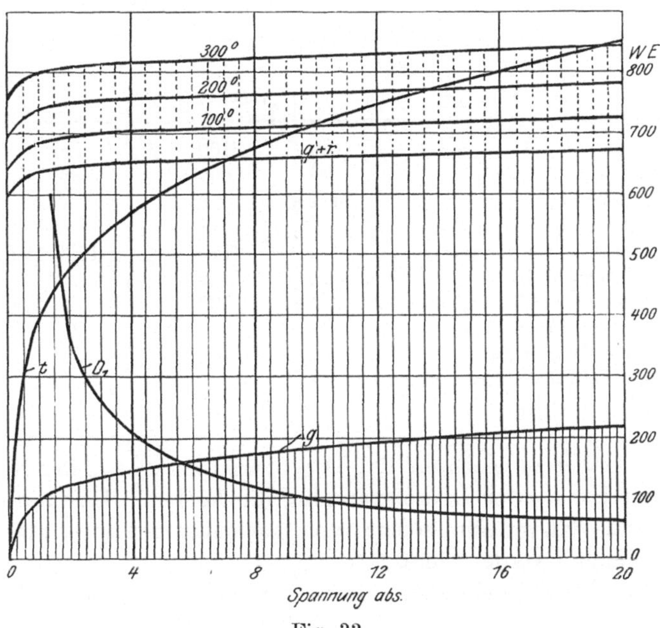

Fig. 33.

b) Wärmespeicher des Wasserinhaltes. Das im Kessel enthaltene Wasser stellt mit seiner Flüssigkeitswärme einen Wärmespeicher dar, welcher zum Ausgleich bei schwankender Dampfentnahme dienen kann. Sobald nämlich infolge der der Leistung des Kessels übersteigenden Dampfentnahme die Spannung sinkt, wird entsprechend der abnehmenden Dampftemperatur ein Teil der Flüssigkeitswärme zur Dampfbildung frei. Dies macht sich besonders bei geringen Kesseldrücken bemerkbar, während bei hohen Dampfspannungen der Druck sehr viel schneller fällt als die Temperatur und deshalb die Flüssigkeitswärme nur schwach in Wirkung tritt. Die D-Linien der Figuren 32 und **33**, welche die bei einem Spannungsabfall von 1 atm freiwerdende Flüssigkeitswärme, bzw. die damit zu erzielende Nachverdampfung bezeichnen, geben hierüber ohne weitere Erklärung vollen Aufschluß.

Wenn niedrige Dampfspannungen und mäßige, sehr schnell vorübergehende Belastungsschwankungen vorliegen, kann also ein großer Wasserraum gute Dienste leisten und unter Umständen allein genügen, anderenfalls darf man auf denselben aber kein zu großes Gewicht legen, muß darselbe vielmehr als stille Reserve betrachtet werden und ist die Feuerung so anzulegen, daß sie den Belastungsschwankungen allein nachkommen kann.

Um dies zu zeigen werden nachstehend die Verhältnisse eines Großwasserraum- und eines Wasserrohrkessels gegenübergestellt:

	Groß-wasserraum	Wasserrohr
Heizfläche . . . . qm	100	200
Dampf normal pro Stunde . . . . . kg	2000	3000
Überdruck normal . . . . atm	8	13
Wasserinhalt. . . . . t	18	7
Normale Flüssigkeitswärme	2170	1380 WE/1000
Zulässiger Druckabfall . . . . atm	2	1
Dabei freiwerdende Flüssigkeitswärme . .	192	25 WE/1000
Mittlere Verdampfungswärme	486,7	467 WE
Entsprechende Dampfmenge . . . . kg	400	52
Das ist, bezogen auf die Normalleistung des Kessels.	20	1,3%

Es ist dabei zu beachten, daß Dampfkraftbetriebe in der Regel nur bei nahezu konstanter Dampfspannung die höchsten Resultate liefern können und daher eine solche von rationellen Kesselanlagen bedingt verlangt. werden muß.

c) **Die Dampffeuchtigkeit,** d. h. der Anteil des vom Kessel gelieferten Dampfes an mitgerissenem Wasser, hängt sowohl von der Strömungsgeschwindigkeit des abgehenden Dampfes, wie dem spezifischen Gewicht des Dampfwassergemisches im Kessel ab. Überall dort und dann, wo, bzw. wann sich ein sehr leichtes schaumiges Gemisch von Dampf mit verschwindend wenig Wasser bildet, liegt die Gefahr großer Dampfnässe und schädlicher Wasserschläge sehr nahe. Das Gewicht des Gemisches ist aber davon abhängig, inwieweit durch den Umlauf dem Dampfe genügend Wasser zugeführt wird. Infolgedessen erhalten die Umlaufsverhältnisse der Kessel eine weit über ihre Einwirkung auf die Anstrengung der Heizfläche hinausgehende Bedeutung.

Vor allen Dingen müssen reichlich große Umlaufs- und Dampfabführungsquerschnitte angelegt werden, damit die Dampfgeschwindigkeiten tunlichst klein ausfallen und das Wasser sich durch Schwerkraftswirkung abscheiden kann. Überdies müssen genügende Dampfräume und eine passende Führung des Dampfes in denselben geschaffen werden, um den Dampf die zur Trennung vom Wasser nötige Zeit zu geben, bevor derselbe den Kessel verläßt.

2) Leistung und Anstrengung der Heizfläche.

a) Allgemeines. Es seien gegeben:

t die Temperatur des Kesselinhaltes zu 200° C ⎫ nach-
c der Gesamt-Wärmeleitungskoeffizient zu 23 ⎬ stehend an-
s der Strahlkoeffizient zu 4 ⎭ genommen

T die Rauchgastemperatur

W_b die bei der Berührung übergehende Wärme- ⎫ in WE/qm
menge ⎬ und
W_s die durch Strahlung übergehende Wärmemenge ⎭ Stunde

Ferner werde die Wärme des Normaldampfes = 637 WE p. kg gesetzt. Dann findet man den Wärmeübergang und die Leistung der Heizfläche gemäß folgender Tabelle:

T	2000	1500	1000	500	400	300° C
W_b	414 000	29 900	8 400	6 900	4 600	2300 WE/qm
Entsprechende Dampfmenge .	65	47	30	10,8	7,2	3,6 kg/qm
$W_b + W_s$ ..	1 092 500	418 500	120 300	18 900	10 700	4600 WE/qm
Dampfmenge .	1 714	657	190	29,6	16,8	7,2 kg/qm

Aus den vorstehenden Zahlen ist zu ersehen, daß die der Feuerung zunächst liegende Heizfläche wegen des dort zwischen derselben und den Rauchgasen herrschenden hohen Temperaturgefälles außerordentlich große Wärmemengen aufzunehmen hat, während die mit verhältnismäßig kalten Rauchgasen in Berührung kommenden Heizflächenteile nur in geringem Maße an der Leistung des Kessels mitarbeiten. Dabei fällt sofort — namentlich bei höheren Feuerraumtemperaturen — die sich ergebende enorme Wärmeabstrahlung auf die direkte Heizfläche ins Auge. Diese Zahlen mögen auf den ersten Blick hin als übertrieben hoch erscheinen; sie entsprechen aber genau den bei der direkten Heizfläche unter den angenommenen Temperaturen vorherrschenden Verhältnissen und kann man sich von der Richtigkeit derselben durch eine einfache Erwägung überzeugen. Bekanntlich nimmt die nur einen kleinen Teil der Gesamtheizfläche bildende direkte Heizfläche vorweg 20—40 % der Verbrennungswärme durch Strahlung auf. Beispielsweise bei einem Kessel von 400 qm Gesamtheizfläche und 10 qm direkter Heizfläche erleidet diese eine Belastung von 420 kg/qm, wenn der Kessel durchschnittlich mit 30 kg/qm angestrengt wird und 35 % der Verbrennungswärme durch Bestrahlung aufgenommen werden.

Mit steigender Feuerraumtemperatur nehmen — wie gezeigt — die Abstrahlung und folglich auch die Belastung der direkten Heizfläche ganz bedeutend zu, hierauf beruht im wesentlichen die durch eine Verbesserung des Feuerungsbetriebes erreichbare Leistungssteigerung des Kessels, darin liegt aber auch die große Gefahr einer zu starken Überbelastung der Heizfläche sowie der dadurch herbeigeführten schnellen Zerstörung des Kessels. Der Wirkungsgrad der Kesselanlage läßt sich stets durch Herbeiführung einer nahezu vollkommenen Verbrennung mit denkbar geringstem Luftüberschuß verbessern. Dies führt aber naturgemäß zu sehr hohen Verbrennungs- und Feuerraumtemperaturen und es kann deshalb vorkommen, daß die in der Mehrleistung der Kessel und Brennmaterialersparnis liegenden Vorteile durch anderweitige Schäden, wenn nicht geradezu aufgewogen, so doch stark eingeschränkt werden. In den seltensten Fällen ist dafür die Feuerung an sich verantwortlich zu machen, vielmehr liegt der Fehler gewöhnlich darin, daß der Kessel den höheren Leistungen nicht gewachsen ist, bzw. derselbe oder die Feuerung nicht den neuen Verhältnissen entsprechend eingerichtet wurde. Es ist eben unbedingt nötig, die Abstrahlfläche so zu bemessen, daß die Feuerraumtemperatur auf ein erträgliches Maß herabgedrückt wird und deshalb übermäßige Belastungen der direkten Heizfläche sicher ausgeschlossen sind. Nebenher müssen aber noch alle anderen, die Anstrengung der Heizfläche bedingende Umständen voll berücksichtigt werden.

Eine hohe mittlere Feuerraumtemperatur wirkt nicht unter allen Umständen schädlich, vielmehr lehrt die Erfahrung, daß zuweilen die stärksten Anstrengungen der Heizfläche vorkommen, wenn die Verbrennungstemperatur unzureichend ist und sich infolgedessen eine sehr unvollkommene oder wenigstens ungleichmäßige Verbrennung ergibt. Denn in diesem Falle sind die allgemein als Stichflammen bezeichneten, unter Umständen verheerend wirkenden Nachverbrennungen in der Nähe der Heizfläche zu befürchten. Es sei hierzu auf Fig. 15 Seite 56 hingewiesen, in welcher zur Darstellung gebracht ist, wie sich bei geringem Abstande des ausstrahlenden Punktes von der Heizfläche die Belastung derselben steigt. Derartige Nachverbrennungen ergeben nicht selten Temperaturen von 2000^0 und darüber, sie sind deshalb in den meisten Fällen für Kesselschäden verantwortlich zu machen. Erfolgt die Verbrennung nahezu vollkommen mit kurzer Flamme im gehörigen Abstande von der Heizfläche, so werden von dieser sehr hohe Feuerraumtemperaturen ohne Schaden vertragen, falls eine Behinderung der Wärmeableitung auf den Kesselinhalt vorliegt.

b) Erwärmung des Kesselbleches. Die zulässige Belastung der Heizfläche wird allein durch die Folgeerscheinungen einer übermäßigen Erwärmung des Kesselbleches begrenzt und letztere beruht auf den der Wärmeableitung entgegenstehenden Widerständen. Diese Erwärmung kann im schlimmsten Falle eine Erweichung des Kesselbleches verursachen und hat stets schädliche Wärmespannungen zur Folge wenn sich das Kesselblech nicht nach allen Seiten hin frei ausdehnen kann, oder wenn nicht alle zusammenhängenden Teile die gleiche Ausdehnung erfahren. Es ist ohne weiteres klar, daß für die Wärmespannungen nicht nur die stark belasteten, sondern unter Umständen auch die schwach beanspruchten Heizflächenteile zu berücksichtigen sind, weil sich letztere weniger dehnen als erstere und diese daher an der freien Ausdehnung behindern, somit erst die Wärmespannungen hervorrufen.

Nach den Versuchen von Martens und Rauh, siehe „Hütte I", Seite 53, 18. Auflage, ergibt sich

Der Einfluß der Temperatur auf Flußeisen.

Für die Temperatur	+ 20	100	200	300	400	500	600⁰ C
Die Zugfestigkeit. .	3850	3950	5100	4750	3300	1900	1070 kg/qcm
Das Elastizitäts- modul	2070	2010	1950	1880	1790	1510	1340 E: 1000
Die Dehnung . . .	37	22	19	23	45	66	99 %
Die Einschnürung .	58	51	41	23	56	78	90,5%

Aus den vorstehenden Zahlen ist ersichtlich, daß Blechtemperaturen von über 400⁰ C als kritisch anzusehen sind, weil darüber hinaus die Festigkeit des Bleches sehr schnell unter das zulässige Maß sinkt.

Nach dem vorstehend Gesagten erscheint es zunächst notwendig, die Wirkung der die Wärmeableitung behindernden und somit die Erwärmung des Kesselbleches verursachenden Umstände vollkommen klarzulegen. Zu diesem Zweck werden mit Hilfe des auf Seite 54 angegebenen graphischen Verfahrens die Wärmeaufnahme und Oberflächentemperatur bei gleichzeitiger Berührung und Bestrahlung unter verschiedenen Verhältnissen durchgerechnet. Der Übersichtlichkeit halber werden die einzelnen Widerstände der Wärmeableitung gesondert behandelt.

1. Einfluß der Wandstärke. Vorausgesetzt werden eine vollkommen reine Wand und ein sehr günstiger Wasserumlauf. Berechnet werden der Wärmeübergang und die Oberflächentemperaturen für die Wandstärke von

5   10   15   und   20 mm.

Es seien gegeben mit den Bezeichnungen auf Seite 50:

$$k_a = 23$$
$$k_i = 10\,000$$
$$\lambda = 6000$$
$$t = 200$$
$$s = 4$$
$$T = \text{die Rauchgas- bzw. Feuerraumtemperatur.}$$

Auf Grund dieser Zahlen werden zunächst die Werte berechnet

$$J = s \frac{(T + 273)}{100} 4 + T \cdot K_a$$

berechnet, und damit wird in Figur 34 die W_a-Linie gebildet. Sodann ergeben sich die Neigungen der c-Linien für 5 mm Wandstärke aus

$$\frac{1000}{C} = \frac{1000}{6000} \cdot 0,5 + \frac{1000}{10\,000} = 0,1833,$$

$$\text{somit } c_1 = \frac{1000}{0,1833} = 5455 \text{ WE/Grad C}$$

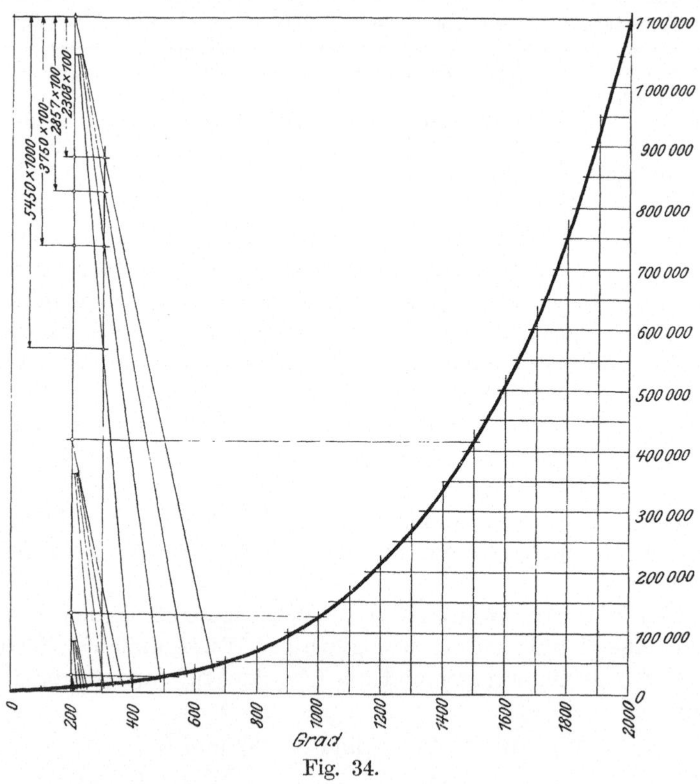

Fig. 34.

für 10 mm Wandstärke aus

$$\frac{1000}{C} = \frac{1000}{6000} \cdot 1 + \frac{1000}{10\,000} = 0,267,$$

$$\text{somit } c_2 = \frac{1000}{0,2667} = 3750 \text{ WE/Grad C}$$

und für 15 mm Wandstärke aus

$$\frac{1000}{c} = \frac{1000}{6000} \cdot 1{,}5 + \frac{1000}{10\,000} = 0{,}3500,$$

$$\text{somit } c_3 = \frac{1000}{0{,}3500} = 2857 \text{ WE/Grad C}$$

sowie für 20 mm Wandstärke aus

$$\frac{1000}{c} = \frac{1000}{6000} \cdot 2 + \frac{1000}{10\,000} = 0{,}4333,$$

$$\text{somit } c_4 = \frac{1000}{0{,}4333} = 2308 \text{ WE/Grad C.}$$

Werden die c-Linien diesen Verhältnissen entsprechend eingetragen, so ergeben sich die gesuchten Zahlen gemäß der folgenden Tabelle.

Dabei ist

$$t_i = 200 + \frac{W_b + W_s}{k_i}.$$

Einfluß der Wandstärke auf Wärmeübergang und Erwärmung des Bleches.

| Temperatur ^{0} C | Wandstärke | | | | | | | | | | | |
| | 5 mm | | | 10 mm | | | 15 mm | | | 20 mm | | |
	$\frac{W_b+W_s}{1000}$	t_a	t_i	$\frac{W_b+W_s}{1000}$	t_a	t_i	$\frac{W_b+W_s}{1000}$	t_a	t_i	$\frac{W_b+W_s}{1000}$	t_a	t_i
2000	1092,5	417	309	1086,4	490	309	1077,3	575	308	1065,6	661	307
1500	418,5	282	242	417,2	310	242	415,3	343	242	413,1	378	241
1000	120,3	226	212	120,0	234	212	119,6	245	212	111,0	256	212
500	18,9	208	202	18,85	209	202	18,8	210	202	18,7	211	202

Die vorstehenden Zahlen lassen erkennen, daß eine dünne, reine und gut von Wasser bespülte Wand ganz beträchtliche Wärmemengen aufzunehmen vermag, ohne eine bedenkliche Erweichung des Bleches befürchten zu lassen; denn Feuerraumtemperaturen von 2000° kommen nur selten vor. Bei größeren Wandstärken kann dagegen, namentlich unter dem Einfluß von hohen Temperaturen verursachenden Nachverbrennungen, eine sehr starke Übererwärmung auftreten, selbst wenn die Wand von Kesselstein vollständig frei ist und ein guter Wasserumlauf vorliegt, und deshalb ist es gefährlich, dicke Bleche demscharfe Feuer direkt auszusetzen.

2. Einfluß des Kesselsteines. Es seien die gleichen Zahlen wie unter A, ferner

d $\ =$ der Dicke der Wandung $= 5$ mm,

$d_1 \ =$ der Dicke des Kesselsteines $= 2 - 4$ bzw. 6 mm,

$l_1 \ =$ dem Wärmeleitungskoeffizienten des Kesselsteines $= 16^0$

gegeben.

Dann erhält man die W_a-Linie wie vorher und die Neigungen der c-Linien wie folgt:

Für 2 mm Kesselstein

$$\frac{1000}{c} = \frac{1000}{6000} \cdot 0{,}5 + \frac{1000}{160} \cdot 0{,}2 + \frac{1000}{10\,000} = 1{,}4333,$$

$$\text{also } c_1 = \frac{1000}{1{,}4333} = 698 \text{ WE/Grad C}$$

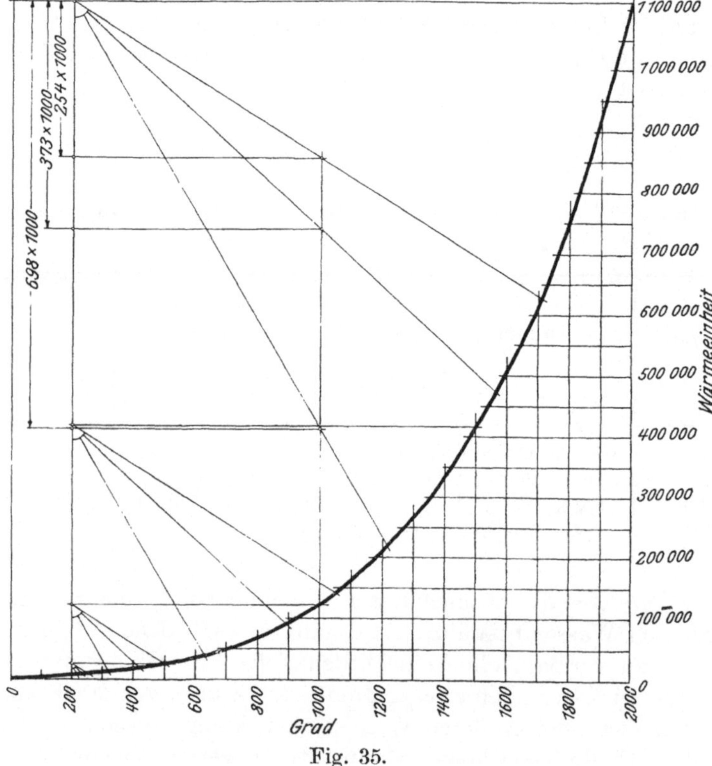

Fig. 35.

Für 4 mm Kesselstein

$$\frac{1000}{c} = \frac{1000}{6000} \cdot 0{,}5 + \frac{1000}{160} \cdot 0{,}4 + \frac{1000}{10\,000} = 2{,}6833,$$

$$\text{also } c_2 = \frac{1000}{2{,}6833} = 373 \text{ WE/Grad C}$$

und für 6 mm Kesselstein

$$\frac{1000}{c} = \frac{1000}{6000} \cdot 0,5 + \frac{1000}{160} \cdot 0,6 + \frac{1000}{10\,000} = 3,9333,$$

$$\text{also } c_3 = \frac{1000}{3,9333} = 254 \text{ WE/Grad C.}$$

Damit ergeben sich aus Fig. 35 die nachstehenden Werte.

Einfluß des Kesselsteines.

| Tempe-ratur | Kesselstein | | | | | | | | |
| | 2 mm | | | 4 mm | | | 6 mm | | |
	$\frac{w_b + w_s}{1000}$	t_a	t_i	$\frac{w_b + w_s}{1000}$	t_a	t_i	$\frac{w_b + w_s}{1000}$	t_a	t_i
2000	801,0	1340	1273	562,0	1632	1585	396,0	1755	1722
1500	366,0	720	689	304,0	970	945	238,0	1135	1115
1000	114,0	363	353	106,0	470	461	95,0	575	567
500	18,7	230	228	18,0	250	248	17,0	270	269

Die Belegung der Heizfläche mit Kesselstein bietet also, selbst bei nicht allzuhohen Feuertemperaturen, eine sehr große Gefahr, namentlich deshalb, weil sich in der Regel der Kesselstein größtenteils an den am stärksten befeuerten Heizflächenteilen niederschlägt. Infolgedessen dürfen hohe Leistungen und gute Feuerungsresultate nur dann angestrebt werden, wenn für die sichere Ausscheidung des Kesselsteines außerhalb der gefährdeten Heizflächen gesorgt wird. Wie dies in der einfachsten Weise geschehen kann, soll später gezeigt werden.

3. Einfluß des Wasserumlaufs. Mit den vorstehenden Zahlen soll eine 5 mm starke und vollkommen reine Heizfläche bei verschieden guter Wärmeabführung durch den Wasserumlauf berechnet werden, und zwar wird gesetzt

$$k_i = 10\,000 - 7000 - 4000 \text{ und } 1000.$$

Die Werte für $k = 10\,000$ sind schon in der den Einfluß der Wandstärke angebenden Tabelle enthalten, weshalb hier nur die Größen des dabei sich ergebenden Wärmeübergangs zum besseren Vergleich mit aufgeführt werden.

Es ergeben sich für $k_i = 7000$

$$\frac{1000}{c} = \frac{1000}{6000} \cdot 0,5 + \frac{1000}{7000} = 0,2262,$$

$$\text{also } c = \frac{1000}{0,2262} = 4421 \text{ WE/Grad C}$$

für $k_i = 4000$

$$\frac{1000}{c} = \frac{1000}{6000} \cdot 0,5 + \frac{1000}{4000} = 0,3333,$$

$$\text{also } c = \frac{1000}{0,3333} = 3000 \text{ WE/Grad C}$$

und für $k_i = 1000$

$$\frac{1000}{c} = \frac{1000}{6000} \cdot 0,5 + \frac{1000}{1000} = 1,0832,$$

$$\text{also } c = \frac{1000}{1,0833} = 923 \text{ WE/Grad C.}$$

In der bekannten Weise erhält man dann aus Fig. 36 die in nachstehender Tabelle angegebenen Zahlen.

Einfluß des Wasserumlaufs.

Temperatur	$k_i = 10\,000$	$k_i = 7000$			$k_i = 4000$			$k_i = 1000$		
	$\dfrac{w_b + w_s}{1000}$	$\dfrac{w_b + w_s}{1000}$	t_a	t_i	$\dfrac{w_b + w_s}{1000}$	t_a	t_i	$\dfrac{w_b + w_s}{1000}$	t_a	t_i
2000	1092,5	1088,0	450	355	1076,0	560	469	906,0	1170	1106
1500	418,5	411,0	294	259	409,0	338	302	387,0	660	587
1000	120,3	119,0	232	217	118,0	246	230	116,0	328	316
500	18,9	18,85	209	203	18,7	211	205	18,3	222	218

Hierzu ist folgendes zu bemerken. Der Umlauf soll bewirken, daß die Dampfblasen möglichst schnell von der Heizfläche abgenommen und an die Stelle derselben frische Wasserteilchen gebracht werden. Es kommt also auf die Umlaufsgeschwindigkeit nicht allein an, sondern es muß auch genügend Wasser vorhanden sein, um eine geschlossene Berührung des letzteren mit der Heizfläche zu bewirken, und dabei spielt das Verhältnis des Dampfes zum Wasservolumen eine große Rolle. Ein wirkungsvoller Wasserumlauf wird erreicht, wenn das spezifische Gewicht des Dampf-Wassergemisches möglichst hoch ist. Es tritt nun leicht der Fall ein, und dies wegen ihrer großen Wärmeaufnahme, besonders bei der am meisten gefährdeten direkten Heizfläche, daß die Dampfblasen einen großen Teil des Wassers verdrängen und eine spezifisch leichte schaumige Masse gebildet wird, welche naturgemäß die Wärme nicht so gut aufnehmen kann wie reines Wasser. Demzufolge ergibt sich zuweilen an einzelnen Stellen der Heizfläche ein sehr geringer Wärmeübergang auf die Heizfläche. Die gleiche Erscheinung kann man beobachten, wenn z. B. bei hoher Brennmaterialschicht durch starkes Schüren oder in sonstiger Weise die Feuerleistung momentan bedeutend gesteigert wird. Infolge der plötzlich einsetzenden rapiden Dampfentwicklung kommt der Wasserumlauf für kurze Zeit ins Stocken und ist gerade dann naturgemäß die Wärmeabnahme sehr gering, wenn der Heizfläche außergewöhnliche Wärmemengen zugeführt werden.

Bei fast allen Großwasserraumkesseln mit geringem Wasserumlauf liegen die am stärksten belasteten Heizflächenteile zumeist in einem sehr leichten Gemisch von Wasser und Dampf und leiden daher an einer ungenügend raschen Wärmeabnahme.   Siehe Fig. 39 und 41.

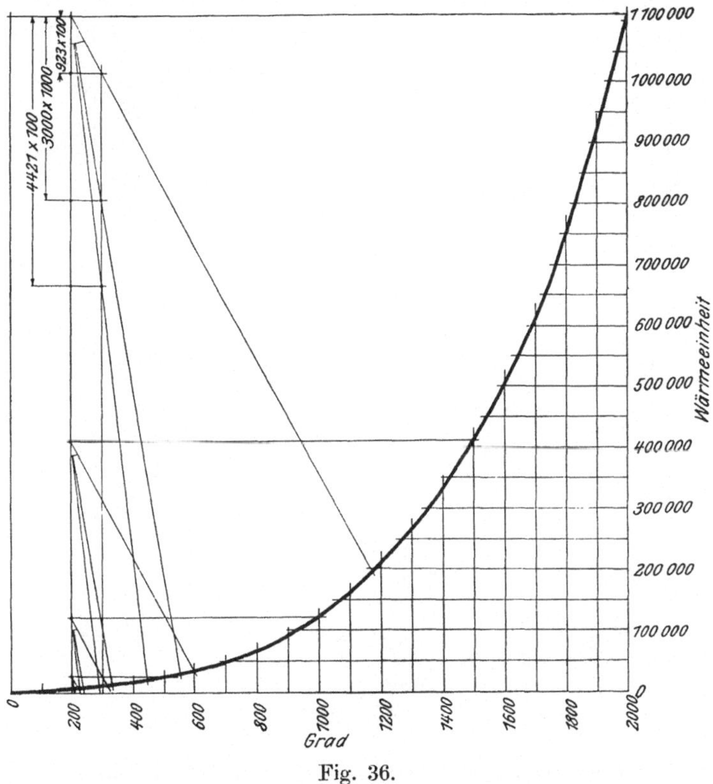

Fig. 36.

4. Beispiel eines Flammrohres.   Nachdem bisher die verschiedenen Ursachen der Erwärmung des Kesselbleches im allgemeinen und gesondert behandelt wurden, erscheint es angezeigt, einen häufig vorkommenden Fall im Zusammenhange zu betrachten. Dazu wird als Beispiel das Flammrohr eines gewöhnlichen Kessels gewählt, für welches die folgenden Zahlen gelten mögen:

Blechstärke 10 mm,
Kesselsteinbelag 2 mm.
k = 5000.

Dafür ergibt sich

$$\frac{1000}{c} = \frac{1000}{6000} \cdot 1 + \frac{1000}{160} \cdot 0{,}2 + \frac{1000}{5000} = 1{,}5333.$$

$$\text{folglich } c = \frac{1000}{1{,}5333} = 652$$

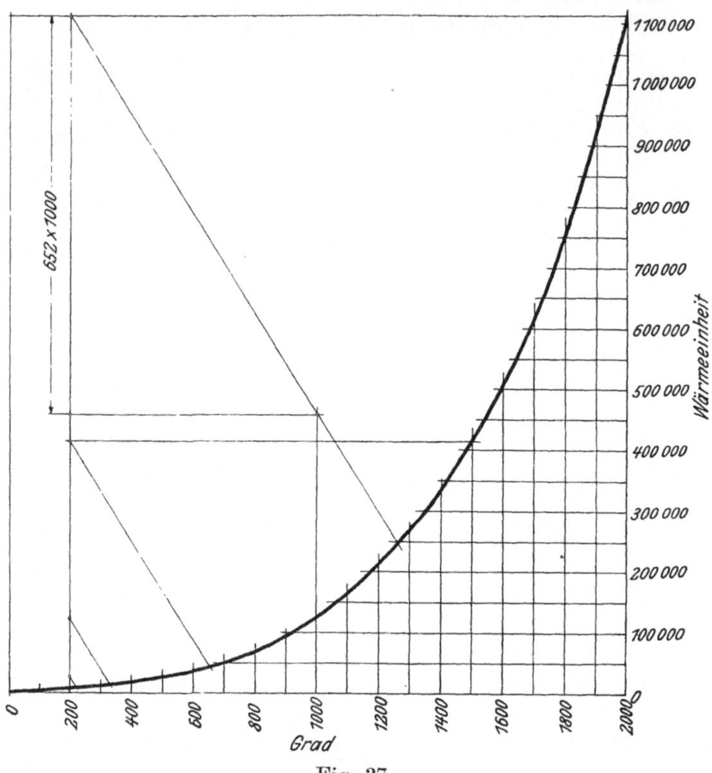

Fig. 37.

Aus der graphischen Konstruktion in Fig. 37 ergeben sich nachstehende Werte

Temperatur	2000	1500	1000	500
$\dfrac{W_b + W_s}{1000}$ . . . . =	759,0	358,0	112,0	18,5
t_a . . . . =	1410	766	383	232
t_i . . . . =	1283	706	364	229

. Daraus ist zu ersehen, daß mit Rücksicht auf die als Grenzwert angesehene Blechtemperatur von 400° C die mittlere Feuerraumtemperatur nicht weit über 1000° C liegen darf, wenn nur mit einem mäßigen Kesselsteinansatz gerechnet werden muß. Die Zahlen lassen aber auch die große Gefahr einer allzu starken Herandrängung der Flammen an den Flammrohrmantel erkennen.

c) Überhitzerrohre. Infolge der sehr geringen Wärmeabnahme aller Gase und Dämpfe können derartige Heizflächen die direkte Bestrahlung unter keinen Umständen aushalten und kommt für dieselben ausschließlich die Berührungswärme in Frage.

Es seien gegeben (die Wandstärke 2 mm):

$$k_a = 20,$$
$$k_i = 30,$$
$$t_{ü}, \text{ die Dampftemperatur } = 250, 300,$$
$$350 \text{ und } 400° C,$$

so erhält man

$$\frac{1000}{c} = \frac{1000}{20} + \frac{1000}{6000} \cdot 0,2 + \frac{1000}{30} = 83,367,$$

$$\text{folglich } c = \frac{1000}{83,367} = 12$$

und daher

für	=	2 000	1500	1000	500 Grad C.
und $t_ü$	= 250				
W_b	=	21 000	15 000	9 000	3 000 WE/qm
$t_a = t_i$	=	950	750	550	350 Grad C
für $t_ü$	= 300				
W_b	=	20 400	14 400	8 400	2 400 WE/qm
$t_a = t_i$	=	980	780	580	380 Grad C
für $t_ü$	= 350				
W_b	=	19 800	13 800	7 800	1 800 WE/qm
$t_a = t_i$	=	1 010	810	610	410 Grad C
für $t_ü$	= 400				
W_b	=	19 200	13 200	7 200	1 200 WE/qm
$t_a = t_i$	=	1 040	840	640	440 Grad C.

Da die Überhitzer in der Regel dünnwandig und so ausgeführt werden, daß sie sich nach allen Seiten frei ausdehnen können, darf denselben eine etwas höhere Erwärmung zugemutet werden, es kommen aber bei falscher Anlage der Feuerung nicht selten Zerstörungen der Überhitzer vor, jedoch tragen hieran hauptsächlich die Nachverbrennungen schuld.

d) Ungleichmäßige Dehnungen. Bei Wasserrohrkesseln mit enger Rohrstellung wirkt in der Regel nur die untere Hälfte der ersten Rohrreihe als direkte Heizfläche und ist dabei infolgedessen die Anstrengung des Bleches sehr ungleichmäßig über den Umfang verteilt.

Die Fig. 38, in welcher die Verteilung der Wärmeaufnahme über den Umfang eines Rohres schematisch angedeutet ist, soll dies zur Darstellung bringen. Es ist ohne weiteres einzusehen, daß die starke Erwärmung des unteren Teiles in dem Rohre unter allen Umständen sehr starke Längs- und Querspannungen ergeben muß. Die parallel zur Längsachse wirkenden, auf der verschiedenen Ausdehnung der unteren und oberen Hälfte beruhenden Spannungen haben die Tendenz, das Rohr nach unten durchzubiegen, während die Querspannungen eine Ausbeulung des Rohres verursachen können. Dieser Fall tritt namentlich bei momentaner Stockung der Wärmeableitung infolge gestörten Wasserumlaufs ein. Da sich der Schlamm und Kesselstein hauptsächlich im unteren Teile des Rohres ansammelt, wirkt die übermäßige Erwärmung

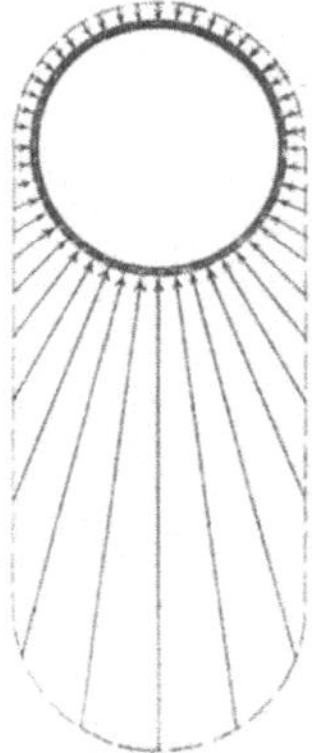

dieses Teiles besonders schädlich, und die Gefahr einer Ausbeulung nimmt offenbar mit der Dicke des Blechmantels zu.

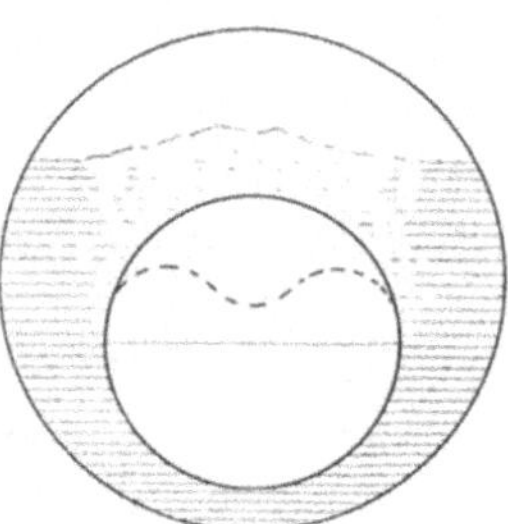

Fig. 38.

Fig. 39.

In Flammrohrkesseln ist, wie in Fig. 39 schematisch angedeutet, bei starker Anstrengung das Wasser über dem Flammrohr sehr stark mit Dampf durchsetzt, und dadurch wird die Wärmeableitung von der Heizfläche ganz wesentlich beeinträchtigt. Es ist leicht einzusehen, daß dieser Mangel mit abnehmender Höhe des Wasserspiegels über der Flammrohroberkante wachsen muß, denn in dem gleichen Sinne nimmt der Auftrieb der Dampfblasen ab. An den Seiten des Flammrohres dagegen werden die weiter unter dem Wasserspiegel liegenden Dampfblasen sehr schnell von dem nachdringenden Wasser verdrängt und findet daher auch bei niedrigem Wasserstande eine verhältnismäßig gute Wärmeableitung statt. Die Gefahr einer übermäßigen Erhitzung des Bleches liegt deshalb nur im Scheitel des Rohres vor, und wenn eine solche eintritt, so suchen sich die Fasern des Bleches auf der Feuerseite stärker zu dehnen als diejenigen auf der Wasserseite; dadurch wird eine geringe

Abplattung des Rohres im Scheitel herbeigeführt, und sobald diese weit genug fortgeschritten ist, wird — wie in Fig. 39 in punktierten Linien dargestellt — das Rohr in der bekannten Weise eingedrückt und zum Aufreißen gebracht. Diese Gefahr liegt bei allen Flammrohren mit verhältnismäßig geringer Wasserüberdeckung vor. Sie wächst offenbar mit zunehmender Blechstärke, und deshalb sollten wenigstens in der Länge des Verbrennungsraumes die Flammrohre mit tunlich geringer Wandstärke und daher gewellt ausgeführt werden. Aus dem gleichen Grunde darf glatten Flammrohren keine allzu hohe Belastung zugemutet werden.

Bei Zweikammer-Wasserrohrkesseln mit fest eingespannten Rohren ergeben sich unter dem Einfluß der verschiedenartigen Erwärmung zuweilen sehr hohe Wärmespannungen. Die direkt beheizte untere Rohrreihe sucht sich stärker auszudehnen als alle übrigen, und dies kann bei hoher Feuerraumtemperatur und viel Rohrreihen übereinander zu einer Lockerung der Verbände und zum Lecken des Kessels führen. In Fig. 40 ist schematisch dargestellt, wie sich die verschiedenen Rohrreihen eines stark befeuerten Wasserrohrkessels auszudehenen versuchen, und daraus ist ohne weiteres ersichtlich, daß man Kesseln mit vielen übereinanderliegenden Rohren eine zu starke Beanspruchung nicht zumuten darf.

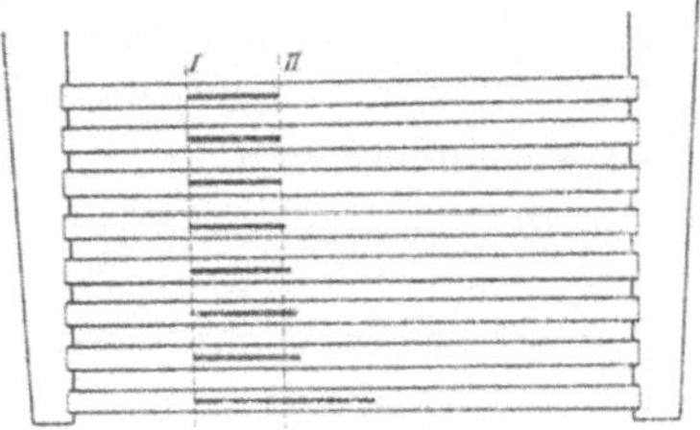

Fig. 40.

Der von der Linie I—I und II—II abgegrenzte Teil der Dehnung ist ungefährlich, weil daran der ganze Kessel gleichmäßig teilnimmt.

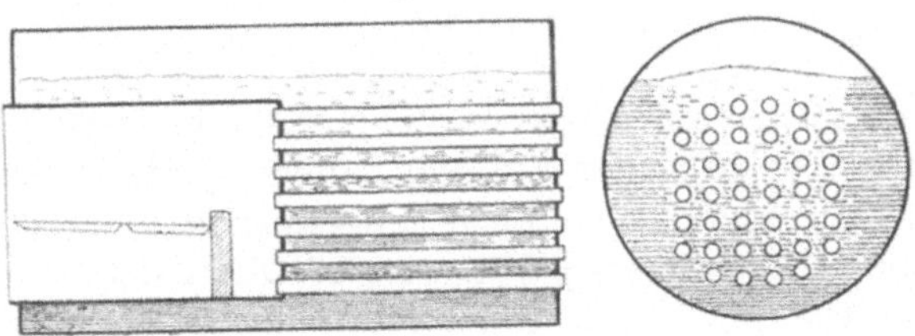

Fig. 41.

Ähnliche Verhältnisse ergeben sich in Großwasserraumkesseln, wo noch durch die bei fehlendem oder mangelhaftem Wasserumlauf entstehenden Temperaturunterschiede im Kesselinhalt das Ergebnis wesentlich verschlechtert werden kann. Bei der in Fig. 41 angedeuteten Kesselanordnung liegen die oberen Rohre in einem schaumigen Gemisch von Wasser und Dampf, ist also die Wärmeableitung von denselben ziemlich gering, und werden sie deshalb durch den Wärmeübergang stark überhitzt. Am Boden des Kessels ist dagegen das Wasser bei mangelhaftem Umlauf kälter als der Dampf, und so entstehen zuweilen zwischen den unteren und oberen Rohren Temperaturunterschiede von über 100^0, und deshalb neigen derartige Kessel sehr leicht zum Lecken, wenn eine vollkommene Verbrennung mit entsprechend hoher Anfangstemperatur der Rauchgase durchgeführt wird.

3. Wasserumlauf.

a) Entstehung des Umlaufes. Wird das in Fig. 42 dargestellte Probierglas am oberen Ende erwärmt, so beginnt dort das Wasser bereits zu verdampfen, bevor ein am Boden des Glases festgehaltenes Stück Eis schmilzt. Diese Erscheinung beruht einerseits auf der geringen Wärmeleitfähigkeit und andererseits auf der Wärmeausdehnung des Wassers, welche verhindert, daß die erwärmten und daher leichteren Wasserteilchen nach unten gelangen. Die Beheizung des Rohres muß mit allergrößter Vorsicht erfolgen, weil sonst wegen des sehr geringen Wärmeüberganges auf das schäumende Wasser ein Zerspringen des Glases leicht eintreten könnte.

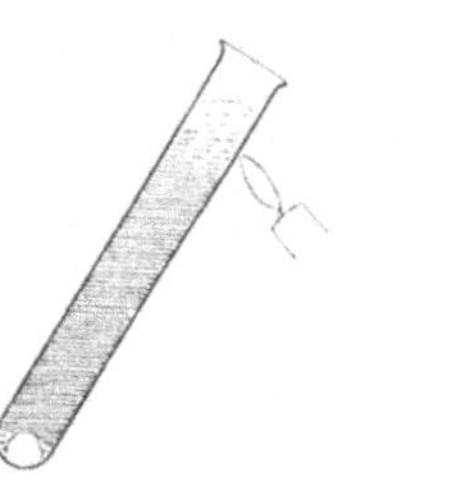
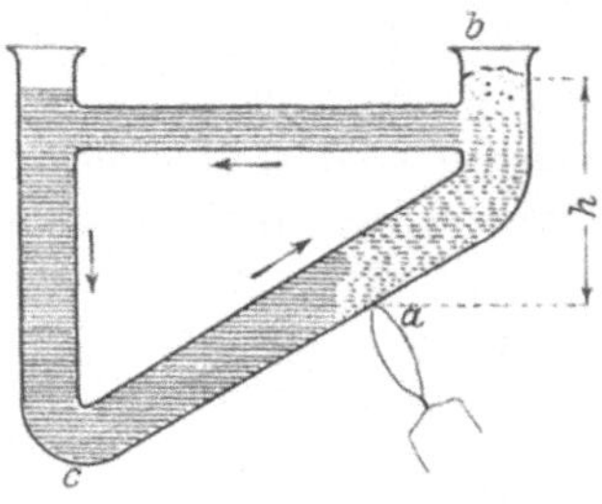

Fig. 42.   Fig. 43.

Bei der Beheizung des Rohres am unteren Ende steigen dagegen die erwärmten Wasserteilchen auf, um kälteren Platz zu machen, und entwickelt sich so ein, wenn auch langsamer und unvollkommener Wärmeaustausch in der ganzen Wassersäule. Die an der beheizten Stelle sich bildenden Dampfbläschen steigen in dem Rohre auf, ihre Bewegung wird aber durch die niederfallenden Wasserteilchen behindert, weshalb bei der Beheizung des Rohres noch einige Vorsicht geboten ist.

Wird dagegen ein in Fig. 43 schematisch angedeutetes Rohrsystem im Punkte „a" beheizt, so stellt sich nach kurzer Zeit ein deutlich bemerkbarer Umlauf des Wassers in der Pfeilrichtung ein und entweicht der Dampf bei „b". Der Umlauf erfolgt um so schneller, je tiefer der beheizte Punkt „a" unter dem Wasserspiegel liegt und je stärker die Beheizung erfolgt. Derselbe hört aber vollständig auf, sobald man den tiefsten Punkt des Systems beheizt.

Indem der beheizte Schenkel zunächst mit erwärmten Wasserteilchen und später mit Dampfblasen angefüllt wird, nimmt das Gewicht
der über dem Punkte „a" liegenden Wassersäule ab. Dadurch entsteht in dem unbeheizten Schenkel des Systems ein entsprechender
Überdruck, welcher den Umlauf des Wassers in der Pfeilrichtung verursacht. Es ist nun ohne weiteres einleuchtend, daß die Größe des Über-
druckes und folglich auch die Umlaufgeschwindigkeit mit zunehmender
Höhe „h" wachsen muß, und der Umlauf verschwindet, wenn die Beheizung im Punkte „c" erfolgt, weil dann in beiden Schenkeln die Dampfblasen aufsteigen, somit also ein annäherndes Gleichgewicht der Wassersäulen herbeigeführt wird.

b) Angenäherte Umlaufformel. An Hand der obigen einfachen Beispiele lassen sich die Umlaufverhältnisse in allen Kesseln jedweder Bauart und Form vollständig übersehen. Eine mathematisch genaue Berechnung der Umlaufgeschwindigkeiten bietet allerdings wegen der vorliegenden vielen Querschnitte und Richtungsänderungen sowohl wie der
verschiedenartigen Beheizung der einzelnen Heizflächenteile in der
Regel ganz erhebliche Schwierigkeiten. Da außerdem verschiedene,
mehr oder weniger unsichere Annahmen gemacht werden müssen, hat
auch eine allzuweit gehende, numerische Genauigkeit keinen Zweck. Dahingegen kann eine angenäherte Berechnungsweise für alle Fälle der
praktischen Anwendung einen ausreichend genauen Anhalt für die Abschätzung des zu erwartenden Wasserumlaufes und der erforderlichen
Umlaufsquerschnitte schaffen, und ist eine solche daher dringend anzu-
raten.

Um zunächst einen allgemeinen Überblick zu gewinnen, soll die
folgende nicht ganz genau zutreffende, dafür aber leicht übersichtliche
Ergebnisse liefernde angenäherte Rechnung aufgestellt werden.

Bezeichnen

h den Höhenabstand der beheizten Punkte vom Wasserspiegel in Metern,
f den Querschnitt des Umlaufrohres in qm,
v die Umlaufsgeschwindigkeit in m pro Sekunde,
V die erzeugte Dampfmenge in cbm pro Stunde,

so ist zunächst das Gewicht der Wassersäule im unbeheizten Schenkel
angenähert

$$G_1 = h \cdot 1.$$

Im unbeheizten Schenkel wird ein Teil des Wassers von den Dampfblasen verdrängt, ist also das Gewicht der Wassersäule

$$G_2 = h \cdot (1-x),$$

wobei angenähert

$$x = \frac{V}{a \cdot v \cdot f \cdot 3600}$$

zu setzen ist und a zwischen 1,83 und 1,5 liegt.

Genauer ist

$$x = \frac{V}{W + V}$$

Man erhält den Auftrieb

$$U = G_1 - G_2$$

oder angenähert

$$U = \frac{h \cdot V}{a \cdot v \cdot f \cdot 3600}.$$

bzw. genauer

$$U = h \cdot \frac{(1 - V)}{V + f \cdot v \cdot 3600}.$$

Die Beschleunigung des Wassers und die Überwindung der Reibungs- und Bewegungswiderstände erfordert dagegen

$$U = \frac{v^2}{2\,g} \cdot (1 + b).$$

wenn b den Koeffizienten der Gesamtwiderstände bezeichnet. Somit wird nach leichter Umformung

$$v^3 = \frac{h \cdot V}{f} \cdot \frac{2\,g}{a \cdot 3600 \cdot (1 + b)}.$$

also

$$v = d \cdot \sqrt[3]{\frac{h \cdot V}{f}}$$

wobei

$$d = \sqrt[3]{\frac{2\,g}{a \cdot 3600 \cdot (1 + b)}}$$

zu setzen ist.

Aus dem Vorstehenden ist zu ersehen, daß die Umlaufsgeschwindigkeit annähernd mit der dritten Wurzel aus der Höhe „h" und dem Dampfvolumen wächst und umgekehrt mit zunehmender Fläche des Umlaufquerschnittes abnimmt. Infolgedessen muß die am stärksten beheizte Fläche möglichst tief unter dem Wasserspiegel angelegt werden. Es wäre aber durchaus falsch, wenn man zur Erzielung einer großen Umlaufsgeschwindigkeit den Querschnitt, namentlich der am stärksten belasteten Rohre, mehr als unbedingt notwendig einschränken wollte. Denn es kommt, wie schon früher gesagt, nicht so sehr auf die Geschwindigkeit als auf das richtige Verhältnis der Menge des umlaufenden Wassers zum Dampfvolumen an. Durch die Dampfbildung erhöht sich einerseits das Volumen und vermindert sich andererseits das spezifische

Gewicht der umlaufenden Menge, nimmt also bei gleichbleibendem Querschnitt die Geschwindigkeit und in gleichem Maße der Rückstau zu. Dies läßt sich vermeiden, wenn die Umlaufquerschnitte nicht gleichbleibend, sondern im Verhältnis zur Wand aus der Volumenzunahme wachsend angelegt werden. Das ist natürlich in den geraden Rohren praktisch kaum durchführbar, bei der Bemessung der Kammerweiten läßt sich aber darauf Rücksicht nehmen.

Bezeichnen

J_n die von der Heizfläche aufgenommene Wärmemenge in WE pro Stunde,

λ die Gesamtwärme des Dampfes in WE pro kg,

q_o die Wärme des Speisewassers in WE pro kg $\cong t_0$ und

γ da Dampfgewicht in kg/cbm,

so erhält man[1])

$$V_n = \frac{J_n}{(\lambda - t_o) \cdot \gamma} \qquad \cdots \cdots \cdots \quad 76)$$

Daraus folgt, daß der Wasserumlauf mit zunehmender Speisewassertemperatur erheblich wächst, und so ist die Verbesserung des Wirkungsgrades — insbesondere bei Großwasserraumkesseln — beim Speisen mit hochvorgewärmtem Wasser zu erklären. Aus dem gleichen Grunde ergibt sich auch bei kontinuierlicher Speisung das günstigste Resultat. Denn da das gespeiste kalte Wasser nicht sofort die Dampftemperatur annimmt, sondern größtenteils kalt an die wirksame Heizfläche gelangt, so verlangsamt es während der Speisung die Dampfbildung und damit flen Wasserumlauf und folglich auch die Wärmeaufnahme der Heizpäche, was ein empfindliches Sinken der Dampferzeugung nach sich sieht.

Mit zunehmender Dampfspannung wachsen die Gesamtwärme (diese allerdings nur unbedeutend) und das Dampfgewicht, nimmt also umgekehrt bei gleicher Wärmeaufnahme das erzeugte Dampfvolumen ab. Infolgedessen ist unter sonst gleichen Verhältnissen bei geringerem Dampfdruck ein erheblich schnellerer Umlauf zu erwarten als bei hoher Dampfspannung. Dieser Umstand kann bei plötzlicher Abnahme des Dampfdruckes sehr viel zu der gefürchteten Syphonbildung beitragen, namentlich dann, wenn die Umlaufsquerschnitte des Kessels zu knapp bemessen sind.

c) Zweikammer-Wasserrohrkessel. Solange ein einfaches System gegeben ist, welches sich im Prinzip auf Fig. 43 zurückführen läßt, kann die angenäherte Berechnung des zu erwartenden Umlaufs sehr einfach mit Formel 75 erfolgen. Bei allen Wasserrohrkesseln mit 2 Wasserkammern sind die Verhältnisse aber erheblich komplizierter, und ist es

---

[1]) Eventuell angenähert mit den Zahlen der letzten 4 Spalten der Tabelle Seite 85.

deshalb geboten, ein graphisches Verfahren der folgenden Art anzuwenden.

Es sei das in Fig. 44 dargestellte Kesselsystem gegeben.

Bezeichnen

V_1, V_2, V_3, V_4 bzw. V_5 die in den Rohrreihen 1, 2, 3, 4 bzw. 5
erzeugten Dampfvolumen in cbm pro Stunde,

W_1, W_2, W_3, W_4 bzw. W_5 die in diesen Rohrreihen umlaufenden
Wassermengen in Tonnen
pro Stunde,

f den Querschnitt der
Rohre,

f_a den Querschnitt des Anschlußstutzens der vorderen Wasserkammer am
Oberkessel,

n die Anzahl der nebeneinanderliegenden Rohre,

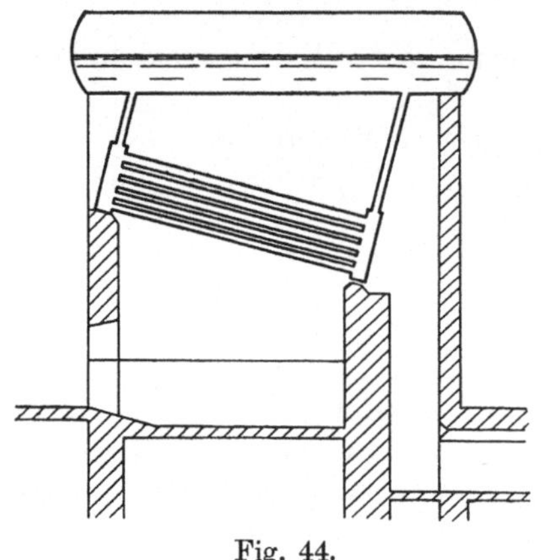

Fig. 44.

ist folglich

$$f_n = \frac{f_a}{n}$$

der auf jede vertikale Rohrreihe
entfallende Teil des Querschnittes f_a,
dann ergibt sich unter der stets zulässigen Vernachlässigung des
verdampften Wasservolumens die Geschwindigkeit im Anschlußstutzen
der vorderen Wasserkammer

$$v_a = (W + V) \cdot \frac{1}{f_n \cdot 3600}$$

und die Widerstandshöhe

$$U_a = \frac{v^2}{2 \cdot g} \cdot g_a \cdot (1 + b).$$

das ist

$$U_a = (W + V) \cdot g_a \cdot \frac{(1 + b)}{2\,g \cdot f_n{}^2 \cdot 3600^2}$$

und mit

$$g_a = \frac{W}{W + V}$$

nach kurzer Vereinfachung

$$U_a = (W \cdot V + W^2) \cdot (1 + b)\,\frac{4}{10^9} \cdot f^2$$

In der gleichen Weise findet man für die verschiedenen Siederohre

$$U_n = (W_n \cdot V_n + W_n{}^2) \cdot b_n \cdot \frac{4}{10^9} \cdot f_n{}^2 \quad \dots \quad 77)$$

Wird angenommen, daß in der vorderen Wasserkammer das Wasser-dampfgewicht ein spezifisches Gewicht von

$$g_a = \frac{W}{W + V}$$

hat, so berechnet sich der für die einzelnen Rohrreihen wirksame Auf-trieb aus

$$U_n = (h_n - h_a) \cdot g_a + h_a \cdot g_n - h_n \cdot 1 \quad \ldots \quad 78)$$

wobei

> h_n den Höhenabstand des beheizten Rohrstückes vom Wasser-spiegel und
>
> h_a denselben von der Einmündung des betreffenden Rohres in die Wasserkammer bezeichnen,

Daraus folgt

$$h_n \cdot 1 - (h_n - h_a) \cdot g_a - \Sigma \, (W\,V + W^2) \cdot (1 + b) \cdot \frac{4}{10^9 \cdot f^3}$$

$$- (W_n \cdot V_n + W^2) \cdot b_n \cdot \frac{4}{10^9 \cdot f^2} - h_a \cdot g_n = 0 \quad . \quad 79)$$

das ist aber allgemein

$$h_n - A_n - B_n = 0,$$

worin

$$B_n = (h_n - h_a) \cdot g_a + \Sigma \, (W \cdot V + W^2) \cdot (1 + b) \cdot \frac{4}{10^9 \cdot f_n^2}$$

$$A_n = (W_n \, V_n + W_n^2) \cdot b \cdot \frac{4}{10^9 \cdot f^2} + h_a \cdot g_n$$

zu setzen sind.

Die Auflösung erfolgt am einfachsten mit Hilfe des in Fig. 45 ange-gebenen graphischen Verfahrens, welches den Vorteil bietet, daß daraus ohne weiteres alle wesentlichen Verhältnisse abgelesen werden können.

Man konstruiert in der bekannten Weise die den Größen

$$(h_n - h_a) \cdot g_a$$

entsprechenden Linien und addiert dazu die Werte

$$(W \cdot V + W^2) \cdot (1 + b) \cdot \frac{4}{10^9 \cdot f_n^2}$$

woraus sich die B_n-Linien ergeben. In der gleichen Weise werden die A_n-Linien gebildet.

Sodann fällt man an einer richtig erscheinenden Stelle die Senk-rechte $J{-}J$ und zieht in den Schnittpunkten derselben mit den B_n-Linien die Horizontalen, welche von den A_n-Linien die Werte W_n abschneiden. Die Lage von $J{-}J$ ist richtig gewählt, wenn $W_1 + W_2 +$

.... W_n aus den A_n-Linien gleich dem Werte $\Sigma\,W$aus den B_n-Linien wird, denn es ist dann offenbar

$$h_n - A_n - B_n = 0.$$

wie zu beweisen war.

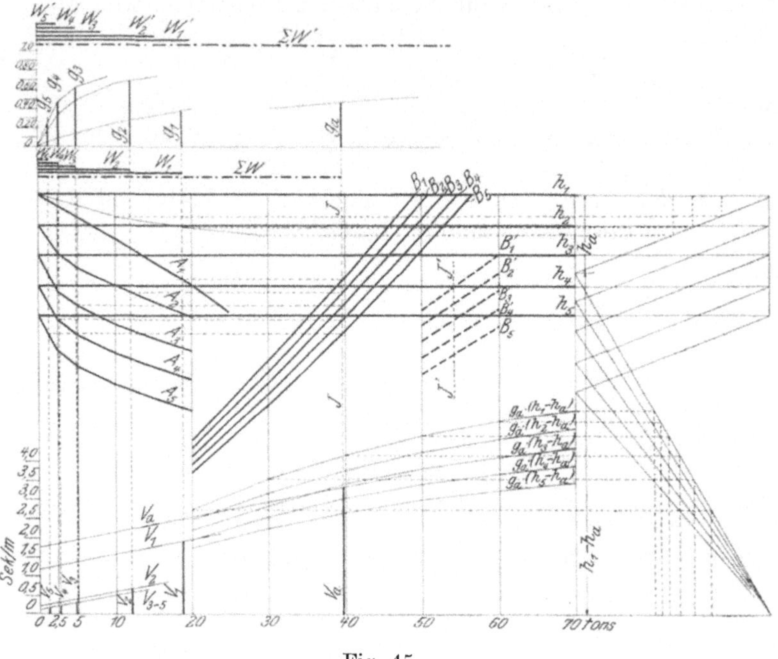

Fig. 45.

Für die Konstruktion der Figur ist ein nach der bekannten Bauart von Babcock und Wilcox angeordneter Wasserrohrkessel unter folgenden Verhältnissen angenommen worden:

Werden die Widerstandskoeffizienten wie folgt angenommen:

1) Ein- und Ausflußwiderstand $= 0{,}505$

2) Wandreibung $= 0{,}0285 \cdot \dfrac{l}{d}$.

3) Richtungsänderungen $= 1{,}0$

$V_1 = 30$; $V_2 = 5$; V_3 bis $_5 = 3$, also $V = 45$ cbm
$h_1 = 2{,}2$; $h_2 = 2{,}04$; $h_3 = 1{,}88$; $h_4 = 1{,}73$; $h_5 = 1{,}56$ und
$h_a = 0{,}4$ m
$f = f_n = 0{,}0071$ qm

so findet man b^n

aus Ein- und Ausmündungswiderständen $2 \cdot 0{,}505 = 1{,}010$

aus der Wandreibung bei 3 m Rohrlänge

$$\frac{3 \cdot 0,0285}{0,095} = 0,900$$

aus Richtungsänderungen . . . . $2 \cdot 1,0 \quad = 2,000$

$$\text{zusammen} \quad 3,910$$

und folglich

$$\frac{b_n}{f^2 \cdot 10^5} = \frac{3,91}{0,0071^2 \cdot 10^5} = 0,776.$$

Ferner wird b

aus Ein- und Ausmündungen . . . $4 \cdot 0,505 \quad = 2,02$

aus der Wandreibung bei 1 m Rohrlänge

$$\frac{1 \cdot 0,0285}{0,095} = 0,30$$

Zuschlag für Kammerwiderstand . . . . $0,28$

$$\text{zusammen} \quad 2,60$$

also

$$\frac{1 + b}{f^2 \, 10^5} = \frac{3,6}{0,0071^2 \cdot 10^5} = 0,714.$$

Damit ergeben sich

$$A_n = (W_n \, V_n + W_n{}^2)\frac{4}{104} \cdot \frac{b_n}{f_n{}^2 \cdot 10^5} + h_a \cdot g_n$$

und

$$B_n = \Sigma (W \cdot V + 10^2)\frac{4}{104} \cdot \frac{1 + b}{f_n{}^2 \cdot 10^5} (h_n + h_a) \cdot g_a$$

wobei zur Erleichterung der Rechenarbeit die Worte

$$(W \cdot V + W^2) \frac{4}{10^4} \quad \text{und} \quad \frac{10}{10 + v}$$

den folgenden Tabellen entnommen werden können.

Aus dem steilen Anstieg der B_n-Linien ist klar zu ersehen, daß der Wasserumlauf durch den Rückstau in der Verbindung der Wasserkammer mit dem Oberkessel sehr stark gebremst wird[1]). Ferner zeigt die Abnahme der Werte W_n, daß ein solcher Kessel keinen vollständigen positiven Wasserumlauf haben kann, wenn viele Rohreihen übereinander angelegt werden, denn in den höheren Reihen wird infolge des Rückstaues das Wasser zurückgedrängt.

Sodann ist leicht zu erkennen, daß der ersten Rohrreihe etwas zu wenig Wasser zugeführt wird, was sich in dem ungünstig kleinen spezifischen Gewicht des Dampf-Wasser-Gemisches bemerkbar macht. Es

---

[1]) Werden die Kammerwiderstände vermindert, so ergeben sich den punktierten Linien gemäß die $B_n{}'$ Linien und entsprechend $J' — J'$ ein stärkerer Wasserlauf.

Tabelle der Werte. $\dfrac{W \cdot V + W^2}{10^4} \cdot 4$.

W =	2,5	5	10	20	30	40	50	75	100	150	200	300	400	600	= W
V = 1	0,003	0,012	0,044	0,168	0,378	0,656	1,02	2,28	4,04	9,06	16,08	36,12	64,16	144,24	V = 1
2	0,004	0,014	0,048	0,176	0,384	0,672	1,04	2,31	4,08	9,12	16,16	36,24	64,32	144,48	2
3	0,005	0,016	0,052	0,184	0,396	0,688	1,06	2,34	4,12	9,18	16,24	36,36	64,48	144,72	3
4	0,006	0,018	0,056	0,192	0,408	0,704	1,08	2,37	4,16	9,24	16,32	36,48	64,64	144,90	4
5	0,007	0,020	0,060	0,2	0,42	0,72	1,1	2,4	4,2	9,3	16,40	36,6	64,8	145,2	5
6	0,008	0,022	0,064	0,208	0,432	0,736	1,12	2,43	4,24	9,36	16,48	36,72	64,96	145,44	6
7	0,009	0,024	0,068	0,216	0,444	0,752	1,14	2,46	4,28	9,42	16,56	36,84	65,12	145,68	7
8	0,01	0,026	0,072	0,224	0,456	0,768	1,16	2,49	4,32	9,48	16,64	36,96	65,28	145,92	8
9	0,011	0,028	0,076	0,232	0,468	0,784	1,18	2,52	4,36	9,54	16,72	37,08	65,44	146,16	9
10	0,012	0,03	0,08	0,24	0,48	0,8	1,2	2,55	4,4	9,6	16,8	37,2	65,6	146,4	10
12	0,014	0,034	0,088	0,256	0,504	0,832	1,24	2,61	4,48	9,72	16,96	37,44	65,92	146,88	12
14	0,016	0,038	0,096	0,272	0,528	0,864	1,28	2,67	4,56	9,84	17,12	37,68	66,24	147,36	14
16	0,018	0,042	0,104	0,288	0,552	0,896	1,32	2,73	4,64	9,96	17,28	37,92	66,56	147,84	16
18	0,02	0,045	0,112	0,304	0,576	0,928	1,36	2,79	4,72	10,08	17,44	38,16	66,88	148,32	18
20	0,022	0,05	0,12	0,32	0,6	0,96	1,4	2,85	4,8	10,2	17,6	38,4	67,2	148,8	20
25	0,027	0,06	0,14	0,36	0,66	1,04	1,5	3	5	10,5	18	39	68	150	25
30	0,032	0,07	0,16	0,4	0,72	1,12	1,6	3,15	5,2	10,8	18,4	39,6	68,8	151,2	30
35	0,037	0,08	0,18	0,44	0,78	1,2	1,7	3,3	5,4	11,1	18,8	40,2	69,6	152,4	35
40	0,042	0,09	0,2	0,48	0,84	1,28	1,8	3,45	5,6	11,4	19,2	40,8	70,4	153,6	40
45	0,047	0,1	0,22	0,52	0,9	1,36	1,9	3,6	5,8	11,7	19,6	41,4	71,2	154,8	45
50	0,052	0,11	0,24	0,56	0,96	1,44	2	3,75	6	12	20	42	72	156	50
55	0,057	0,12	0,26	0,6	1,02	1,52	2,1	3,9	6,2	12,3	20,4	42,6	72,8	157,2	55
60	0,062	0,13	0,28	0,64	1,08	1,6	2,2	4,05	6,4	12,6	20,8	43,2	73,6	158,4	60
65	0,067	0,14	0,3	0,68	1,14	1,68	2,3	4,2	6,6	12,9	21,2	43,8	74,4	159,6	65
70	0,072	0,15	0,32	0,72	1,2	1,76	2,4	4,35	6,8	13,2	21,6	44,4	75,2	160,8	70
75	0,077	0,16	0,34	0,76	1,26	1,84	2,5	4,5	7,	13,5	22	45	76	162	75
80	0,082	0,17	0,36	0,8	1,32	1,92	2,6	4,65	7,2	13,8	22,4	45,6	76,8	163,2	80
85	0,087	0,18	0,38	0,84	1,38	2,	2,7	4,8	7,4	14,1	22,8	46,2	77,6	164,4	85
90	0,092	0,19	0,4	0,88	1,44	2,08	2,8	4,95	7,6	14,4	23,2	46,8	78,4	165,6	90
95	0,097	0,2	0,42	0,92	1,50	2,16	2,9	5,1	7,8	14,7	23,6	47,4	79,2	166,8	95
100	0 102	0,210	0,44	0,96	1,56	2,24	3	5,25	8	15	24	48	80	168	100

Tabelle der Werte. $g = \dfrac{W}{W+V}$.

W =	2,5	5	10	20	30	40	50	75	100	150	200	300	400	600	= W
V = 1	0,714	0,833	0,909	0,952	0,968	0,976									V = 1
2	0,556	0,714	0,833	0,909	0,938	0,952	0,962								2
3	0,455	0,625	0,77	0,87	0,909	0,93	0,944	0,962							3
4	0,385	0,556	0,714	0,833	0,882	0,909	0,926	0,949	0,961						4
5	0,333	0,5	0,667	0,8	0,857	0,889	0,909	0,938	0,952	0,968					5
6	0,294	0,455	0,625	0,77	0,833	0,87	0,893	0,926	0,944	0,962	0,971				6
7	0,263	0,417	0,59	0,74	0,81	0,851	0,877	0,915	0,935	0,955	0 966	0,977			7
8	0,238	0,385	0,556	0,714	0,789	0,833	0,861	0,904	0,926	0,949	0,961	0,974	0,98		8
9	0,217	0,357	0,526	0,69	0,77	0,816	0,846	0,893	0,918	0,943	0,957	0,971	0,978	0,986	9
10	0,200	0,333	0,5	0,667	0,75	0,8	0,833	0,882	0,909	0,938	0,952	0,968	0,976	0,984	10
12	0,17	0,294	0,455	0,625	0,714	0,77	0,806	0,861	0,893	0,926	0,944	0,962	0,971	0,98	12
14		0,263	0,417	0,59	0,679	0,741	0,781	0,843	0,87	0,915	0,935	0,955	0,966	0,977	14
16		0,238	0,385	0,556	0,652	0,714	0,758	0,824	0,861	0,904	0,926	0,949	0,961	0,974	16
18		0,217	0,357	0,526	0,625	0,69	0,735	0,806	0,846	0,893	0,918	0,943	0,957	0,971	18
20		0,2	0,333	0,5	0,6	0,667	0,714	0,789	0,833	0,882	0,909	0,938	0,952	0,968	20
25		0,167	0,287	0,444	0,545	0,615	0,667	0,75	0,8	0,857	0,889	0,923	0,941	0,96	25
30			0,25	0,4	0,5	0,571	0,625	0,714	0,77	0,833	0,87	0,909	0,93	0,952	30
35			0,222	0,364	0,461	0,533	0,588	0,682	0,741	0,818	0,851	0,895	0,919	0,945	35
40			0,2	0,333	0,429	0,5	0,555	0,652	0,714	0,79	0,833	0,882	0,909	0,938	40
45			0,182	0,308	0,4	0,47	0,526	0,625	0,7	0,77	0,816	0,87	0,899	0,93	45
50				0,286	0,375	0,444	0,5	0,6	0,667	0,75	0,8	0,857	0,889	0,923	50
55				0,267	0,353	0,421	0,476	0,577	0,646	0,73	0,785	0,845	0,88	0,916	55
60				0,25	0,333	0,4	0,455	0,556	0,625	0,714	0,77	0,833	0,87	0,909	60
65				0,235	0,316	0,38	0,435	0,536	0,606	0,7	0,755	0,821	0,86	0,902	65
70				0,222	0,3	0,364	0,417	0,517	0,588	0,682	0,74	0,81	0,851	0,895	70
75				0,215	0,286	0,348	0,4	0,5	0,571	0,667	0,727	0,804	0,842	0,889	75
80				0,2	0,273	0,333	0,385	0,49	0,556	0,652	0,714	0,789	0,833	0,882	80
85					0,261	0,32	0,37	0,476	0,54	0,638	0,702	0,779	0,824	0,876	85
90					0,25	0,307	0,357	0,455	0,526	0,625	0,69	0,77	0,816	0,87	90
95					0,24	0,296	0,345	0,441	0,513	0,612	0,678	0,76	0,808	0,864	95
100					0,231	0,286	0,333	0,428	0,5	0,6	0,667	0,75	0,8	0,857	100

leuchtet nach dem Vorstehenden auch sofort ein, daß darin durch die von manchen Kesselkonstrukteuren vorgeschlagene und angewandte direkte Zuführung von Wasser zu der unteren Rohrreihe nichts gewonnen werden kann, da der Wasserumlauf in diesen Rohren nahezu ausschließlich durch den Widerstand beim Dampfaustritt begrenzt wird. Um dies zu zeigen, genügt eine kurze Rechnung.

Bezeichnen

U die für das Rohr zur Verfügung stehende Umlaufskraft,

M den Koeffizienten des Widerstandes im Rohre und beim Austritt des Dampf-Wasser-Gemisches

N denselben für den Wasserzutritt bis ans Rohr heran,

so wird, abgesehen von den Beschleunigungskräften,

$$U = (W \cdot V + W^2) \cdot M + W^2 \cdot N.$$

Macht man N verschwindend klein, so wird offenbar

$$U = (W_1 \cdot V + W_1{}^2) \cdot M.$$

Nun liegt aber der größte Teil des Widerstandes im Siederohr, so wird also stets N im Verhältnis zu M sehr klein sein, und kann deshalb durch eine weitere Verminderung von N wenig gewonnen werden. Setzt man beispielsweise $M = 3$ und $N = 1$, was jedenfalls zu günstig ist, so folgt mit $W = 10$ und $V = 30$

$$(10 \cdot 30 + 10 \cdot 10) \cdot 3 + 10 \cdot 10 \cdot 1 = (W_1 \cdot V + W_1{}^2) \cdot 3$$

und damit die beim Verschwinden von N umlaufende Wassermenge

$$W_1 = 10{,}63.$$

Dies würde eine Verbesserung des Wasserumlaufes in den untersten Rohren von nur 6,5 % ergeben, welche aber wegen der wachsenden Beschleunigungskräfte und des zunehmenden Gewichtes der Wassersäule im Rohre nicht voll in Erscheinung kommen kann.

Den Rohren läßt sich dagegen genügend Wasser zuführen, wenn der Rohrdurchmesser im Verhältnis zu dem abzuführenden Dampfvolumen ausreichend groß gemacht wird. Die dadurch zu erreichende Verminderung des Rohrwiderstandes und der Geschwindigkeit tritt in der graphischen Konstruktion in der Hebung der A_1-Linie zutage und kann allein vorteilhaft zur Vergrößerung von W_1 benutzt werden.

Unter sinngemäßer Anpassung an die jeweils gegebenen Verhältnisse läßt sich das vorstehend beschriebene graphische Verfahren auf Wasserrohrkessel jeder Art verwenden, wie an folgenden Beispielen gezeigt werden soll.

d) Einfacher Steilrohrkessel. Bei dem in Fig. 46 dargestellten Steilrohrkessel fehlen die eigentlichen Wasserkammern bzw. werden dieselben durch den Oberkessel und den Wassersammler ersetzt. Die Siederohre münden direkt in den Oberkessel; es kommen daher nur die in den Rohren wirkenden Antriebskräfte und Bewegungswiderstände sowie der Widerstand der Abfallrohre in Betracht. Es kann im allgemeinen angenommen werden, daß die Geschwindigkeitshöhe des abfallenden Wassers durch die Querbewegung desselben im Wassersammler und Oberkessel aufgebraucht wird.

Man erhält also die allgemeine Gleichung

$$U_n - \frac{v_n^2}{2g} \cdot g_n \cdot (1 + b_n) - \frac{v_a^2}{2g} \cdot (1 + b_a) = 0 \quad . \quad 80)$$

und daraus folgt mit den bekannten Werten

$$h_n \cdot (1 - g_n) - (W_n \cdot V_n + W_n^2) \cdot \frac{(1 + b_n)\,4}{f_n^2\,10^9} - \Sigma W^2 \cdot (1 + b_a) \cdot \frac{4}{f_a^2\,10^9} = 0$$

Die Höhen h_n finden sich aus dem Abstande des Schwerpunktes der Wärmeaufnahme der einzelnen Rohre vom Wasserspiegel.

Die Konstruktion ergibt sich nun folgendermaßen. Man berechnet für verschiedene Werte von W die Größe $\Sigma W^2 \cdot (1 + b_a) \dfrac{4}{10^9}$ und

bildet damit in Fig. 47 die Linie W_a der Widerstandshöhen im Abfallrohr. Sodann trägt man im gleichen Maßstab die Höhe h_n auf und konstruiert mit h_n als Grundlinie die den Werten

$$h_n \cdot g_n + (W_n \cdot V_n + W_n^2)$$
$$\cdot \frac{(1 + b_n)\,4}{f_n^2} \frac{1}{10^9}$$

entsprechenden Rohrwiderstandskurven W_n. Eine sodann gezogene Horizontale II liegt richtig, wenn die von derselben von den W_n-Linien und der W_a-Linie abgeschnittenen Größen von W den gleichen Wert ergeben, das ist, wenn

$$\Sigma W_n = W_a$$

wird.

Daraus findet man dann gleichzeitig die Werte

$$v_n, \ v_a \ \text{und} \ g_n.$$

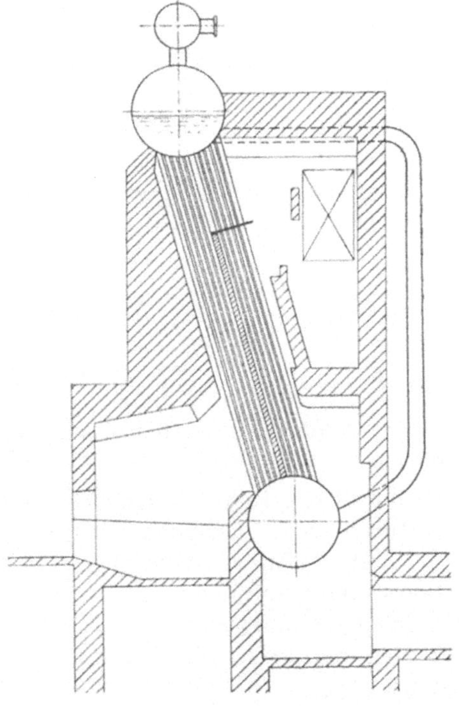

Fig. 46.

In Fig. 47 ist diese Konstruktion für drei verschiedene Weiten der Abfallrohre durchgeführt.

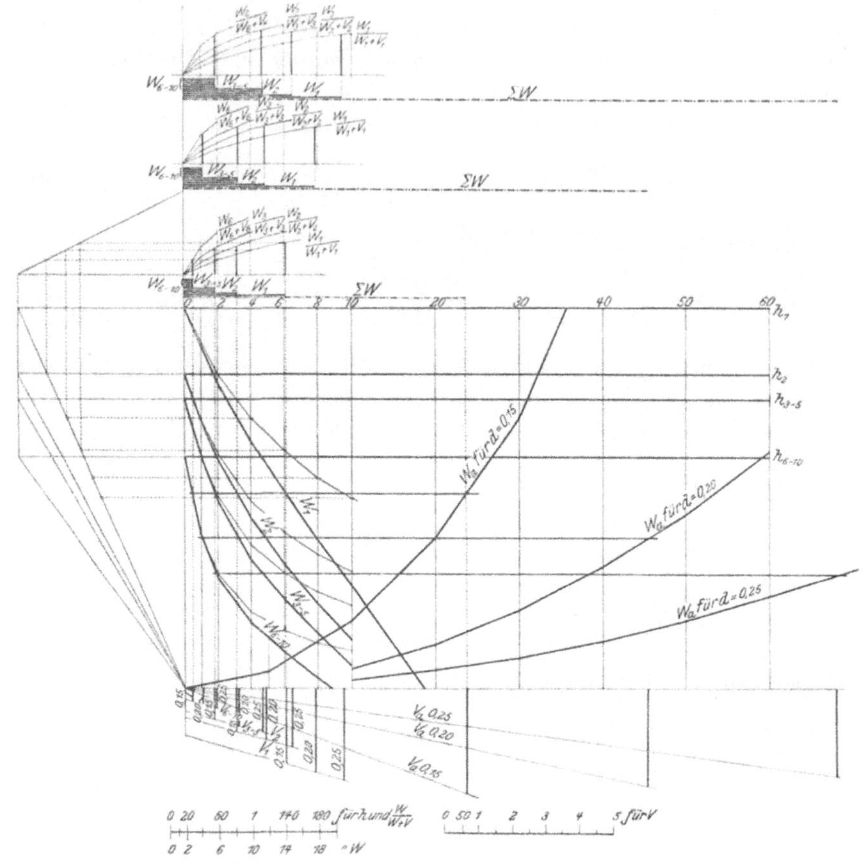

Fig. 47.

Die räumlichen Verhältnisse des Kessels sind wie folgend angenommen:

Anzahl der Rohre in einer Reihe 24
Anzahl der Rohrreihen 10
Durchschnittliche Rohrlänge . . . . 5,52 m
Außendurchmesser . . . . 0,054 m
Innendurchmesser . . . . 0,050 m
Lichtquerschnitt eines Rohres . . . . = 0,00196 m²

Folglich wird b_n

$$\text{aus Wandreibung} \quad \frac{5,25 \cdot 0,0285}{0,05} \qquad = 3,146$$

$$\text{Ein- und Ausmündung} \quad 2 \cdot 0,505 \qquad = 1,010$$

$$\overline{ \quad 4,156}$$

und

$$\frac{1 + b_n}{f^2 \cdot 10^5} = \frac{4{,}156 + 1}{0{,}00196^2 \cdot 10^5} = 13{,}42$$

Die Länge jedes der beiden Abfallrohre beträgt 9,6 m.

Es ist $\dfrac{2\,f}{24}$, bezogen auf 1 Siederohrreihe bei

Durchm. =	0,150	0,200	0,250	m
f =	0,001475	0,00262	0,00409	qm

Für 0,15 m Durchmesser wird b_a

aus der Wandreibung $\dfrac{9{,}6 \cdot 0{,}0285}{0{,}15} = 1{,}824$

aus zwei sanften Biegungen $2 \cdot 0{,}35 = 0{,}700$

Ein- und Ausmündung $2 \cdot 0{,}505 \quad = 1{,}010$

Zusammen $= 3{,}534$.

Folglich wird

$$\frac{(1 + b_a)\,4}{f^2 \cdot 10^9} = \frac{4{,}543 \cdot 4}{0{,}001475^2 \cdot 10^9} = 0{,}0081$$

für 0,20 m Durchmesser wird b_a

aus der Wandreibung $\dfrac{9{,}6 \cdot 0{,}0285}{0{,}2} = 1{,}368$

aus den Biegungen . . . . . . $= 0{,}700$

den Aus- und Einmündungen . $= 1{,}010$

$3{,}078$

folglich

$$\frac{(1 + b_a) \cdot 4}{f^2 \cdot 10^9} = \frac{4{,}078 \cdot 4}{0{,}00262^2 \cdot 10^9} = 0{,}00233$$

Schließlich wird für 0,25 m Durchmesser

Wandreibung . . $\dfrac{9{,}6 \cdot 0{,}0285}{0{,}25} = 1{,}094$

Biegungen . . . . $= 0{,}700$

Ein- und Ausmündungen . . . $= 1{,}010$

$2{,}804$

also

$$\frac{(1 + b_a) \cdot 4}{f^2 \cdot 10^9} = \frac{3{,}804 \cdot 4}{0{,}00409^2 \cdot 10^9} = 0{,}0009$$

Die Heizfläche eines Rohres beträgt

$$0{,}054 \cdot 3{,}14 \cdot 5{,}52 \cong 0{,}94 \text{ qm,}$$

die direkte Heizfläche $2 \cdot 0{,}054 = 0{,}108$ qm pro Rohr.

8*

Bei 1300^0 C Feuerraumtemperatur entfällt auf die Strahlung

$$W_s = 0,108 \cdot 4 \left[\left(\frac{1300 + 273}{100} \right)^4 - \left(\frac{197 + 273}{100} \right)^4 \right] = 26000 \, \text{WE pro Rohr}$$

Für die zweite Reihe möge $\frac{1}{4}$ von J_s angesetzt werden. Die Abgastemperatur am Ende des ersten Zuges beträgt 800^0 C. Dann wird die Wärmeaufnahme mit $k_a = 23$ für die ersten 5 Rohrreihen

$$W_b = \left(\frac{1300 + 800}{2} - 200 \right) \cdot 23 \cdot 0,94 = 18400 \, \text{WE pro Rohr.}$$

Die mittlere Rauchgastemperatur für die restlichen 5 Rohrreihen betrage 550^0 C, daher wird für dieselben

$$W_b = (550 - 200) \cdot 23 \cdot 0,94 = 7400.$$

Bei 14 Atm. Überdruck und 100^0 Speisewassertemperatur ergeben sich daher die Dampfvolumen angenähert

$$1. \quad \text{Reihe} \quad V_1 \quad = \frac{26\,000 + 18\,400}{(666 - 100) \cdot 7,40} = 10 \; \text{cbm pro Rohr.}$$

$$2. \quad\quad ,, \quad\quad V_2 \quad = \frac{\frac{26\,000}{4} + 18000}{(666 - 100) \cdot 7,4} = 6 \quad ,, \quad\quad ,, \quad\quad ,.$$

$$3.-5. \quad ,, \quad\quad V_{3-5} = \frac{18400}{(666 - 100) \cdot 7,4} = 4 \quad ,. \quad\quad ,. \quad\quad ,,$$

$$6.-10. \;,, \quad\quad V_{6-10} = \frac{7400}{(666 - 100) \cdot 7,4} = 2 \quad ,: \quad\quad ,, \quad\quad ,,$$

Es wird Summe $V_{1-10} = 38$ cbm.

Nun sind noch die Auftriebshöhen $U_1 \; U_2 \; U_3$ und U_4 zu bestimmen. Denkt man sich die ganze Wärmeaufnahme der Rohre im Schwerpunkte derselben zusammengefaßt, so ist offenbar

$$U_n = h_n \cdot (1 - g_n),$$

wobei h_n den Abstand des Schwerpunktes der Wärmeaufnahme vom Wasserspiegel bezeichnet.

Man erhält angenähert

$$\text{für Rohrreihe} \quad 1 \quad\quad h_1 \quad = 4,6$$
$$,, \quad\quad\quad ,. \quad\quad 2 \quad\quad h_2 \quad = 3,8$$
$$,, \quad\quad\quad ,, \quad\quad 3-5 \quad h_{3-5} = 3,5 \; \text{und}$$
$$,. \quad\quad\quad ,, \quad\quad 6-10 \; h_{6-10} = 2,8$$

Die Durchführung der graphischen Konstruktion ist aus Fig. 47 ohne weiteres ersichtlich.

Zu den ermittelten Werten ist zu bemerken, daß mit zunehmendem Querschnitt der Abfallrohre der Umlauf ganz erheblich wächst, aber auch bei sehr weiten Abfallrohren den ersten Siederohren nicht die ihrer Belastung entsprechenden Wassermengen zugeführt werden können. Bei vorliegendem Beispiel ist absichtlich mit einer für derartige Kessel niedrigen Feuerraumtemperatur gerechnet worden. Es ist zu bedenken, daß infolge der Überdeckung des Feuers mit einem Gewölbe die Feuerraumtemperatur sehr hoch steigen muß und nicht selten mehr als 1600⁰ C beträgt, wenn bei starker Belastung eine nahezu vollkommene Verbrennung mit sehr geringem Luftüberschuß durchgeführt wird.

e) Doppelter Steilrohrkessel. Als Beispiel für kombinierte oder mehrbündlige Steilrohrkessel möge unter Zugrundelegung der Ergebnisse einiger von W. H. Grovermann in Cincinnati mit einem in Fig. 48 dargestellten Stirlingkessel ausgeführten Versuche der Wasserumlauf derartiger Kessel berechnet werden.

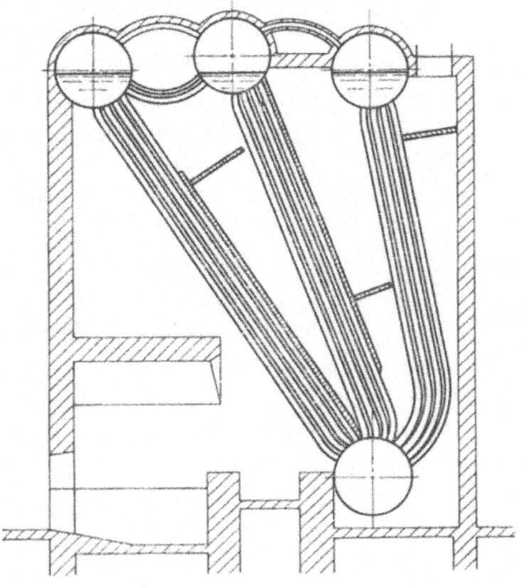

Fig. 48.

Die räumlichen Verhältnisse des Kessels sind folgende:

1. Bündel 100 Rohre von ca. 4,60 m Länge, davon 25 in einer Reihe
2.   ,,   100   ,,   ,,   ,, 4,20 m   ,,   ,,   25 ,,   ,,   ,,
3.   ,,   100   ,,   ,,   ,, 3,80 m   ..   ,,   25 ,,   ,,   ,,

Verbindung zwischen den ersten beiden Oberkesseln 50 Rohre von ca.

                                    1,4   m Länge,

Rohrdurchmesser durchweg außen 0,104 m   ,,

                      innen 0,095 m   ,,

      Dampfspannung ca. 11 Atm. Überdruck,

      Feuerraumtemperatur 1770⁰ C,

      Kohlensäuregehalt 14,88 % am Schieber,

      Abgastemperatur 330⁰ C. bei stärkster Belastung.

Schätzungsweise ergeben sich dabei folgende Temperaturen im Innern der Rohrbündel

     1. Bündel unten 1300⁰ C, oben 900⁰, Mittel 1100⁰ C,
     2.   ,,   oben   900⁰ C, unten 600⁰,   ,,   750⁰ C,
     3.   ,.   unten 600⁰ C, oben 330⁰.   ..   465⁰ C.

Das dritte Bündel nimmt am Wasserumlauf nicht teil und kommt für denselben daher nur so weit in Betracht, als es die Wassertemperatur erhöht.

Da der ermittelte Kohlensäuregehalt etwa 25 % Luftüberschuß entspricht, die Verbrennung nahezu vollkommen erfolgte, also $\eta_1 = 0,97$ anzunehmen ist und der Heizwert der Kohle 7900 WE betrug, sowie eine 10,10 fache Verdampfung erreicht worden ist, ergibt sich die Temperatursteigerung des Wassers im letzten Bündel wie folgt:

Es ist

$$Q\,c\,p = \left(1 + 1,37 \cdot \frac{7900}{1000} \cdot 1,25\right) \cdot 0,24 = 3,487$$

folglich

$$\Delta\,t = (600 - 330) \cdot \frac{3,487}{10,10} = 92^0.$$

Das Wasser trat mit einer Temperatur von rund 50^0 in das dritte Bündel, floß deshalb mit $92 + 50 = 142^0$ in die folgenden Bündelreihen. Die Rohre werden in einer Länge von 2,10 m vom Feuerraum bestrahlt.

Sie nehmen also durch Bestrahlung angenähert

$$W_0 = 2,1 \cdot 0,104 \cdot 4 \left[\left(\frac{1770 + 273}{100}\right)^4 - \left(\frac{227 \cdot 273}{100}\right)^4\right] = 140\,000 \text{ WE}$$

auf.

Die Heizfläche der Rohre beträgt im ersten Bündel $4,6 \cdot 0,104 \cdot 3,14 = 1,4$ qm, also bei $k_a \doteq 25$ die Berührungswärme

$$(1100 - 182) \cdot 2,5 \cdot 1,4 = 33\,000 \text{ WE}.$$

Folglich ist für die erste Reihe

$$V_1 = \frac{140\,000 + 33\,000}{(664 - 142) \cdot 6,03} = \frac{173\,000}{\sim 3000} = 68 \text{ cbm}.$$

Für die übrigen Rohre des ersten Bündels erhält man

$$V_{2-4} = \frac{33\,000}{\sim 3000} = 11 \text{ cbm}.$$

Die Heizfläche der Rohre des zweiten Bündels beträgt

$$4,2 \cdot 0,104 \cdot 3,14 = 1,37.$$

Also wird

$$V_{5-8} = \frac{1,37 \cdot (750 - 187) \cdot 25}{\sim 3000} = 6,4 \text{ cbm}.$$

Für die erste Rohrreihe wird, wenn der Schwerpunkt der direkten Heizfläche 5 m und der ganzen Heizfläche 3,5 m unter dem Wasserspiegel liegt

$$h_1 = \frac{5 \cdot 140\,000 + 3,50 \cdot 33\,000}{143\,000} \cong 4,70,$$

für die 2.—4. Rohrreihe

$$h_{2-4} = 3,5$$

und für das zweite Bündel

$$h_{5-8} = 2,4$$

wobei zu berücksichtigen ist, daß der obere Teil der Rohre stärker erwärmt wird als der untere und infolgedessen der Schwerpunkt der Wärmeaufnahme nach oben rückt.

Nimmt man, daß bei der ziemlich großen Umlaufsgeschwindigkeit die Dampfblasen aus dem zweiten Bündel in das erste mitgerissen werden und sich auf die Rohre desselben gleichmäßig verteilen, so berechnet sich das Gewicht der Wassersäulen im zweiten Bündel aus

$$G_5 = h_5 \cdot 1 + (h - h_5) \cdot \frac{W_5}{W_5 + V_5} \quad \ldots \ldots \quad 81)$$

Das ist aber gleich

$$G_5 = h_5 \cdot 1 + (h - h_5) \cdot \frac{\Sigma\,W}{\Sigma\,W + \Sigma\,V_5}$$

und in den verschiedenen Rohren des ersten Bündels aus

$$G_n = (h - h_n) \cdot \frac{W_n}{W_n + V_5} + h_n \cdot \frac{W_n}{W_n + V_n + V_5} \quad \cdot \quad 82)$$

Daraus folgt

$$U_n = h_5 + (h - h_5) \cdot \frac{\Sigma\,W}{\Sigma\,W + \Sigma\,V}$$
$$- (h - h_n) \cdot \frac{W_n}{W_n + V_5} - \frac{h_n \cdot W_n}{W_n + V_n + V_5} \quad \cdot \cdot \quad 83)$$

und dies muß sein gleich

$$U_n = \Sigma\,W^2 \cdot \frac{(1 + b_a) \cdot 4}{10^9 \cdot f_n{}^2} + (\Sigma\,W \cdot \Sigma\,V_5 + \Sigma\,W^2) \cdot \frac{(1 + b_5) \cdot 4}{10^9 \cdot f_5{}^2}$$
$$+ [W_n \cdot (V_n + V_5) + W_n{}^2] \cdot \frac{(1 + b_n) \cdot 4}{f_n{}^2 \cdot 10^9} \qquad 84)$$

Setzt man zur Abkürzung

$$\frac{(1 + b_a) \cdot 4}{f_n{}^2 \cdot 10^9} = A$$

$$\frac{(1 + b_5) \cdot 4}{10^9 \cdot f_5{}^2} = B$$

und

$$\frac{(1 + b_n) \cdot 4}{10^9 \cdot f_n{}^2} = C$$

so wird nach leichter Umformung

$$h_5 - \left[(h - h_n) \cdot \frac{W_n}{W_n + V_5} + \frac{h_n \cdot W_n}{W_n + V_n + V_5} + [W_n(V_n + V_5) + W_n^2] \cdot C \right] -$$

$$- \left[\Sigma W^2 (A + B) + \Sigma W \cdot \Sigma V_5 \cdot B - (h - h_5) \cdot \frac{\Sigma W}{\Sigma W + \Sigma V_5} \right] = 0, \qquad . \; 85)$$

und dies führt zu einer einfachen graphischen Auflösung nach Fig. 49,
wenn man vorstehende Gleichung noch kürzer faßt als

$$h_5 - f \cdot (W_n) - f \cdot (\Sigma W) = 0.$$

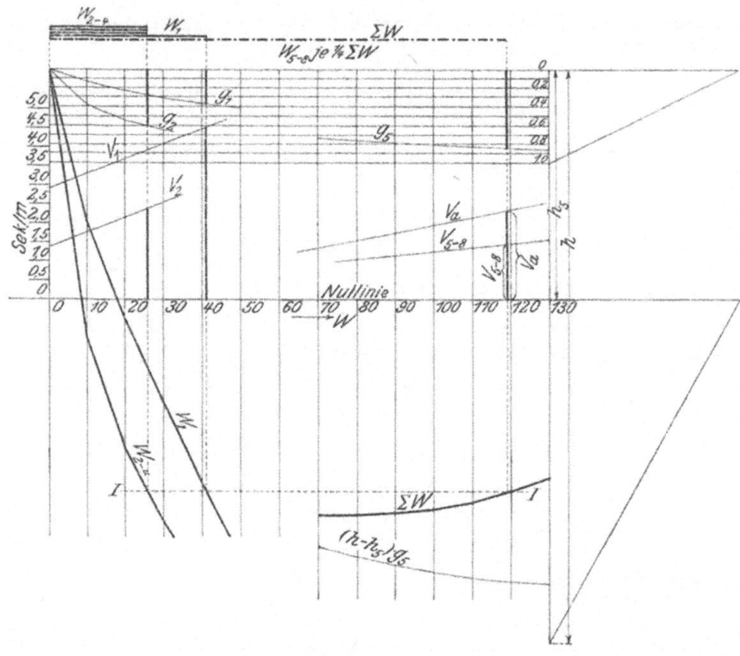

Fig. 49.

Man zeichnet die Horizontale h_5 und von dieser abwärts die W_n-Linien
gemäß

$$\left[(h - h_5) \cdot \frac{W_n}{W_n + V_5} + \frac{h_n \cdot W_n}{W_n + V_n + V_5} + [W_n(V_n + V_5) + W_n^2] \cdot C \right]$$

sowie, von der Nullinie anfangend, die ΣW-Linie nach

$$\left[\Sigma W^2 \cdot (A + B) + \Sigma W \cdot \Sigma V_5 \cdot B - (h - h_5) \cdot \frac{\Sigma W}{\Sigma W + \Sigma V_5} \right]$$

auf und zieht die Horizontale I I, deren Lage richtig gewählt ist, wenn
die von derselben auf den W-Linien abgeschnittenen Werte $n \cdot W_n$
$= \Sigma W$ werden.

Im vorliegenden Falle ist

$$b_a \text{ aus Wandreibung} \quad \frac{1,4 \cdot 0,0285}{0,095} \quad 0,420$$

$$\text{Ein und Ausmündungen} \quad 2 \cdot 0,505 \quad \underline{1,010}$$

$$\text{zusammen} \quad \overline{1,430}$$

folglich mit $f_a = 2 \cdot 0,0071 = 0,0142$

$$A = \frac{(1 + b_a) \cdot 4}{10^9 \cdot 0,0142^2} = \frac{4,81}{10^5}$$

Ferner B

$$\text{aus Wandreibung} \quad \frac{4,2 \cdot 0,0285}{0,095} = 1,26$$

$$\text{Ein- und Ausmündungen} \quad 2 \cdot 0,505 \quad = \underline{1,01}$$

$$\text{zusammen} \quad \overline{2,27}$$

folglich bei

$$f_5 = 4 \cdot 0,0071 = 0,0284 \text{ qm (4 Rohre hintereinander)}$$

$$B = \frac{(1 + b) \cdot 4}{10^9 \cdot 0,0284^2} = \frac{1,65}{10^5}$$

Ebenso C

$$\text{aus Wandreibung} \quad \frac{4,6 \cdot 0,0285}{0,095} = 1,38$$

$$\text{Aus- und Einmündungen} \quad 2 \cdot 0,505 \quad = \underline{1,01}$$

$$\text{zusammen} \quad \overline{2,39}$$

und mit

$$f_n = 0,0071 \text{ qm}$$

$$C = \frac{(1 + 2,39) \cdot 4}{0,0071^2 \cdot 10^9} = \frac{62,9}{10^5}$$

Wenn man berücksichtigt, daß infolge der hohen Feuerraumtemperatur die direkte Heizfläche kolossal angestrengt wird, so erscheint das festgestellte spezifische Gewicht des Inhaltes der ersten Rohrreihe noch als ziemlich hoch, wenigstens im Vergleich zu demjenigen des vorher behandelten einfachen Steilrohrkessels. Dies ist allein auf den größeren Durchmesser der Rohre beim Stirlingkessel zurückzuführen. Nimmt man für beide Kessel die gleichen Belastungen der direkten Heizfläche an, so kommt der Stirlingkessel wegen seiner weiten Rohre zu wesentlich günstigeren Verhältnissen als ein Steilrohrkessel der oben erwähnten Art mit engen Rohren.

f) Großwasserraumkessel. Wegen der mangelnden Dampfführung kommt in Großwasserraumkesseln ein kräftiger Wasserumlauf nicht zustande, wenn dieselben nach Fig. 39, Seite 100, symmetrisch angeordnet sind. Wird dagegen das Flammrohr auf die Seite gerückt, so bilden sich zwei Schenkel von verschiedener Dampfsättigung heraus, und folglich gewinnt der eine Schenkel das Übergewicht, so daß ein gewisser Umlauf entsteht. Derselbe ist aber an der kritischen Stelle, d. i. bei der Feuerung, sehr gering, weil dort nur der obere Teil des Rohres beheiztwird.

Man hat die verschiedensten Einrichtungen zur Beförderung des Umlaufes versucht, ohne damit gute Resultate zu erzielen. Der richtige Wasserumlauf läßt sich mechanisch überhaupt nicht gut herausbringen, denn um die ganze Wassermenge in eine gleichmäßige Bewegung zu setzen, sind ziemlich bedeutende Kräfte und vor allen Dingen große Angriffsflächen erforderlich.

Um wenigstens die allzu starke Ansammlung kalten Wassers am Boden des Kessels zu verhüten, werden dieWandungen durch den Unterzug der Gase etwas angewärmt. Bei langgebauten Kesseln mit geringer Abgastemperatur in diesen Zügen kann dadurch allerdings nicht viel erreicht werden; ist die Zugführung ganz symmetrisch, so kann sogar ein sonst vielleicht sich bildender Umlauf zur Stockung kommen.

Mit einer zweckmäßig angelegten Zugführung läßt sich dagegen bei möglichster Steigerung des Wärmeüberganges auf den Kessel-mantel ein immerhin ausreichender Um-lauf erregen. Dazu ist natürlich eine unsymmetrische Anordnung der Züge erforderlich, gegen welche der unbegründete Einwand erhoben wird, daß die Kesselwandung nicht gleichmäßig beheizt werde, und deshalb schädliche Dehnungen erleiden müsse.

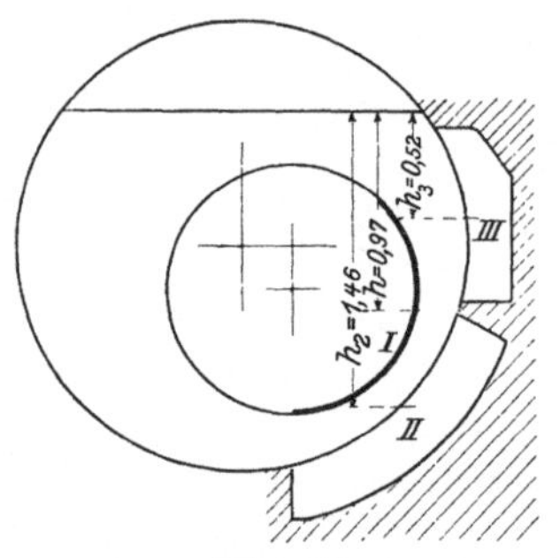

Fig. 50.

Um die Wirkung der einseitigen Züge auf den Wasserumlauf und die Ungefährlichkeit der einseitigen Beheizung des Mantels zu zeigen, soll der in Fig. 50 dargestellte Seitenflammrohrkessel durchgerechnet werden.

Es seien gegeben:

Mittlere Temperatur im Flammrohr 980⁰ C
,,   ,,   ,, 1. Zuge   680⁰ C
,,   ,.   ,. 2. Zuge   480⁰ C
Dampftemperatur . . . . 180⁰ C
Dampfgewicht 5 kg/cbm
Dampfwärme 500 WE
Der Gesamtwärmeübergangskoeffizient = 20

Ferner wird angenommen, daß für den Auftrieb nur der mit starker Linie hervorgehobene Teil, = $^3/_8$ des Flammrohrumfanges, wirksam ist und die

Dampfblasen im übrigen Teile des Umfanges, ohne den Umlauf wesentlich zu beeinflussen, nach oben abströmen. Daraus folgt bei 1270 mm äusserem Flammdurchmesser

$$V_1 = \frac{1{,}27 \cdot 3{,}14 \cdot 3/8 \cdot 20 \cdot (980 - 180)}{500 \cdot 5} = \text{rd. 10 cbm}$$

$$V_2 = \frac{1{,}2 \cdot 20 \cdot (680 - 180)}{500 \cdot 5} = \text{rd. 5 cbm}$$

$$V_3 = \frac{0{,}8 \cdot 20 \cdot (480 - 180)}{500 \cdot 5} = \text{rd. 2 cbm}$$

Es berechnet sich

$$h_n = \frac{10 \cdot 0{,}97 + 5 \cdot 1{,}46 + 2 \cdot 0{,}52}{10 + 5 + 2} = \text{rd. 1{,}05 m.}$$

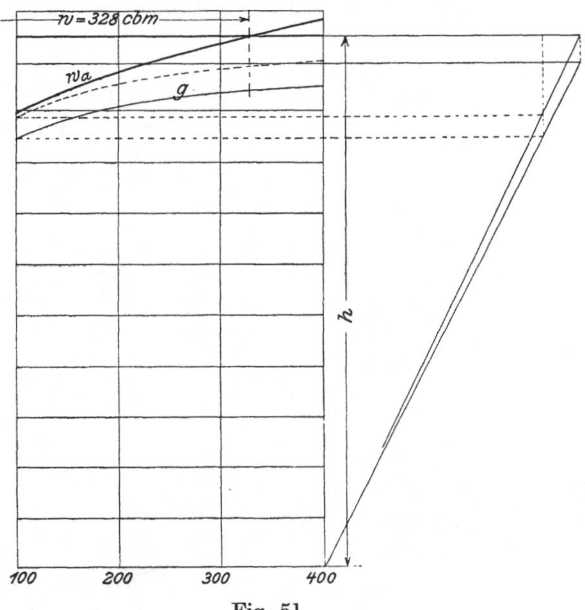

Fig. 51.

Der Umlauf ergibt sich aus

$$h_n \cdot 1 - h_n \cdot \frac{W}{W + V} - (W \cdot V + W^2) \cdot \frac{(1 + b) \cdot 4}{f^2 \cdot 10^9} = 0 \quad . \quad 86)$$

mit

$$b = 0{,}8 \text{ und}$$
$$f = 0{,}12^{1})$$

nach der in Fig. 51 gegebenen, ohne weitere Erklärungen verständlichen

---

[1]) An der engsten Stelle gemessen.

Konstruktion zu

$$W = 410 \text{ cbm pro Stunde und } \frac{W}{W + V} = 0,96.$$

Ein derartiger Umlauf kann natürlich nur zustande kommen, wenn das Flammrohr möglichst einseitig angelegt und der Mantel nur an der Seite des Flammrohres beheizt wird.

Nimmt man die Blechstärke des Mantels zu d = 2,4 cm und den Koeffizienten k_i wegen des immerhin trägen Umlaufes zu 2000 an, so ergeben sich die Oberflächentemperaturen des Mantelbleches zu

$$t_i = \frac{20}{2000} \cdot (680 - 180) + 180 = 184$$

und

$$t_a = \frac{20 \cdot 2,4}{6000} \cdot (680 - 180) + 184 = 187 \text{ Grad C.}$$

Die Erwärmung des Bleches von 4 bis 7 Grad über die mittlere Manteltemperatur ist aber ganz bedeutungslos und verschwindet gegenüber den bei mangelndem Umlauf sich ergebenden Temperaturunterschieden.

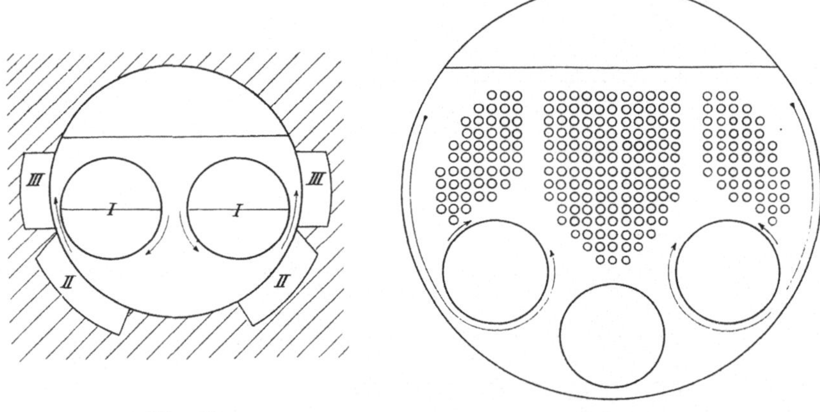

Fig. 52.   Fig. 53.

Bei einem Zweiflammrohrkessel nach Fig. 52 mit beiderseitiger Mantelbeheizung kann sich ein regelrechter Umlauf nicht einstellen, wenn die Abstände der Flammrohrwandungen untereinander und derselben vom Kesselmantel ungefähr gleich sind. Werden dagegen die Flammrohre möglichst auseinandergerückt, so daß sich zwischen beiden ein großer weiter Abfallquerschnitt bildet, so kann sich bei richtiger Wahl aller Verhältnisse und kräftiger Beheizung der seitlichen Kesselwandungen ein wirksamer Umlauf in der in Fig. 52 angegebenen Pfeilrichtung einstellen.

Die Mantelbeheizung hat natürlich nur bei ziemlich hohen Gastemperaturen einen bemerkbaren Einfluß, weshalb die die Abgastemperatur bestimmende Kessellänge den Erfordernissen des Wasserumlaufes angepaßt werden muß.

Die Berechnung des zu erwartenden Umlaufes ist mit Hilfe der oben entwickelten Verfahren im allgemeinen stets leicht und mit genügender Sicherheit durchführbar, wenn dasselbe den jeweils vorliegenden Bedingungen angepaßt wird und richtige Voraussetzungen gemacht werden.

Bei den Flammrohrkesseln mit rückkehrenden Rauchröhren hängt die Bildung eines Wasserumlaufes davon ab, ob und wie zweckmäßig bemessene und passend liegende freie Räume für den Abfall des kalten Wassers und den Aufstieg des Dampfes vorgesehen werden, so daß sich in denselben ein genügender und günstig wirkender Auftrieb einstellen kann. Dabei ist zu berücksichtigen, daß die oberen Hälften der Flammrohrwandungen über den Feuerungen die größte Dampfmenge liefern, und deshalb durch (bildlich gesprochen) Anlage von Schornsteinen über denselben ein zwangsläufiger Umlauf am ehesten erreicht werden kann. Die Fig. 53 gibt hierfür ein Beispiel.

Wirkung der Heizfläche.

a) Umlaufsflächen. Bei den hier zur Unterscheidung sogenannten Umlaufsheizflächen wird durch die Bewegung des Wassers ein praktisch vollkommener Temperaturausgleich geschaffen, und steht deshalb den Rauchgasen eine überall nahezu gleich hohe Temperatur entgegen, welche im allgemeinen gleich der Dampftemperatur gesetzt werden kann. In Wirklichkeit ist allerdings die Temperatur der mit den Gasen in Berührung gelangenden äußeren Oberfläche des Kesselbleches etwas höher als diejenige des Kesselinhaltes, jedoch kann dieser Unterschied vernachlässigt werden, soweit es sich um die Wirkung der gesamten Heizfläche handelt. Auch die bei mangelhaftem Wasserumlauf sich einstellenden geringen Temperaturunterschiede können hier füglich übergangen werden.

Bezeichnen

T die Anfangstemperatur der Gase,
T_1 Endtemperatur der Gase,
t die Temperatur des Kesselinhaltes,
k den Wärmeübergangskoeffizienten,
Q die Menge und,
cp die spezifische Wärme der Gase,
H die Heizfläche,

so erhält man nach R e d t e n b a c h e r ziemlich gut übereinstimmend mit den in der Praxis sich tatsächlich ergebenden Werten

$$T_1 = t + (T - t) \cdot e^{\frac{H : k}{Q : cp}} \quad \dots \dots \quad 87)$$

bzw.

$$H = \frac{Q \cdot c\,p}{k} \cdot \ln \frac{T - t}{T - t} \quad \dots \dots \quad 88)$$

Um die Charakteristik der Heizfläche möglichst klar zu machen, ist in Fig. 54 der Temperaturverlauf der Gase dargestellt, und zwar mit ausgezogener Linie bei mäßigem und mit punktierter Linie bei forciertem Wärmeübergange. In derselben Figur sind ferner die den betreffenden Gastemperaturen entsprechenden Belastungen der Heizfläche angegeben.

Daraus ist zu ersehen, daß sich die Belastung sehr ungleichmäßig über die Heizfläche verteilt. Dies ist besonders bei forciertem Wärmeübergange der Fall, und man kann geradezu sagen, daß durch die Forcierung des Wärmeüberganges die Leistung der Heizfläche auf den der Feuerung zunächst liegenden Teil derselben zusammengedrängt wird.

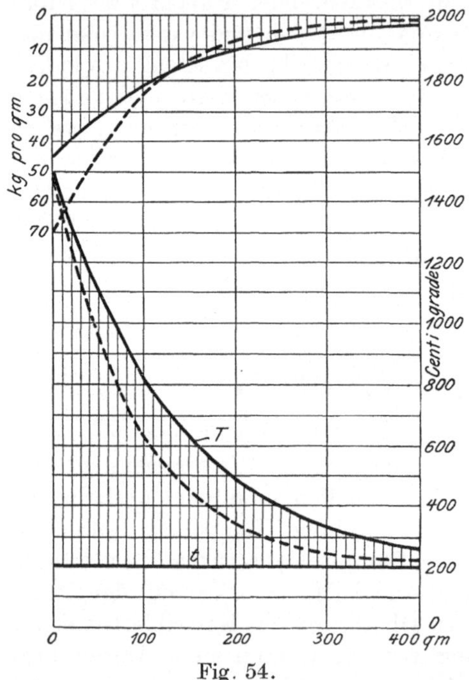

Fig. 54.

Unter solchen Umständen erscheint es durchaus falsch, die Anstrengung eines Kessels nach der mittleren Belastung der Heizfläche beurteilen zu wollen, wie es noch jetzt vielfach geschieht; denn durch Vergrößerung der Heizfläche kann die durchschnittliche Leistung verringert werden, ohne daß damit die Anstrengung des kritischen — in der Nähe der Feuerung liegenden — Teiles irgendwie geändert wird. Nebenbei bemerkt dürfen Leistung und Anstrengung der Heizfläche nicht miteinander verwechselt werden; denn unter günstigen Verhältnissen kann, wie unter Anstrengung der Heizfläche nachgewiesen wurde, eine große Leistung anstandslos aufgenommen werden, wie umgekehrt eine verhältnismäßig geringe Wärmeaufnahme sehr schädlich zu wirken vermag.

Die weitgehende Forcierung des Wärmeüberganges ist vor nicht langer Zeit von verschiedenen Kesselkonstrukteuren als billiges Mittel zur Erlangung eines (scheinbar) hohen Wirkungsgrades über Gebühr ausgenutzt worden. Indem dadurch die Leistung auf einen kleinen Teil der Heizfläche zusammengedrängt wird und andere später zu zeigende Nachteile sich ergeben, sind Kessel mit forciertem Wärmeübergange als durchaus unzweckmäßig zu bezeichnen.

Die mit einer Umlaufsheizfläche erreichbare Abgastemperatur hängt ferner von der Größe des Wertes Q·c p ab und dieser ist wiederum von der Feuerleistung sowie dem Luftüberschuß der Gase bedingt. Mit steigendem Luftüberschuß sinkt die Feuerraumtemperatur, gleichzeitig aber auch die Wirkung der Heizfläche, und daraus ergibt sich die bekannte Tatsache, daß bei hohem Luftüberschuß mit niedrigen Anfangs- und hohen Endtemperaturen der Gase, also sehr unwirtschaftlich gearbeitet wird. Fig. 55 bringt dies zur anschaulichen Darstellung.

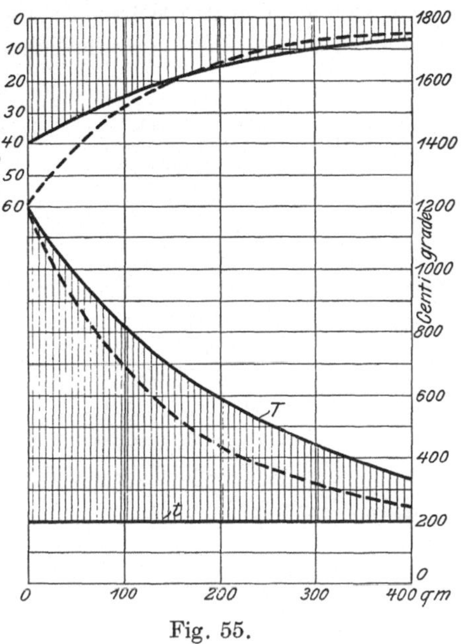

An irgendeiner Stelle der Heizfläche wächst die Gastemperatur mit zunehmender Belastung, und diese für die Zugverhältnisse sehr wichtige Zunahme ist von der Größe der vorgelagerten Heizfläche und des Wärmeübergangskoeffizienten wesentlich abhängig. Wird die Umlaufsheizfläche sehr groß gemacht, so ändert sich mit steigender Belastung die Abgastemperatur nur wenig, namentlich bei forciertem Wärmeübergange, und kann deshalb eine halbwegs selbsttätige Zugregulierung nicht zustande kommen. Durch richtige Begrenzung der Umlaufsheizfläche und des Wärmeüberganges läßt sich dagegen — wie aus den Fig. 56,57 ohne weiteres zu ersehen ist — der Auftrieb des Schornsteines sehr günstig beeinflußten. In der Regel fällt die für den Schornstein günstigste Begrenzung mit derjenigen zusammen, welche einen denkbar hohen Wirkungsgrad der Heizfläche bei geringster Gesamtgröße der letzteren ergibt.

Näheres hierüber folgt weiter unten.

Zum Vergleich sind in Fig. 57 die Linien unter Annahme eines geringen und in Fig. 56 eines hohen Luftüberschusses berechnet.

b) Strömungsheizflächen. Bei den sogenannten Strömungsheizflächen nimmt die Temperatur des Wassers oder Dampfes in dem Maße zu, wie sich infolge der Wärmeabgabe die Gastemperatur vermindert; man hat also mit einer veränderlichen Temperatur der Heizfläche zu rechnen.

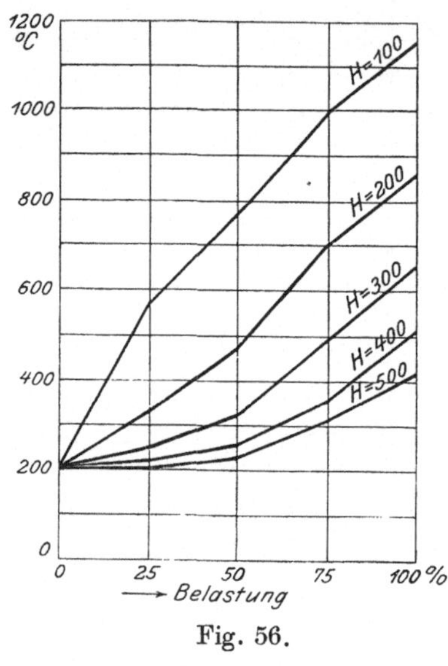

Fig. 56.

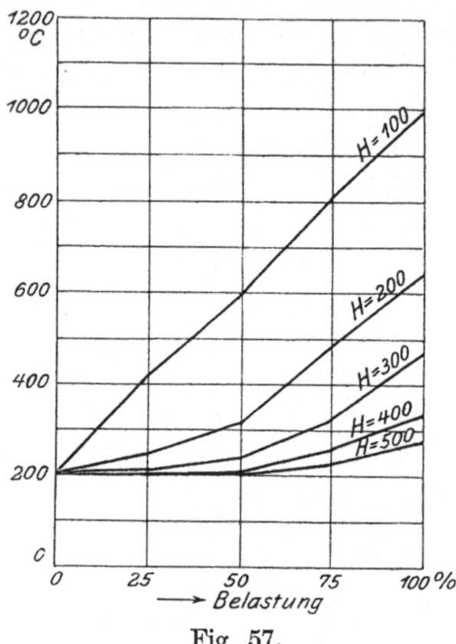

Fig. 57.

Die verschiedenen hauptsächlich vorkommenden Anordnungen der Strömungsheizfläche sind in Fig. 58 I bis IV dargestellt.

Dabei bezeichnen

T_a die Anfangstemperatur und gleichzeitig den Eintritt der Gase
T_e ,, Endtemperatur ,, ,, ,, Austritt ,, ,,
t_e ,, Endtemperatur ,, ,, ,, Austritt des Wass.
t_a ,, Anfangstemperatur ,, ,, ,, Eintritt ,, ,,
oder Dampfes.

Fig. 58 I zeigt den reinen Gegenstrom, welcher theoretisch die günstigste Wärmeausbeute ergibt. Der in Fig. 58 II dargestellte Querstrom steht dem Gegenstrom theoretisch etwas nach, bietet dafür aber andere wesentliche Vorteile. Die in Fig. 58 III gezeigte Anordnung in hintereinander geschalteten Gruppen vereinigt bei richtiger Durchbildung die Vorzüge der Systeme I und II. Bei Überhitzern ist die Schaltung nach Fig. 58 IV üblich und dazu bestimmt, die mit den heißesten Gasen in Berührung kommenden Teile des Überhitzers durch den Sattdampf zu kühlen.

Die Berechnung aller vier Anordnungen kann mit Hilfe der nachstehend entwickelten Formeln durchgeführt werden.

Bezeichnen

T_a die Anfangstemperatur der Rauchgase,

T_e die Endtemperatur der Rauchgase,

t_a die Anfangstemperatur des Wassers oder Dampfes,

t_e die Endtemperatur des Wassers oder Dampfes,

k den Wärmeübergangskoeffizienten,

H die Heizfläche,

Q die Menge und,

cp die spezifische Wärme der Rauchgase,

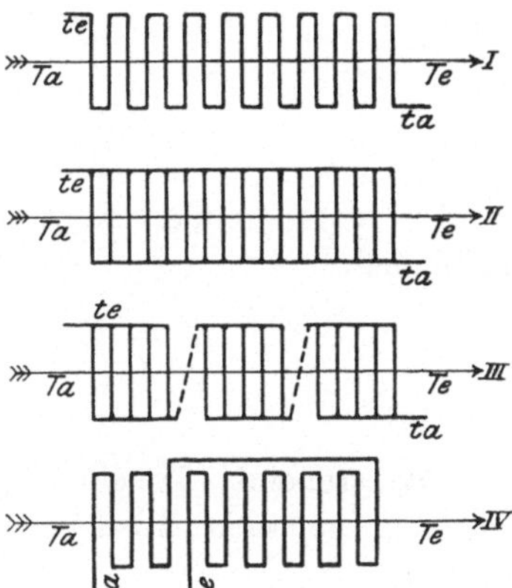

Fig. 58.

D die Menge und,

cp_1 die spezifische Wärme des Wassers oder Dampfes,

so wird bei der Verwärmung von Wasser

$$J = D \cdot (t_e - t_a) = Q\,c\,p \cdot (T_a - T_e) = H\,k \left(\frac{T_a - t_e + T_e - t_a}{2} \right) \qquad 89)$$

Daraus folgt

$$J = \frac{T_a - t_a}{R} \quad \cdots \cdots \cdots \quad 90)$$

wobei

$$R = \frac{1}{H\,k} + \frac{1}{2\,Q\,c\,p} + \frac{1}{2\,D} \quad \cdots \cdots \quad 91)$$

zu setzen ist

Ferner findet man

$$T_e = T_a - \frac{T_a - t_a}{Q\,c\,p \cdot R}$$

$$= T_a - \frac{T_a - t_a}{\dfrac{Q\,c\,p}{H\,k} + \dfrac{1}{2} + \dfrac{Q\,c\,p}{2\,D}} \quad \cdots \quad 92)$$

ebenso

$$t_e = t_a + \frac{T_a - t_a}{D \cdot R}$$

$$= t_a + \frac{T_a - t_a}{\dfrac{D}{H\,k} + \dfrac{1}{2} + \dfrac{D}{2\,Q\,c\,p}} \quad \cdots \quad 93)$$

Endlich findet man

$$H = \frac{Q\,c\,p}{2 \cdot k} \cdot \frac{(T_a - T_e)}{T_a + T_e - t_e - t_a} \quad \ldots \ldots \quad 94)$$

bzw.

$$= \frac{D}{2\,k} \cdot \frac{t_e - t_a}{T_a + T_e - t_e - t_a} \quad \ldots \ldots \quad 94\,\text{a})$$

Die vorstehenden Formeln sind nur angenähert richtig. Genau ergibt sich

$$J = H\,k \cdot \frac{(T_a - t_e) - (T_e - t_a)}{\ln \dfrac{T_a - t_e}{T_e - t_a}} \quad \ldots \ldots \quad 95)$$

Nachstehende Tabelle zeigt die Abweichung der Näherungsformel von dem genauen Ausdruck und kann zur Richtigstellung benutzt werden.

$\dfrac{T_a - t_e}{T_e - t_a} \ \ldots \ldots = \Big\{$	I	1,5 $^2/_3$	2 $^1/_2$	3 $^1/_3$	4 $^1/_4$	5 $^1/_5$	10 $^1/_{10}$	100 $^1/_{100}$
$\dfrac{J \ (\text{angenähert})}{J \ (\text{genau})} = a =$	I	1,014	1,038	1,099	1,154	1,210	1,410	2,35

Es wird dabei

$$R = \frac{a}{H \cdot k} + \frac{I}{2 \cdot Q\,c\,p} + \frac{I}{2 \cdot D}$$

und dementsprechend

$$T_e = T_a - \frac{T_a - t_a}{\dfrac{a \cdot Q\,c\,p}{H \cdot k} + \dfrac{1}{2} + \dfrac{Q\,c\,p}{2 \cdot D}} \quad \ldots \ldots \quad 92\,\text{a})$$

sowie

$$t_e = t_a + \frac{T_a - t_a}{\dfrac{a \cdot D}{H \cdot k} + \dfrac{1}{2} + \dfrac{D}{2 \cdot Q\,c\,p}} \quad \ldots \ldots \quad 93\,\text{a})$$

Für Dampf findet man aus

$$J = D\,c\,p_1\,(t_e - t_a) = Q\,c\,p\,(T_a - T_e) = H\,k \frac{(T_a - t_e + T_e - t_a)}{2} \quad 96)$$

$$T_e = T_a - \frac{T_a - t_a}{\dfrac{Q\,c\,p}{H\,k} + \dfrac{1}{2} + \dfrac{Q\,c\,p}{2 \cdot D\,c\,p_1}} \quad \ldots \ldots \quad 97)$$

$$t_e = t_a + \frac{T_a - t_a}{\dfrac{D\,c\,p}{H\,k} + \dfrac{1}{2} + \dfrac{D\,c\,p_1}{2\,Q\,c\,p}} \quad \ldots \ldots \quad 98)$$

$$H = \frac{Q \, c \, p}{2 \, k} \frac{(T_a - T_2)}{(T_a + T_e - t_a - t_2)} \quad \cdots \cdots \; 99)$$

bzw.

$$H = \frac{D \, c \, p_1}{2 \, k} \frac{t_e - t_a}{(T_a + T_2 - t_a - t_e)} \quad \cdots \cdots \; 99\,a)$$

Dieselben Formeln gelten auch für den Fall, daß die Gase und das die Wärme aufnehmende Wasser bzw. der Dampf in gleicher Richtung strömen. In diesem Falle ist aber die Annäherung weniger genau, und muß deshalb stets eine Kontrolle der Resultate anhand der Formeln 92a bezw. 93a stattfinden.

Bei der Berechnung von Überhitzern sind zuweilen Q, $c \, p$, T_a, t_a und t_e bekannt, während T_e und D gesucht werden. Man findet dann

$$T_e = T_a - \frac{T_a \cdot 2 - t_a - t_e}{\dfrac{2 \cdot Q \, c \, p}{H \cdot k} + 1} \quad \cdots \cdots \; 98\,c)$$

bzw.

$$T_e = T_a - \frac{2 \cdot T_a - t_a - t_e}{\dfrac{2 \cdot a \cdot Q \, c \, p}{H \cdot k} + 1}$$

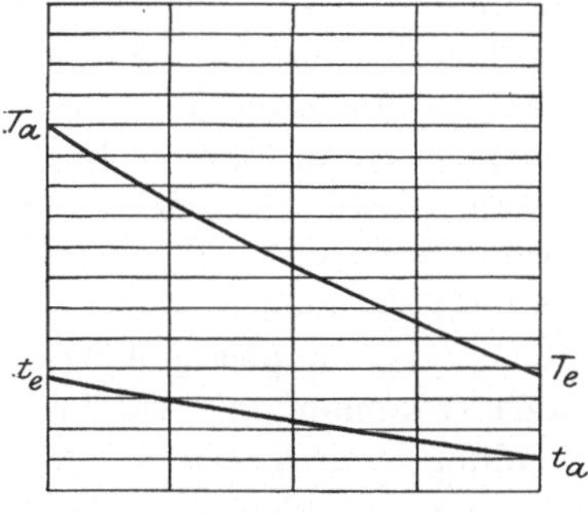

Fig. 59.

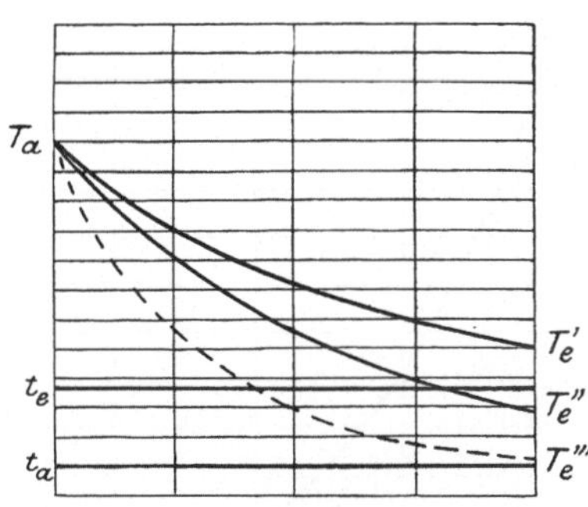

Fig. 60.

Beim Querstrome nach Fig. 58 II ist zu berücksichtigen, daß sich am oberen und unteren Ende der Rohre ganz verschiedene Abgastemperaturen einstellen. Fig. 59 zeigt den Temperaturverlauf bei Gegenstrom und Fig. 60 denselben bei Querstrom. Um die Abgastemperaturen bei Querstrom ermitteln zu können, ist es erforderlich, einige Annahmen zu machen.

Das Wasser strömt durch alle Rohrreihen gleichzeitig, und da letztere entsprechend dem abnehmenden Temperaturgefälle verschiedene Wärmemengen aufnehmen, muß eine verschiedenartige Erwärmung des Wassers in den einzelnen Rohren erfolgen. Weil aber bei der geringen Geschwindigkeit des Wassers die Bewegungswiderstände verschwindend klein sind, ist anzunehmen, daß infolge des Auftriebes des durch die Erwärmung leichter gewordenen Wassers sich der Wasserzufluß auf die einzelnen Rohre nach Maßgabe der Wärmezufuhr verteilt und somit in allen Rohren eine angenähert gleiche Temperatursteigerung des Wassers einstellt.

Es herrschen also am unteren Ende der Rohre die Temperatur t_a und am oberen Ende durchweg t_a und liegen in bezug hierauf die gleichen Verhältnisse vor wie bei den Umlaufheizflächen. Daraus folgt

$$T_e \text{ (oben)} = t_e + (T_a - t_e) \cdot e^{-\frac{H \cdot k}{Q \cdot c\, p}} \quad \ldots \quad 100)$$

und

$$T_e \text{ (unten)} = t_a + (T_a - t_a) \cdot e^{-\frac{H \cdot k}{Q \cdot c\, p}} \quad \ldots \quad 101)$$

Die sich hieraus bei schwachem Betriebe ergebende geringe Temperatur der am unteren Ende der Rohre entlang streichenden Gase bietet eine gewisse Gefahr, weil damit der Kondenspunkt des in den Gasen enthaltenen Wassers überschritten werden kann und in diesem Falle das Wasser an den Rohren niederschlägt, was ein Anrosten der Rohre zur Folge haben kann[1]). Diese Gefahr wird bei den Anordnungen nach Fig. 58 I und III vermieden.

c) **Verdampfer und Vorwärmer kombiniert.** Die Verbindung von Umlaufs- und Strömungsheizflächen bietet wesentliche Vorteile, welche schon frühzeitig erkannt wurden und zu der allerdings nicht vollständig rationellen Anwendung der bezeichnender weise Economizer[2]) genannten Vorwärmer führten.

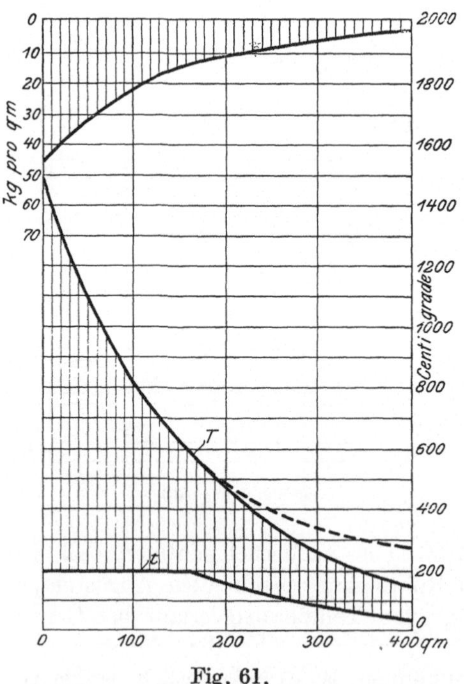

Fig. 61.

Es entsteht nun die Frage, bei welcher gegenseitigen Abgrenzung der beiden Heizflächenarten das höchste wirtschaftliche Resultat zu erzielen ist.

---

[1]) Vergleiche die Tafel auf S. 25.
[2]) Sparer.

Geht man von dem Temperaturgefälle aus, so ist leicht einzusehen, daß diese am größten wird, wenn in dem Vorwärmer die ganze Flüssigkeitswärme und von der Umlaufsheizfläche nur die latente Wärme aufgenommen wird; denn in diesem Falle wird der ein geringes Temperaturgefälle aufweisende Teil der Umlaufsheizfläche tunlichst eingeschränkt. Es ergibt sich dann das in Fig. 61 dargestellte Schema des Temperaturverlaufes, wobei die punktierte Linie andeutet, wie die Ausnutzung der Rauchgaswärme durch richtige Teilung der Heizfläche ohne Vergrößerung derselben gesteigert werden kann. In diesem Falle kann man füglich die Umlaufsheizfläche mit Verdampfer und die Strömungsheizfläche als Vorwärmer bezeichnen.

Es ist zu beachten, daß eine Dampfbildung in den Vorwärmern unbedingt vermieden werden muß, da sonst der mit Dampf gefüllte Teil der Heizfläche wegen der verschwindend geringen Geschwindigkeit des Wassers bzw. Dampfes stark erhitzt werden könnte. Deshalb muß die Teilung so vorgenommen werden, daß auch im ungünstigsten Falle im Vorwärmer die Wassertemperatur etwas unter der Dampftemperatur verbleibt.

Bezeichnen

Z_t den Temperaturwert der Gase (siehe Seite 41),
T_0 die Endtemperatur der Gase,
q die Flüssigkeitswärme des Dampfes,
r die Verdampfungswärme,
die Gesamtwärme des Dampfes,

so erhält man die zulässige Höchsttemperatur der an den Vorwärmer gelangenden Gase

$$T_a = Z_t - (Z_t - T_0) \cdot \frac{r + ü}{\lambda + ü - t_0} \quad \ldots \ldots \quad 102)$$

bzw.

$$T_a = T_0 + (Z_t - T_0) \cdot \frac{q - t_0}{\lambda + ü - t_0} \quad \ldots \ldots \quad 102a)$$

Es ist zu berücksichtigen, daß mit steigendem Luftüberschuß der Wert Z_t abnimmt, T_0 dagegen wächst, und demnach ist T_a für den höchst vorkommenden Luftüberschuß und die stärkste Belastung der Anlage passend zu bemessen, wobei, wenn mehrere Verdampfer einen gemeinsamen Vorwärmer haben, noch der Fall zu berücksichtigen ist, daß zuweilen nur ein Verdampfer vollbelastet auf den Vorwärmer arbeitet.

d) Eingebaute Überhitzer. Die Gase müssen die vorgelagerte Umlaufsheizfläche bestreichen und einen Teil ihrer Wärme an diese abgeben, bevor sie mit dem Überhitzer in Berührung kommen.

Bezeichnen

T_r die Feuerraumtemperatur,

H_u die Größe der vorgelagerten Umlaufsheizfläche,

k   den Gesamt-Wärmeübergangskoeffizienten und

t   die Oberflächentemperatur derselben,

Q   die Menge der Gase in kg pro kg Kohle,

B   die stündlich verfeuerte Kohlenmenge in kg,

ü   die Überhitzungswärme in WE/kg,

$t_ü$ die Überhitzungstemperatur,

so ergibt sich die Gastemperatur vor dem Überhitzer nach Formel 87, S. 126 zu

$$T_a = t + (T_r - t) \cdot e^{-\frac{H_u \cdot k}{B \cdot Q c p}}$$

und daraus die Gastemperatur hinter dem Überhitzer

$$T_e = T_a - \frac{ü}{Q c p}$$

Somit wird gemäß Formel 94, S. 130 die erforderliche Heizfläche des Überhitzers, wenn $k_ü$ den Gesamt-Wärmeübergangskoeffizienten derselben bezeichnet,

$$H_ü = \frac{2 \cdot B \cdot Q c p}{k_ü} \cdot \frac{T_a - T_e}{T_a + T_e - t - t_ü}$$

Mit den vorstehenden Ausdrücken und den Formeln 97—99 läßt sich die Größe und Wirkung des eingebauten Überhitzers einfach berechnen.

Wie allgemein bekannt ist und aus den obigen Formeln leicht ersehen werden kann, hängt die mit einem gegebenem Überhitzer erreichbare Dampftemperatur sehr wesentlich von der Größe $B \cdot Q$ cp ab. Die Überhitzung ändert sich also mit der Belastung des Kessels und der Größe des Luftüberschusses der Rauchgase. Wird der Luftüberschuß durch Anwendung rationeller Feuerungsmethoden eingeschränkt, so sinkt trotz der höheren Feuerraumtemperatur die Überhitzung zuweilen ganz beträchtlich.

Die Abhängigkeit der Dampftemperatur von der Kesselbelastung und der Güte der Verbrennung ist als ein sehr bedeutender Nachteil der eingebauten Überhitzer zu bezeichnen, denn bei starker Belastung können sich daraus unzulässig hohe Dampftemperaturen ergeben, während die bei schwachem Durchschnittsbetriebe eintretende geringe Überhitzung den Dampfverbrauch wesentlich zu steigern und dadurch das Betriebsresultat entsprechend zu verschlechtern vermag.

Infolgedessen ist in verschiedener Weise versucht worden, die Überhitzung von der Belastung des Kessels unabhängig zu machen; jedoch konnte bisher kein rechter Erfolg erzielt werden, weil die dazu dienlichen Hilfsmittel unsicher wirken und andere Schäden nach sich ziehen.

Am häufigsten ist die Anwendung von Drehklappen vor und hinter den Überhitzern, mit welchen der Gasstrom zu denselben und dadurch der Überhitzungsgrad nach Bedarf eingestellt werden soll. Da diese Klappen von den heißen Gasen umspült werden, brennen sie leicht fest, so daß sie namentlich nach einer starken Belastung des Kessels überhaupt nicht mehr zu bewegen sind.

Daneben wird die Beimischung von gesättigtem Dampf zur Verminderung bzw. Regelung der Überhitzungstemperatur verwendet. Bei den hohen Geschwindigkeiten und ungünstigen Verhältnissen für eine völlige Durchmischung des Gemenges ist der Temperaturausgleich sehr unvollkommen, und es können deshalb hoch überhitzte Teilchen vor die Maschinen gelangen. Dadurch wird der Erfolg einer derartigen Einrichtung zum mindesten stark in Frage gestellt. Überdies besteht immer die große Gefahr, daß die durch Mischleitung bei plötzlichen Belastungsstößen aus dem Kessel Wasser in die Leitungen übergerissen werden kann.

Die vorstehend aufgeführten Mängel der eingebauten Überhitzer machen sich erklärlicherweise umso fühlbarer, je höher die Überhitzung gesteigert wird, und je höhere Belastungsschwankungen von den Kesseln aufzunehmen sind. In kleinen Anlagen mit mäßiger Überhitzung und annähernd gleichmäßiger Belastung treten diese Mängel weniger hervor, weshalb in solchen Fällen der eingebaute Überhitzer durchaus am Platze ist, wohingegen sonst der direkt befeuerte unbedingt den Vorzug verdient.

Die hauptsächlich von Laien geäußerte bzw. auf diese zugeschnittene Ansicht, wonach der Betrieb eingebauter Überhitzer nichts kostet, weil dieselben den Wirkungsgrad des Kessels entsprechend steigern, ist natürlich ganz haltlos. Wenn bei alten, sehr unrationell ausgebildeten und betriebenen Anlagen eine gewisse Verbesserung des Wirkungsgrades konstatiert worden ist, so darf dies fast ausschließlich der bei der Bedienung der umgebauten Anlage angewendeten Sorgfalt zugeschrieben werden.

e) Direkt befeuerte Überhitzer ohne Vorlage. Gemäß III 2 c dürfen die Überhitzerrohre der strahlenden Wärme des Feuers nicht ausgesetzt werden, die zugehörigen Feuerungen sind daher mit allseitig von Rückstrahlflächen umgebenen Verbrennungsräumen auszustatten. In solchen ergeben sich aber nach II 5 a und c sehr hohe Feuerraumtemperaturen, wenn die Verbrennung nahezu vollkommen und mit geringem Luftüberschuß durchgeführt wird. Dies ist die wesentliche Ursache der bei Überhitzern der hier besprochenen Art nicht selten auftretenden schnellen Zerstörung des Mauerwerkes und der Rohre.

Wie unter II 3 c gezeigt ist, hängt die Verbrennungstemperatur sehr wesentlich von der Größe des zugeführten Luftüberschusses ab. Damit ist ein einfaches und stets zum Ziele führendes Mittel zur Verhütung der erwähnten Schäden gegeben. Es ist nur nötig, den Luftüberschuß so weit zu erhöhen, daß die als gefährlich erkannte Feuerraumtemperatur unterschritten wird.

Die überschüssige Luft kann entweder in oder hinter der Feuerung den Gasen zugeführt werden. Von der letztgenannten Anordnung wird neuerdings bei direkt befeuerten, zur Verarbeitung hochwertiger und

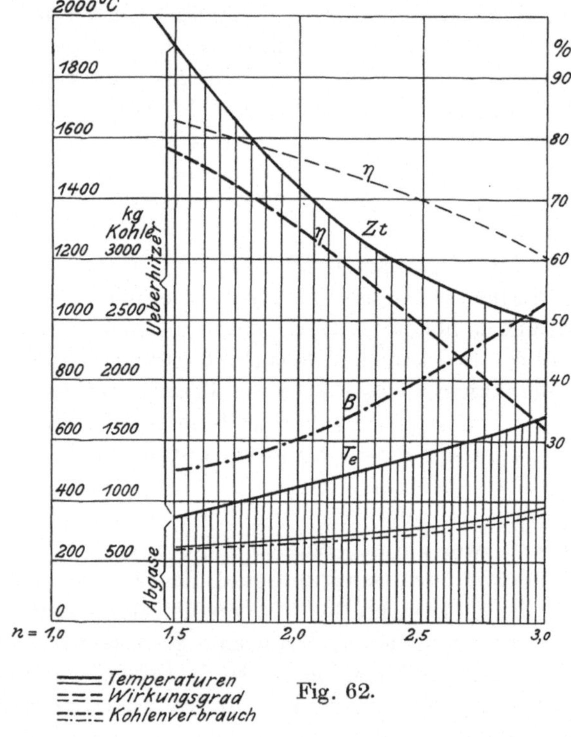

Fig. 62.

sehr empfindlicher Nährstoffe dienenden Trocknern ein ausgedehnter Gebrauch gemacht. Die sekundäre Luft wird durch in den Feuerungswänden ausgesparte Kanäle einer hinter der Feuerung liegenden geräumigen Kammer zugeführt und in dieser mit den Gasen vermischt.

Da die Überhitzung einen verhältnismäßig kleinen, 12 % des gesamten Wärmeaufwandes selten erreichenden Teil des letzteren ausmacht, hat der im Überhitzer verbrauchte größere Luftüberschuß keinen erheblichen Einfluß auf das ökonomische Ergebnis der Anlage. Allerdings kann zuweilen die sich aus den verhältnismäßig großen Gasmengen ergebende stärkere Belastung der dahinter liegenden Vorwärmer, Rauchkanäle und Schornsteine ins Gewicht fallen.

Um den bestimmenden Einfluß des in diesem Falle sehr wichtigen und notwendigen Luftüberschusses möglichst klar zu veranschaulichen, sind in Fig. 62 die Feuerraum- und Abgastemperaturen sowie der Kohlenverbrauch und Wirkungsgrad eines direkt befeuerten Überhitzers abhängig vom Luftüberschuß aufgetragen. Dabei entsprechen die starken Linien einer Belastung des Überhitzers von etwa 100 kg/qm, während die schwachen Linien für eine annähernd halb so hohe Belastung gelten. Der Verlauf der Feuerraumtemperatur zeigt ganz deutlich, daß derartige Überhitzer einen zu geringen Luftüberschuß nicht vertragen. Sofern entsprechend IV 5 a für eine richtige Verteilung des Wärmeüberganges gesorgt wird, genügt dagegen die doppelte bis zweieinviertelfache theoretische Luftmenge vollkommen. Wird der Überschuß darüber hinaus gesteigert, so wachsen der Kohlenverbrauch und die Gasmenge sehr schnell und stark.

Unerläßlich ist eine nahezu vollkommene Verbrennung im Feuerraume; denn sobald Kohlenoxyde in die Überhitzerkammer gelangen, können sich äußerst schädlich wirkende Nachverbrennungen einstellen. Sofern die gewählte Feuerungskonstruktion den Betriebsverhältnissen angepaßt und der Verbrennungsraum richtig angelegt wird, ist in dem allseitig wärmedicht geschlossenen Verbrennungsraume eine tadellose Verbrennung aber auch leicht zu erreichen.

Wie dies bei den erwähnten Trocknern allgemein geschieht, bei welchen es im Interesse des Trockengutes auf die Erhaltung gewisser Grenztemperaturen außerordentlich ankommt, empfiehlt es sich, die direkt beheizten Überhitzer mit aufschreibenden und möglichst empfindlichen Gasprüfern und Thermometern auszurüsten. Als ziemlich sicherer Anhalt für den Betrieb kann der Kohlensäuregehalt der Abgase dienen. welcher etwa 7—8 % betragen soll.

Nebenbei bemerkt, verdeutlicht Fig. 62 sehr gut den auf Seite 127 mitgeteilten Erfahrungssatz, wonach sich bei hohem Luftüberschuß niedrige Anfangs- und hohe Endtemperaturen ergeben.

f) Direkt befeuerte Überhitzer mit Vorlage. Die unter d) behandelten Überhitzer erfordern, wie leicht einzusehen ist, eine ziemlich aufmerksame Bedienung. Sie haben auch den Nachteil eines ungenügenden Wirkungsgrades. Bei einer vorhandenen Anlage läßt sich in der gezeigten Weise zwar ein anstandsloser Betrieb sichern; dahingegen erscheint es im Falle einer Neuanlage geboten, die Begrenzung der Feuerraumtemperatur durch Einrichtungen zu erzwingen, welche weniger Aufmerksamkeit erfordern und den ökonomischen Effekt nicht beeinträchtigen.

Dazu bietet die Vorlage einer passend bemessenen Umlaufsheizfläche ein durchaus vorteilhaftes Hilfsmittel, indem dieselbe, als Abstrahlfläche wirkend, die Feuerraumtemperatur nicht über eine gewisse Grenze steigen läßt. Dadurch wird die Möglichkeit geschaffen, den Feuerungsbetrieb unabhängig von der Eigenart des Überhitzers rationell zu gestalten, so daß nur noch auf die der verlangten Überhitzung entsprechende Feuerleistung zu achten verbleibt.

Um die günstige Wirkung und einfache Ermittlung der passenden, dem Überhitzer vorgelagerten Umlaufsheizfläche zu zeigen, soll nachstehend ein Beispiel zahlenmäßig durchgerechnet werden.

Es seien gegeben

W der Heizwert des Brennmaterials . . . = 7500 WE/kg
n die Luftüberschußziffer . . . . = 1,4
t_1 die Lufttemperatur . . . . = 20° C
t_a die Eintrittstemperatur des Speisewassers = 105,69° C
    die Dampfspannung (Überdruck) . . . . 13 Atm,
       somit die gesamte Wärme des gesättigten
         Dampfes = 665,69 − t_a . . . . . . = 560 WE/kg
t die Dampftemperatur . . . . = 194° C
$t_{ü}$ die Überhitzungstemperatur . . . . . = 380° C
$c\,p$ die spezifische Wärme der Gase . . . = 0,25
$c\,p_{ü}$ die spezifische Wärme des überhitzten
       Dampfes . . . . = 0,52
       folglich die Überhitzungswärme ü . . . = 97 WE/kg

Es ergibt sich

$$Q\,c\,p = \left(1 + 1{,}37 \cdot \frac{7500}{1000} \cdot 1{,}4\right) \cdot 0{,}25 = \text{rd. } 3{,}85$$

und mit Formel 32, S. 41 der Temperaturwert der Gase

$$Z\,t = \frac{7500 \cdot 0{,}97}{3{,}85} + 20 = \text{rd. } 1920,$$

sofern der Wirkungsgrad der Verbrennung gleich 0,97 angenommen werden kann. Wird bei maximaler Belastung des Überhitzers eine Feuerraumtemperatur von $T_r = 1400°$ C und eine Abgastemperatur von 400° C zugelassen, so berechnet sich die stündlich zu verfeuernde Brennmaterialmenge mit

$$B = \frac{80\,000 \cdot 97}{3{,}85 \cdot (1400 - 400)} = \text{rd. } 2000 \text{ kg.}$$

Daraus folgt mit Formel 57 auf S. 61 die zur Einhaltung der verlangten Feuerraumtemperatur notwendige Größe der Abstrahlfläche zu

$$f = 2000 \cdot \frac{7500 \cdot 0{,}97 + 350 - 1400 \cdot (3{,}85 + 0{,}7)}{1400 \cdot 330 - 240\,000} = \text{rd. } 12 \text{ qm,}$$

Die von der Vorlage erzeugte Dampfmenge wird allgemein

$$D_v = \frac{B \cdot Q c p}{560} \cdot (Z t - T_r)$$

also bei maximaler Belastung des Überhitzers

$$D_v = \frac{2000 \cdot 3,85}{560} \cdot (1920 - 1400) = \text{rd. } 7100 \text{ kg/Std.}$$

Wird der Gesamt-Wärmeübergangskoeffizient des Überhitzers bei maximaler Belastung mit 18 angenommen, so ermittelt sich die erforderliche Heizfläche nach Formel 94, S. 130, zu

$$H_ü = \frac{80000 \cdot 97 \cdot 2}{18 \cdot (1400 + 400 - 194 - 380)} = \text{rd. } 710 \text{ qm.}$$

Bei einem Mantelverlust von 3 % wird der Gesamtwirkungsgrad des Überhitzers samt der Vorlage

$$= 0,97 \cdot (1 + 0,03) \cdot \left(1 - \frac{400}{1920}\right) = \text{rd. } 0,74.$$

Für darunter liegende Belastungen des Überhitzers findet man mit Formel 56, S. 61

$$T_r = \frac{7500 \cdot 0,97 + 12 \cdot \dfrac{240000}{B} + 350}{3,85 + 12 \cdot \dfrac{330}{B} + 0,7}$$

D_v wie oben und die Endtemperatur der Gase mit Formel 98c, S. 131

$$T_e = T_r - \frac{2 \cdot T_r - (194 + 380)}{\dfrac{2 \cdot B \cdot Q c p}{k_ü} + 1}$$

und daraus die auf 380⁰ C mit der Brennstoffmenge B zu überhitzende Dampfmenge

$$D_ü = \frac{B \cdot Q c p}{97} \cdot (T_r - T_e)$$

Zunächst kann schätzungsweise angenommen werden, daß sich B im Verhältnis zu $D_ü$ ändert.

Man erhält

	mit B =	500	1000	1500	2000 kg/Std.
	T_r =	1070	1240	1315	1400⁰ C
	D_v =	2920	4650	6220	7100 kg/Std.
ferner mit	$k_ü$ =	10	12	15	18
und mit	a[1]) =	1,61	1,28	1,15	1
	T_e =	240	350	390	400⁰ C

---

[1]) Siehe S. 130.

folglich $D_{\ddot{u}}$ = 16500   35200   54800   80000 kg/Std.

$D_{\ddot{u}}/D_v$ =   5,65   7,6   8,85   11,3

$D_{\ddot{u}}/B$ =   33   35,2   36,6   40

η =   0,82   0,77   0,75   0,74

wobei eine Feuerung vorausgesetzt ist, welche innerhalb der angenommenen Belastungsgrenzen einen annähernd konstanten Wirkungsgrad hat, was allerdings nur für gut gebaute und den Verhältnissen angepaßte Konstruktionen zutrifft.

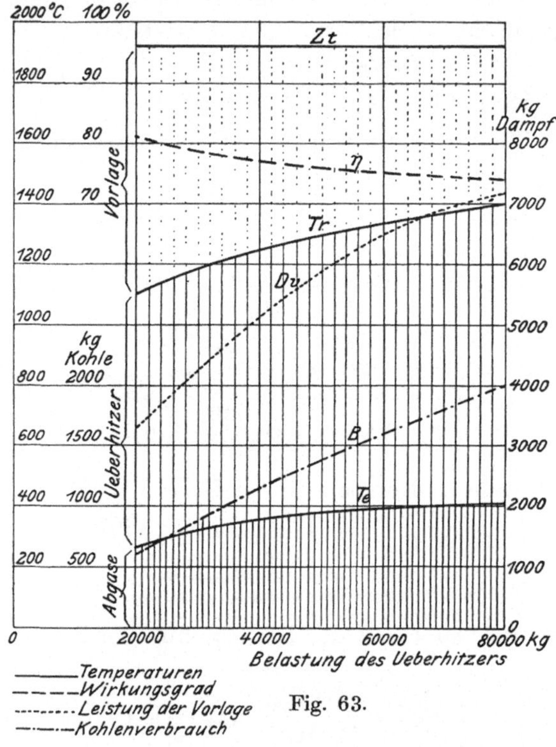

Fig. 63.

Um den Einfluß der Vorlage möglichst anschaulich zu machen, sind die oben berechneten Werte abhängig von der Belastung des Überhitzers in Fig. 63 aufgetragen. Bemerkenswert ist dabei, daß sich der Temperaturabfall der Gase am Überhitzer nur wenig ändert. Dies ist nur bei dem vorausgesetzten geringen Luftüberschusse der Fall; die Abgastemperatur steigt mit der Belastung erfahrungsgemäß erheblich schneller, wenn mit höherem Luftüberschusse gearbeitet wird. Durch die Vorlage wird der direkt befeuerte Überhitzer den eingebauten in vieler Hinsicht ähnlich; es besteht zwischen beiden Anordnungen aber der grundlegende Unterschied, daß beim eingebauten Überhitzer die Feuerleistung nach der Belastung des Kessels, beim direkt befeuerten dagegen nach der verlangten Überhitzung zu regulieren ist. Die Dampferzeugung der Vorlage unterstützt natürlich die Kesselleistung entsprechend, der Überhitzer darf aber niemals zur Beschaffung der ganzen Dampfmenge herangezogen werden, muß vielmehr stets mit anderen, nicht überhitzenden Kesseln parallel arbeiten.

Ein Vergleich der Figuren 62 und 63 zeigt ohne weiteres die Überlegenheit des mit Vorlage versehenen Überhitzers. Denn bei demselben findet nicht nur die Höchstbegrenzung der Temperatur, sondern auch eine Verminderung derselben bei fallender Belastung selbsttätig statt. Dies ist aber sehr wichtig, weil bei geringer Strömungsgeschwindigkeit des Dampfes die Wärme von den Überhitzerrohren nicht so energisch abgeleitet wird, wie es bei voller Belastung geschieht.

Der obigen Rechnung und Fig. 63 sind vorsätzlich ungünstige Belastungsverhältnisse zugrunde gelegt worden. Solche erfordern, daß die Feuerraumtemperatur bei maximaler Belastung ziemlich hoch gehalten wird, damit sich bei dem wirtschaftlich maßgebenden schwachen Betriebe günstige Verhältnisse ergeben und noch bei der vorkommenden geringsten Belastung eine gute Verbrennung erreicht werden kann. Dies ist besonders wichtig, um die Bildung von gefährlichen Nachverbrennungen sicher auszuschließen.

Ist mit weniger starken Belastungsunterschieden zu rechnen, so kann die Abstrahlfläche zur weiteren Herabdrückung der Feuerraumtemperatur etwas größer gemacht werden. Dabei nimmt dann die Leistung der Vorlage entsprechend zu.

Es darf nicht unterlassen werden, die Verhältnisse unter Berücksichtigung des vorkommenden geringsten Luftüberschusses auszubilden.

Bei dieser Gelegenheit ist noch auf einen häufig zu beobachtenden Mangel zentraler Überhitzer hinzuweisen. Es wird nicht immer berücksichtigt, daß zentrale Überhitzer die ganzen Belastungsschwankungen aus erster Hand aufgepackt erhalten. Infolgedessen werden oft die Dampfquerschnitte ungenügend bemessen, so daß bei hohen Belastungsspitzen und entsprechend großer Dampfgeschwindigkeit in den Überhitzerrohren ein starker Spannungsabfall entsteht. Dieser ist aber bei Kolbenmaschinen von Drehstromanlagen ungemein bedenklich, weil er infolge der gleichmäßig stoßweisen Dampfentnahme starke Schwingungen verursachen kann. Auch bei Turbinen mit pendelnder Belastung macht sich auf die Dauer ein übermäßiger Spannungsabfall unangenehm bemerkbar. Dem Verfasser sind mehrere Anlagen bekannt, in welchen sonst gut gebaute Überhitzer dieser Schwierigkeiten wegen außer Betrieb gesetzt werden mußten.

5. Zugführungen.

a) Allgemeines. Unter Zugführungen werden hier nicht nur die gewöhnlich damit gemeinten Zuglenkplatten und Rauchwege, sondern überhaupt alle Vorkehrungen verstanden, welche dazu dienlich sind, die Rauchgaswärme in einer solchen Weise an die Heizfläche heran zu bringen, daß letztere in jeder Hinsicht zur günstigsten Wirkung gelangen kann. So betrachtet, kommt den Zugführungen nicht nur die weitgehende Ausnutzung der Rauchgaswärme zu, sondern haben dieselben auch die Beförderung des Wasserumlaufes und eine möglichst gleichmäßige Anstrengung des Kesselbleches zu bewirken.

Die Größe der Wärmeaufnahme hängt bekanntlich von dem Temperaturgefälle und den sich im Übergangskoeffizienten ausdrückenden Bedingungen für den Wärmeübergang ab. Sind diese Bedingungen an allen Punkten der Heizfläche annähernd die gleichen, so findet man den in Fig. 54 dargestellten Verlauf der Rauchgastemperatur. Wie bereits erwähnt wurde, kann sich dabei wegen des stark abnehmenden Temperaturgefälles die Wärmeaufnahme nicht gleichmäßig über die ganze Heizfläche verteilen; es wird vielmehr der der Feuerung zunächst liegende Teil der Heizfläche besonders stark angestrengt.

Wird an verschiedenen Punkten der Heizfläche eines gewöhnlichen Wasserrohrkessel dauernd beobachtet und möglichst genau gemessen so ergibt sich zumeist, daß die Gastemperatur erheblich schneller sinkt, als nach Fig. 54 anzunehmen wäre. Daraus folgt einerseits eine sehr starke Überlastung der Heizfläche beim Eintritt der Gase und andererseits die nicht genügend gewürdigte Tatsache, daß bei gewöhnlichen Kesseln der Wärmeübergangskoeffizient mit dem Temperaturgefälle stark abnimmt. Erfahrungsgemäß können solche Kessel nicht stark überlastet werden, bei welchen die Abnahme des Wärmeübergangskoeffizienten besonders hervortritt, was sich aus der ungleichmäßigen Anstrengung der verschiedenen Heizflächenteile von selbst versteht.

Nach II 4 b hängt die Größe des Wärmeübergangskoeffizienten von den Strömungsverhältnissen der Gase und der Größe des sich bildenden Gaskernes ab. Letzterer wird aber offenbar durch das Verhältnis vom Inhalt zum benetzten Umfange des Gasquerschnittes bedingt. Demnach wäre anzunehmen, daß bei Wasserrohrkesseln mit gleichbleibenden Rohrabständen und unveränderlicher Geschwindigkeit an allen Punkten der Heizfläche ein ungefähr gleich hoher Wärmeübergangskoeffizient vor liegen sollte. Das ist aber nicht der Fall, und somit müssen noch andere Umstände den Wärmeübergang wesentlich beeinflussen.

Diese Umstände sind klar zu erkennen, wenn die Heizfläche als Wärmefilter betrachtet und beispielsweise mit einem zur Klärung von Wasser dienenden Sandfilter verglichen wird. Dabei haben die Gase als zu reinigendes Wasser, die Wärme als abzuscheidende Verunreinigungen zu gelten. Bekanntlich kommen stets grobe und feine Verunreinigungen vor, im vorliegenden Falle sind die hohen Temperaturgefälle als grob, die niedrigen Gefälle als fein im obigen Sinne zu betrachten.

Wird ein Sandfilter nur aus feinkörnigem Material gebildet, so drängt sich die Abscheidung in einer dünnen Schicht zusammen, ist deshalb auch die erreichbare Leistung gering. Genau ebenso wird der der Feuerung zunächst liegende Teil der Heizfläche sehr stark belastet, der Rest dagegen ungenügend ausgenutzt, wenn der Gaskern überall gleich groß ist.

Die ganze Masse des erwähnten Filters läßt sich dagegen zur annähernd gleichmäßigen Wirkung bringen, sofern derselbe aus einzelnen Lagen von verschiedener Korngröße aufgebaut wird. Ganz identisch sind die Verhältnisse bei der Heizfläche, welche zur günstigsten Wirkung kommt, wenn der Gaskern im richtigen Verhältnis zum Temperaturgefälle bemessen wird.

Daraus ergibt sich für aus Wasserrohren bestehende Heizflächen die einfache Nutzanwendung, daß der Rohrabstand beim Eintritt der heißen Gase tunlichst groß gemacht wird und weiterhin dem sinkenden Temperaturgefälle entsprechend eingeschränkt werden soll. Dieser Forderung genügen nur sehr wenige der heutzutage angewendeten Heizflächensysteme. Zumeist ist der Rohrabstand im Kessel überall gleich und viel zu eng — dies namentlich bei den neueren Steilrohrkesseln, welche daher auch infolge der starken Überlastung der ersten Rohrreihen sehr häufig durch nassen Dampf Schwierigkeiten verursachen. — Ebenso werden die Vorwärmer mit gleichbleibenden Rohrabständen angelegt, die zudem in der Regel bedeutend größer sind als bei den ihnen vorgelagerten Kesseln. Darauf ist in erster Linie der zumeist geringe Wärmeübergang solcher Vorwärmer zurückzuführen.

In vielen Anlagen nimmt der Wärmeübergangskoeffizient zum Schaden des Wirkungsgrades und der Lebensdauer der Heizflächenteile derart von 40 bis 50 beim Eintritt der heißen Gase auf 4 bis 5 am Ende der Heizfläche ab, während bei richtiger Anordnung ein nahezu konstanter Wert unschwer zu erreichen ist, welcher mit geringer Anstrengung des Kesselbleches hohe spezifische Leistungen der Heizfläche und die denkbar bester Ausnutzung der Wärme gewährleistet.

Solange der Vorwärmer als ein — wegen der Verminderung des Zuges von den Betriebsleuten unangenehm empfundenes — Anhängsel der Kesselanlage angesehen und behandelt wurde, kam es allerdings darauf an, die Zugwiderstände möglichst einzuschränken und deshalb unversetzte Rohrreihen mit großen Abständen zu wählen. Wird dagegen die Vorwärmerheizfläche organisch in die ganze Anlage eingefügt, und für passende Zugverhältnisse gesorgt, so kann erstere durch eine richtige

Anordnung der Rohre, zur höchsten Wirkung gebracht werden, ohne den Betrieb irgendwie zu erschweren.

In jeder Hinsicht, sowohl wegen der Zugverhältnisse wie des guten Wasserumlaufes und der Lebensdauer der Anlage, ist eine mäßige Anstrengung des Wärmeüberganges vorteilhaft. Dieselbe läßt sich bei geringen Anlagekosten und hoher Wärmeausnutzung leicht erreichen, wenn die Wärmearbeit möglichst gleichmäßig über die ganze Heizfläche verteilt wird.

Wo es darauf ankommt, eine übermäßige Erwärmung des Kesselbleches zurückzuhalten, müssen tunlichst große Rohrabstände bzw. Gaskerne vorgesehen werden. Dies gilt besonders für Überhitzerrohre, welche häufig zum Schaden der Lebensdauer viel zu eng zusammengepackt werden, um sie beim Einbau in Kessel in einem sehr beschränkten Raume unterbringen zu können.

Setzt man mit den Bezeichnungen auf Seite 99 beispielsweise

$$\begin{array}{lccccc}
k_a = & 10 & 15 & 20 & 25 & 30 \\
k_i = & 40 & 35 & 30 & 25 & 20 \\
d = & 0{,}3 \\
l = & 6000 \\
T_a = & 1400 \\
t = & 200
\end{array}$$

so ergeben sich

$$\begin{array}{lccccc}
W_b = & 9\,600 & 12\,500 & 14\,400 & 15\,000 & 14\,400 \ \text{WE/Std./qm} \\
t_a = t_i = & 440 & 521 & 680 & 800 & 920 \ {}^0\text{C}
\end{array}$$

Daraus ist zu ersehen, daß bei zurückgehaltenem Wärmeübergange auf die Rohre, d. h. genügend weitem Abstand derselben voneinander, die Überhitzer ohne Schaden hohe Gastemperaturen vertragen, wohingegen eng aneinandergelegten Rohren schon niedrige Temperaturen gefährlich werden können, denn mit $k_a = 30$, $k_i = 20$, $T_a = 900$, $t = 200$ wird $W_b = 7200$ und $t_a = t_i = 560^0$ C.

b) Form und Weite der Züge. Anfangs wurde bei Anlage der Züge dahin gestrebt, die Gase einen möglichst langen Weg an der Heizfläche zurücklegen zu lassen. Daraus ergaben sich sehr enge und winkelige Rauchwege mit hohen Bewegungswiderständen, welche eine starke Anstrengung der Heizfläche unmöglich machen, dies erst umsomehr, da die Wärmearbeit fast ganz auf den ersten Teil der Heizfläche zusammengedrängt wurde. Neuerdings wird — besonders in den sogenannten Hochleistungskesseln — eine wesentlich einfachere Zugführung angewendet, die aber noch immer nicht den höchsten Ansprüchen genügt. Dabei ist vor allem die in Europa beliebte Abführung der Gase in unter Kesselflur liegenden Rauchkanälen als störend anzusehen. In den Vereinigten Staaten werden die Gase allgemein oben abgeführt, was eine wesentlich bessere Zugführung ergibt und für die Zugverhältnisse der Anlage außerordentliche Vorteile bietet.

Um möglichst günstige Zugverhältnisse zu erhalten, sollten die Kesselzüge ohne vemeidbare schroffe Ablenkungen und Übergänge vorwiegend in steigender Richtung oder horizontal angelegt werden. Gegen d ese Anordnung wendet man zuweilen ein, daß sie die Gaswärme durch den Schornstein jage. Dies ist aber keinesfalls zu befürchten, wenn nach III 5a günstige Bedingungen für den Wä meübergang am Ende der Heizfläche geschaffen werden.

Nachdem schon 1902 der Verfasser auf die Wichtigkeit dieses Umstandes hingewiesen hat, werden in neuerer Zeit die Zugquerschnitte der fortschreitenden Volumenverminderung angepaßt und so angelegt, daß sich eine von der Feuerung bis zum Schornstein nahezu gleichbleibende Gasgeschwindigkeit ergibt, während früher fast allgemein die Züge mit konstantem Querschnitt und folglich abnehmender Gasgeschwindigkeit angelegt wurden. In gewissen Fällen ist es sogar erforderlich, bei den von heißen Gasen getroffenen Heizflächenteilen die Gasgeschwindigkeit zu vermindern, um eine allzu starke Anstrengung des Kesselbleches zu verhüten. Dies gilt, wie oben auseinandergesetzt ist, hauptsächlich für Überhitzerrohre, muß aber auch bei den starken Wandungen der Wassersammler usw. beachtet werden, namentlich dann, wenn die Wärmeableitung infolge mangelhaften Wasserumlaufes beeinträchtigt wird.

Bezeichnen

$\quad$ B die stündlich verfeuerte Brennmaterialmenge,

$\quad$ W den Heizwert des Materials,

$\quad$ n die Luftüberschußziffer,

$\quad$ q das spezifische Gewicht der Gase,

$\quad$ T die Gastemperatur beim fraglichen Querschnitte,

$\quad$ T_x die entsprechende absolute Temperatur,

$\quad$ v die zulässige Gasgeschwindigkeit,

so wird offenbar

$$v = B \cdot \left(1 + 1{,}37 \cdot \frac{W}{1000} \cdot n\right) \frac{T_x}{273 \cdot q} \cdot \frac{1}{3600 \cdot f}$$

wobei f den freien Durchgangsquerschnitt der Gase bezeichnet. Angenähert wird

$$v = \frac{T_x \cdot B}{10^6 \cdot q} \cdot \left(1 + 1{,}37 \cdot \frac{W}{1000} \cdot n\right)$$

Die maximale Geschwindigkeit soll im allgemeinen 10 bis 11 sec/m nicht übersteigen, und damit ergibt sich angenähert

$$f = \frac{T_x \cdot B}{q \cdot 10^7} \cdot \left(1 + 1{,}37 \cdot \frac{W}{1000} \cdot n\right)$$

Für Überschlagsrechnungen kann gesetzt werden

$$f = D \cdot n \cdot T_x \cdot \frac{1}{10^7}$$

wenn mit

D die stündlich zu erzeugende Dampfmenge in kg

gegeben ist.

Für minderwertige Brennstoffe und feuchte Rauchgase ist genauer

$$f = 1{,}2 \cdot D \cdot n \cdot T_x \cdot \frac{1}{10^7}$$

anzunehmen.

Die einfache und gute Form der Züge ist für die Zugverhältnisse der Anlage von wesentlicher Bedeutung, weil davon die Höhe der
Bewegungswiderstände ab-
hängt, ebenso spielt dieselbe
für die nötige Ausnutzung
der Heizfläche eine große
Rolle. Wird der Gasstrom in
den Zügen scharf abgebogen,
so entsteht eine mehr oder
weniger starke Einschnürung
der Gase, und wird ein Teil
der Heizfläche von denselben
entblößt. Dies ist namentlich
bei zu engen Zugquerschnitten und starkem Schornsteinzuge der Fall;
es ergibt sich dann erfahrungsgemäß das der Praxis entnommene, in
Fig. 64 dargestellte Bild.

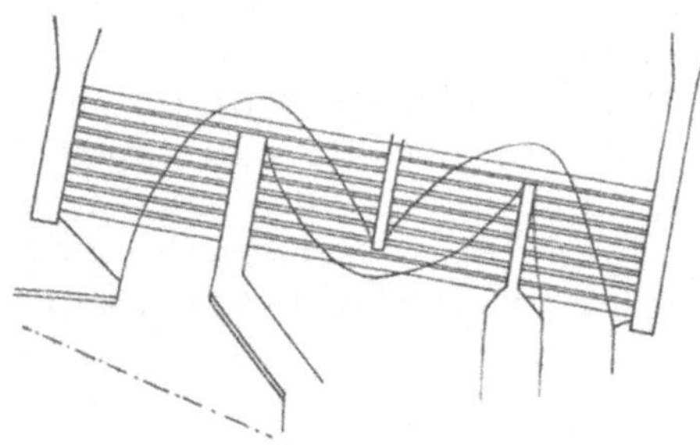

Fig. 64.

Bei Unterwindfeuerungen ist die Kesselleistung von der Zugstärke
unabhängig, und man kann deshalb den Einfluß der letzteren auf den
Wärmeübergang sehr einfach und sicher feststellen. Jede Veränderung
der Zugstärke macht sich dabei sofort in der Höhe der Abgastemperatur
bemerkbar.

Bei einem Babcock-Kessel der Schiffstype von 313 qm Heizfläche-
welcher mit etwa 27 kg/qm belastet war, ergaben sich folgende Ver,
hältnisse:

Rauchschieber	halb	dreiviertel	ganz
		offen	
Zugstärke	6	8	10 m m WS
Abgastemp.	267	285	310⁰ C
Zunahme	—	18	43⁰ C
,,	—	7	16 %

Eingebaute Überhitzer verursachen in der Regel eine bedeutende Erhöhung der Zugwiderstände, weil der Gasstrom mehrmals schroff abgelenkt wird und die Gase bei den Klappen gedrosselt werden.

c) Berücksichtigung des Wasserumlaufes. Von der richtigen Zugführung hängt der sich an der Umlaufsheizfläche einstellende Wasserumlauf ganz wesentlich ab. Dies ist besonders bei den Großwasserraumkesseln der Fall, welche keinen zwangläufigen Umlauf haben, darf aber auch bei Wasserrohrkesseln nicht übersehen werden. Die den Umlauf bedingenden Verhältnisse sind bereits unter III 3 a bis f eingehend behandelt worden, so daß hier nur darauf zu verweisen ist. Es muß aber bemerkt werden, daß schon bei der Auswahl und Disposition der Heizflächen und Kesselzüge auf die Möglichkeit der Schaffung günstiger Umlaufsverhältnisse geachtet werden muß. Dazu gehört in erster Linie die Vorsorge ausreichend hoher Temperaturen an den für den Umlauf wichtigen Punkten der Heizfläche. Im allgemeinen handelt es sich darum, die heißesten Gase mit den am tiefsten unter dem Wasserstande liegenden Heizflächenteilen in Berührung zu bringen. Dies erfordert natürlich eine zweckentsprechende Anordnung der Heizfläche, denn beispielsweise kann die auf Seite 122 behandelte einseitige Zugführung wenig nutzen, wenn die Gase in einem übermäßig langen Flammrohr schon zu weit abgekühlt werden.

6. Kesselummantelungen.

a) Wärmeabgabe und Luftdurchlässigkeit. Die Ummantelungen oder Einmauerungen der Feuerung und der Heizflächen wie auch der sonstigen Rauchwege soll letztere wärmedicht einschließen, also die Wärmeabgabe nach außen und das Eindringen von kalter Luft verhüten. Diese Ummantelungen müssen daher aus schlechten Wärmeleitern bestehen und tunlichst luftdicht sein.

Die Wärmeabgabe des Kesselmauerwerkes wird fast allgemein sehr stark überschätzt. Z. B. ergibt sich in der auf Seite 56 angenommenen Wand bei 600° C mittlerer Gastemperatur im Kessel eine Wärmeabgabe von

$$0{,}323 \cdot (600-20) = \text{rd. } 190 \text{ WE/Std./qm}$$

Dies entspricht bei 90 qm Oberfläche der Ummantelung einem Wärmeverluste von rund 410 000 WE pro Tag. Wenn der betreffende Kessel durchschnittlich mit 6000 kg/Std. Dampf belastet arbeitet, was einem verfeuerten Heizwerte von 5 000 000 WE/Std. entspricht, so entsteht bei einer Betriebsdauer von täglich

$$\begin{array}{cccc} 6 & 12 & 18 & 24 \quad \text{Stunden ein Verlust von} \\ 1{,}4 & 0{,}7 & 0{,}5 & 0{,}35 \text{ }^0/_0. \end{array}$$

Aus diesen Zahlen, deren Richtigkeit in der Praxis leicht zu er proben ist, geht hervor, dass die Wärmeabgabe der Ummantelungen fast stets vernachlässigt werden kann. Dies ist selbst bei sehr wenig isolierenden Wandungen der Fall. Verfasser hat durch eingehende Untersuchungen an den auf Kriegsschiffen gebrauchten Schulzkesseln, welche nur eine dünne und schwach mit Asbestpappe isolierte Haut haben, den Mantelverlust auf nur 1,5 bis 1,8 %, bezogen auf die volle Belastung der Kessel, festgestellt Da die abgegebene Wärme sich der Luft im Kesselraume mitteilt und deshalb größtenteils in den Feuerungen wiedergewonnen wird, ist der verbleibende Verlust äußerst gering. In Landanlagen findet zwar durch die genannte Wärmeabgabe ebenfalls eine Erhöhung der Lufttemperatur statt, geht aber infolge der Entlüftung des Kesselhauses sehr viel verloren.

Während somit die Wärmeabgabe der Ummantelungen wenig auf sich hat, ist die Luftdurchlässigkeit derselben bzw. der sonstigen Verschlüsse der Rauchwege außerordentlich bedeutungsvoll.

Der überwiegende Einfluß der falschen Luft ist daraus am sichersten zu erkennen, daß erfahrungsgemäß selbst in manchen großen und gut geleiteten Werken der den Luftüberschuß der Gase anzeigende Kohlensäuregehalt von der Feuerung bis zum Schornstein um 6 bis 7 % abnimmt. Dieser Verlust ist aber durchaus nicht als unabwendbar anzusehen, kann vielmehr durch eine richtige Ausbildung der ganzen Anlage fast ganz beseitigt werden. So z. B. erreichen einige vom Verfasser gebaute Anlagen unter sehr ungünstigen Belastungsverhältnissen am Schornstein einen Kohlensäuregehalt von durchschnittlich 13 bis 15 %.

Bekanntlich kann ein Licht durch einen Ziegel ausgeblasen werden. Das gewöhnliche Kesselmauerwerk, durch die Hitze stark ausgetrocknet, ist also sehr luftdurchlässig, namentlich dann, wenn infolge der Wärmespannungen in demselben Risse entstehen. Diese Luftdurchlässigkeit hat keine Wirkung, wenn an Stelle der dicken Einmauerungen schwach ausgefütterte eiserne Umschließungen zur Anwendung gelangen. Der Zutritt von falscher Luft läßt sich aber auch durch Herbeiführung richtiger Zugverhältnisse nahezu beheben. Offenbar ist die Größe des Luftzutrittes einerseits von der Durchlässigkeit und andererseits dem bestehenden Druckunterschiede abhängig. Verschwindet letzterer, so hört auch der Luftzutritt zu den Rauchwegen vollständig auf, und werden folglich die Undichtigkeiten bedeutungslos.

Richtige Zugverhältnisse schaffen heißt daher in erster Linie: die tunlichste Verminderung des in den Rauchwegen herrschenden und erforderlichen Unterdruckes.

Eine dahin zielende Behandlung ist besonders wichtig, weil die Ummantelungen nicht allein für die falsche Luft verantwortlich zu machen sind, letztere dagegen in viel höherem Maße durch undichte oder schlecht geschlossene Schieber der außer Betrieb stehenden Kessel angesogen wird. Da sich die Schieber uuter dem Einfluß der Wärme verziehen, kann von denselben niemals ein dichter Schluß erwartet werden.

Um den Einfluß der Schieberverluste recht deutlich zu machen, soll hier mitgeteilt werden, wie Verfasser vor Jahren durch Einschränbung derselben die Betriebsverhältnisse einer kleinen Bahnanlage verkessern konnte. In dieser Anlage wurden die Kessel über Nacht von 11 bis 6 Uhr abgestellt und täglich frisch angeheizt. Um die Arbeit und Kosten des Anheizens möglichst zu beschränken, wurde das Personal angehalten, abends die Rauchschieber sehr sorgfältig zu schließen und die Feuer- und Aschtüren mit eingeklemmten Asbestplatten vollständig dicht zu machen. Im Anfange ergaben sich dabei Schwierigkeiten, indem die Spannung in der Nacht unzulässig hoch stieg; durch entsprechende Verminderung des Dampfdruckes vor Betriebsschluß konnte das Abblasen der Kessel vermieden und dennoch bei Beginn des Betriebes eine Spannung von 7—8 Atm. gehaltenwerden.

Da die Undichtigkeit des Schiebers und der Einmauerung nicht behoben werden konnte, zeigt dieses Beispiel ganz deutlich, daß:

1. die Wärmeabgabe des Mauerwerkes gering ist und

2. die falsche Luft nur zu einem kleinen Teile durch das Mauerwerk eindringt.

Gut verschlossene Kessel halten tagelang Dampfspannung.

b) Wärmekapazität der Ummantelungen. Die inneren Oberflächen des Mauerwerkes nehmen vom Feuer und von den Rauchgasen Wärme auf. Davon geht ein Teil durch die Wand zur Außenluft über, während der Rest an die Feuerung oder die Heizfläche zurückgestrahlt wird. Diese Rückstrahlung ist für den Feuerungsbetrieb wegen des sich daraus ergebenden Temperaturausgleiches sehr wichtig. Soweit davon die Heizfläche getroffen wird, findet eine gewisse Leistungssteigerung derselben statt, welche namentlich bei den Steilrohrkesseln mit großen Mauerflächen im ersten Zuge stark ins Gewicht fällt.

Die genannte Abstrahlung dauert nach Einstellung des Feuerungsbetriebes so lange an, bis sich die Temperaturen ausgeglichen haben, und daraus resultiert eine mehr oder weniger lebhafte Nachverdampfung, welche unter Umständen die übelsten Folgen für die Betriebssicherheit und den Wirkungsfaktor der Anlage haben kann. Dadurch wird das praktische Anwendungsgebiet mancher Kesseltypen stark begrenzt.

Bei ununterbrochener und nahezu gleichbleibender Belastung hat die erwähnte Nachverdampfung wenig zu sagen; denn der abgestellte Kessel kann den Nachdampf an die Hauptleitungen abgeben. Nicht so günstig liegen die Verhältnisse bei stark schwankender Belastung, weil sich nach einer hohen Belastungsspitze die Nachverdampfung der erforderlich werdenden Einschränkung der Dampferzeugung entgegenstemmt, also den Kessel unelastisch macht. Bei regelmäßig erfolgender völliger Einstellung des Betriebes kann die Nachverdampfung direkt gefährlich wirken, indem entweder die Kessel über Nacht zu stark abblasen, oder zur Vermeidung dieses Fehlers denselben falsche Luft zugeführt werden muß: Die bei teilweise offenem Schieber angesogene kalte Luft nimmt nur einen kleinen Teil der überschüssigen Wärme direkt von den Mauern auf und wirkt im übrigen auf die Heizfläche kondensierend, was in jeder Hinsicht schädlich ist.

Aus dem Vorstehenden folgt ganz klar, daß für alle nicht ununterbrochen gleichmäßig durchgehenden Betriebe eine starke Wärmebindung des Kesselmauerwerkes sehr schädlich ist, weil dieselbe den Betrieb erschwert und die Anheizverluste wesentlich vergrößert. Daraus ergibt sich zunächst der wichtigste Vorzug dünn ausgefütterter eiserner Ummantelungen und ferner die Notwendigkeit, die mit heißen Gasen in Berührung kommenden Mauerflächen möglichst zu beschränken. Hierauf muß schon beim Aufbau der Heizfläche bzw. bei der Auswahl des Kesselsystems geachtet werden.

Offenbar vermindern sich die oben behandelten Schwierigkeiten und Verluste, wenn die Wärmekapazität der ab- und anzuschaltenden Kessel eingeschränkt wird. Deshalb sind für stark schwankende Belastungen solche Feuerungs- und Heizflächensysteme zu wählen, welche innerhalb weiter Leistungsgrenzen vorteilhaft betrieben werden können und sich den Belastungsänderungen leicht anpassen. Die in Frage kommende Wärmekapazität wird offenbar am geringsten, wenn die zu schaltenden Heizflächen möglichst klein gemacht, d. h. wenn reine Verdampfer in Verbindung mit für mehrere derselben gemeinsamen Überhitzern und Vorwärmern angewendet werden.

7. Wasserreinigung.

Wenn das in den Kessel bzw. an die Umlaufsheizfläche gelangende Speisewasser mineralische Verunreinigungen enthält, die zur Kesselsteinbildung neigen, so werden dieselben größtenteils an den stark befeuerten Punkten der Heizfläche ausgeschieden und als Kesselstein abgelagert. Dies beruht darauf, daß das gespeiste Wasser nur sehr träge die Temperatur des Kesselinhaltes annimmt und somit ziemlich kalt an die fraglichen Teile der Heizfläche herantritt. Die vorherige Abscheidung der Verunreinigungen wird allerdings auch durch die hohe Umlaufsgeschwindigkeit des Wassers beeinträchtigt.

Wegen der durch den Kesselstein verursachten Gefahren und Schäden wird in allen größeren Kesselanlagen auf eine sorgfältige

Wasservereinigung großer Wert gelegt. Um ganz sicher zu gehen, wird sogar in modernen, mit Turbinen arbeitenden Kraftwerken das — in solchen allerdings wenige — Zusatzwasser destilliert.

Die Gefahren der Kesselsteinbildung wachsen naturgemäß mit zunehmender Anstrengung der Heizfläche außerordentlich. Bei den Steilrohrkesseln, die mit ungenügendem Wasserumlauf und folglich stark mit Dampf durchsetzten Wasser in der ersten Rohrreihe arbeiten, macht sich auch die Verschlammung des Wassers durch überschäumenden Dampf zuweilen sehr unangenehm bemerkbar. Um die Verschlammung zurückzuhalten, müssen die Kessel mehr oder weniger oft abgeblasen werden, wodurch sich entsprechend hohe Wärmeverluste ergeben. Von Zeit zu Zeit muß sogar das Wasser vollständig gewechselt werden. Wegen des erforderlichen frischen Anheizens der Kessel sind dabei die Wärmeverluste besonders hoch, und da überdies der Kessel zum Wasserwechsel längere Zeit außer Betrieb kommen muß, wird diese Operation zum Schaden der Sicherheit und Lebensdauer der Kessel meistens viel zu lange aufgeschoben.

Die Besprechung der zur mechanischen und chemischen Wasserreinigung benutzten Apparate und Einrichtungen würde hier zu weit führen. Es ist aber darauf hinzuweisen, daß dieselben sehr viel Aufmerksamkeit und Sachkenntnis erfordern und trotzdem nicht immer den gewünschten Erfolg zeitigen. In vielen Fällen sind auch die Kosten einer derartigen Reinigung von erheblicher Bedeutung.

Die Wasserreinigung kann entweder chemisch oder thermisch erfolgen. Hier kommt nur die thermische Reinigung in Betracht. In beiden Fällen lassen sich zwei voneinander unabhängige Funktionen der Reinigung unterscheiden, und zwar:

die Abscheidung der Verunreinigungen vom Wasser und die Ausfällung derselben bzw. die Klärung des Wassers.

Die Abscheidung setzt bei einer Temperatur von etwa 50⁰ C ein, und wird bei über 100 bis 115⁰ C im allgemeinen sicher vollendet. Die dann noch im Wasser enthaltenen Verunreinigungen sind nicht gefährlich, weil sie als bleibende anzusehen sind.

Die Klärung des Wassers kann wegen der feinen Verteilung der Verunreinigungen nur bei sehr geringen Wassergeschwindigkeiten vor sich gehen, erfordert auch eine gewisse Zeit.

Aus dem Vorstehenden ist ohne weiteres zu ersehen, daß die Gefahr der Kesselsteinbildung und Verschlammung verschwindet, wenn das Speisewasser mit einer Temperatur von mindestens 110 bis 120⁰ C in den Kessel oder Verdampfer tritt, und dem Wasser vorher genügend Zeit zur völligen Klärung gegeben wird.

Dadurch gewinnen zweckmäßig angelegte Vorwärmer eine erhöhte Bedeutung, indem sie, unabhängig von der Aufmerksamkeit und Sachkenntnis des Personals, sowie ohne besondere Kosten zu verursachen, eine praktisch vollkommene Abscheidung der Verunreinigungen außerhalb der gefährdeten Heizflächenteile sicher gewährleisten. Allerdings muß bei der Anlage des Vorwärmers auf diesen Zweck gebührend Rücksicht genommen werden. Es hat der Vorwärmer den folgenden Bedingungen zu entsprechen:

1. Vorwärmung des Wassers auf mindestens 115 bis 125⁰ C.
2. Maximale Wassergeschwindigkeit bei voller Belastung höchstens 2 bis 3 Millimeter pro Sekunde.
3. Weglänge des Wassers an der Heizfläche mindestens 6 m.
4. Ausschließlich senkrecht aufsteigende Bewegung des Wassers an der Heizfläche.
5. Nicht zu enge Rohrquerschnitte.
6. Konstante bzw. der Dampferzeugung entsprechende Speisung.

Den Bedingungen für eine gute Wasserreinigung läßt sich am besten beim reinen Querstrome entsprechen. Allerdings ist dabei die Weglänge des Wassers gering, dafür aber auch die Geschwindigkeit außerordentlich klein. Bei nicht zu häufiger Unterteilung bietet auch die Gruppenschaltung mehrerer Querstromsysteme gute Verhältnisse, wohingegen der allein auf die möglichste Steigerung des Wärmeüberganges zugeschnittene Gegenstrom zu verwerfen ist, wenn es auf eine gute Wasserreinigung ankommt.

Als Anhalt mögen folgende Zahlen dienen:

Lichter Rohrdurchmesser	100	90	80	70	mm

Anzahl der parallel zu schaltenden Rohre für je 1000 kg/Std.

Wasser mindestens	14—15	18—19	23—25	28—30

Die Mitteilung der in einer großen Anlage mit der thermischen Wasserreinigung gemachten Erfahrungen dürfte interessieren. Es handelt sich dabei um ein stark tonhaltiges Wasser, das mit Kiesfiltern nicht zu klären ist, und bei welchem die gewöhnlichen Wasserreiniger versagen. Anfangs wurde eine Vorwärmung des Speisewassers auf 75 bis 85⁰ C erreicht, und dabei füllten sich die warmen Speiseleitungen sehr schnell mit einem stark angreifenden Kesselsteine so weit, daß schließlich der Querschnitt bis auf eine kleine Öffnung verlegt wurde.

Die thermische Wasserreinigung hatte im Vorwärmer eingesetzt, wurde in demselben aber noch nicht beendet. Eine nähere Prüfung des Falles ließ sicher darauf schließen, daß durch höhere Vorwärmung des Wassers das Übel vollständig zu beheben sein müsse. Durch Verbesserung des Betriebes, d. i. möglichste Einschränkung des Zuges und der falschen Luft konnte ohne weitere bauliche Änderungen die Vorwärmung auf 120 bis 130⁰ C gesteigert werden, und dies hatte in jeder

Hinsicht den erwarteten Erfolg. Von da ab blieben die warmen Leitungen frei von Kesselstein. Während früher die Kessel täglich abgeblasen werden mußten, war dies später nur alle 8 bis 14 Tage notwendig. Dafür mußte allerdings der Vorwärmer entsprechend öfter abgeblasen werden. Die stark angestrengten Kessel gaben vorher zuweilen stark schlammigen Dampf, so daß die Turbinen eine dicke Schlammschicht ansetzten. Auch dieser Fehler ist durch die richtige Ausnutzung der Vorwärmer vollständig beseitigt worden.

IV. Der Kesselzug.

1. Allgemeines.

Wird die Verbrennungsluft mittels eines Gebläses in die Feuerung gedrückt, so ist die Feuerleistung von der Zugstärke nahezu unabhängig, und findet — abgesehen von nicht hierher gehörigen Umständen — eine Begrenzung nur insoweit statt, als genügend Zug vorhanden sein muß, um die Rauchgase an der Heizfläche entlang zum Schornstein sicher abzuführen und die den Gasen entgegenstehenden Bewegungswiderstände zu überwinden.

Muss dagegen die Luft durch den im Feuerraume herrschenden Unterdruck abgesaugt werden, so ist offenbar die Leistung und Wirkung der Anlage von den Zugverhältnissen vollständig abhängig; denn es wird zu viel oder zu wenig Luft eindringen, je nachdem entweder der Unterdruck im Feuerraume den Bedarf übersteigt oder dafür nicht auslangt.

Bezeichnen

A den Auftrieb des Schornsteines,
Z die gesamten Bewegungswiderstände,
R den erforderlichen Unterdruck im Feuerraume,

so ist oder sollte sein

$$A = Z + R \quad \ldots \ldots \ldots \ldots 103)$$

und folglich

$$R = A - Z \quad \ldots \ldots \ldots \ldots 103a)$$

In Figur 65 ist angedeutet, wie sich die Werte A, Z und R mit der Belastung des Kessels bei Anwendung reiner Umlaufsheizflächen ändern, wenn angenommen werden kann, daß ein etwaiger Überschuß oder Mangel an Unterdruck keinen Einfluß auf die Luftzufuhr und Gaszusammensetzung ausübe, was natürlich in Wirklichkeit nicht zutrifft. Aus der Darstellung ist klar zu ersehen, daß in den als Beispiel gewählten Anlagen nur bei einer bestimmten Belastung der gerade erforderliche Unterdruck herrscht, derselbe im übrigen bei schwacher Belastung viel zu groß ist, bei starker Anstrengung dagegen nicht ausreicht. Die horizontal schraffierte Fläche deutet den Zugmangel, die vertikal schraffierte den Zugüberschuß an.

Es ist ohne weiteres klar, daß derart gebaute Anlagen sehr schlechte Resultate ergeben müssen, wenn für dieselben häufige und starke Belastungsschwankungen in Frage kommen, denn sie erfordern eine sehr empfindliche fortwährende Zugregulierung, welche, abgesehen von dem unvermeidlichen Mangel des Personals an Sachkenntnis und Aufmerksamkeit, schon deshalb kaum zu erreichen ist, weil genügend einfache und sichere Hilfsmittel zur Bestimmung der in jedem Zustande erforderlichen Zugstärke fehlen. Es darf deshalb nicht überraschen, daß, wie man bei näherer Prüfung leicht feststellen kann,

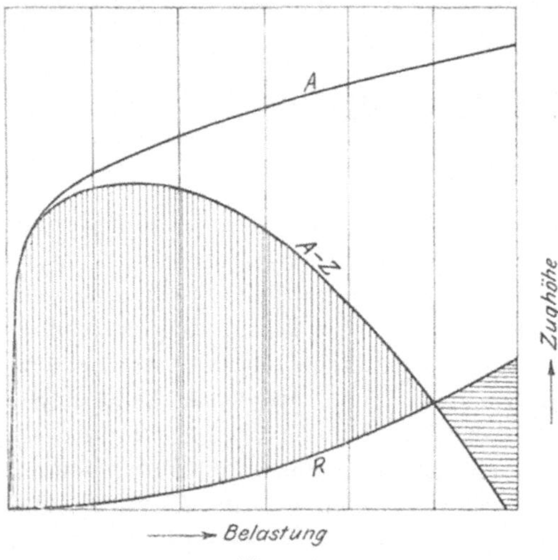

Fig. 65.

in den meisten älteren Anlagen im Durchschnitt mit übermäßiger Zugstärke und sehr hohem Luftüberschuß gearbeitet wird.

Aus Figur 65 ist zu ersehen, daß dieser Fehler mit der Größe des maximal vorkommenden Wertes der Widerstände Z wachsen und fallen muß; denkt man sich nämlich diese Widerstände beispielsweise auf $\frac{1}{4}$ verringert, so ergeben sich entsprechend wesentlich günstigere oder besser gesagt weniger ungünstigere Verhältnisse. Somit ist es für das Betriebsergebnis von großer Bedeutung, die genannten Widerstände nach Möglichkeit klein zu halten.

Gegen diesen ebenso einfachen wie wichtigen Grundsatz verstoßen manche Kesselkonstrukteure, indem sie — um einen scheinbar hohen Wirkungsgrad mit billigen Mitteln zu erzielen — eine komplizierte und zu stark eingeschnürte Führung der Gase in den Rauchzügen einrichten. Derart gebaute Kessel ergeben hohe Widerstände und sind daher für schwankende Belastungen nicht vorteilhaft.

Mit der Belastung steigt im allgemeinen die Abgastemperatur, folglich auch die Saugwirkung des Schornsteines, welche günstige Wirkung aber bei gewöhnlichen, unrationell gebauten Kesseln nur schwach in Erscheinung tritt [1]), aber bei richtiger Anordnung der Heizflächen und Zugführungen zu einer praktisch vollkommen selbsttätigen Regelung des Zuges führt. In der Tat kommt man bei einigen vom Verfasser dem Obigen gemäß ausgeführten Anlagen ohne irgendwelche manuelle Zugregelung aus, trotzdem diese Anlagen außerordentlich starke und schnelle Belastungsschwankungen zu bewältigen haben. Die Anwendung von Kesseln mit beschränkter Umlaufsheizfläche in Verbindung mit großen Vorwärmern kann dahin führen, daß die Abgastemperatur bei schwacher Belastung sehr stark sinkt, und daher der Auftrieb schneller abnimmt als die Widerstände, sofern dem nicht durch eine passende Zugführung entgegengearbeitet wird.

Die Größe der Widerstände hängt naturgemäß von der Menge der abzuführenden Gase ab, und da diese durch den in den Gasen enthaltenen Luftüberschuß wesentlich bedingt ist, können die Zugverhältnisse einer Anlage gut oder schlecht ausfallen, je nachdem mit mehr oder weniger Luftüberschuß gearbeitet wird. Tatsächlich hat der Verfasser in einer großen Anlage die Zugverhältnisse allein durch wesentliche Verminderung des Luftüberschusses in Ordnung gebracht, und in einer anderen großen Kesselanlage, welche nach den Vorschlägen des Verfassers eingerichtet wurden, ergab sich ein Mißerfolg deshalb, weil die dabei angewendeten Wanderrostfeuerungen einen erheblich größeren Luftüberschuß erforderten, als bei der Planung der Anlage vorausgesehen war.

Nach dem Vorstehenden ist es ohne weiteres einleuchtend, daß es niemals auf die absolute Stärke des Zuges, vielmehr nur auf den relativen Wert desselben ankommt. Deshalb ist es grundsätzlich falsch, unter allen Umständen einen möglichst starken Zug anzustreben, richtig dagegen, zu versuchen, mit der denkbar geringsten Zugstärke auszukommen, wozu bei Anlage der Kesselzüge und Rauchkanäle sowie des Schornsteines alle Widerstände möglichst klein zu halten sind.

2. Widerstände.

a) **Der Rostzug** wird allgemein

$$R = \frac{v^2}{2\,g} \cdot g_1 \cdot (1 + a + b \cdot h) \quad \ldots \ldots \quad 104)$$

wobei

v die Luftgeschwindigkeit in sek/m,
g_1 das spezifische Gewicht der Luft kg/cbm,
a den Koefffizienten der Reibung in den Rostspalten

---

[1]) Siehe Fig. 57, S. 128.

    b   den Koeffizienten der Reibung in der Schicht und

    h   die Schichthöhe in m

bezeichnen.

    Sind mit

      f   die freie Rostfläche in qm,

      B   die stündlich pro qm Rost verbrannte Kohlenmenge in kg,

      W   der Heizwert der Kohle in WE, folglich

      $J_r = B \cdot W$ die stündlich auf ein qm Rost entfallende Wärme-
         menge,

      n   die Luftüberschußziffer

gegeben, so wird offenbar

$$v = \frac{B \cdot L_o \cdot n}{f \cdot g_l \cdot 3600}$$

das ist nach Formel 7

$$v = \frac{J_r \cdot 1{,}37 \cdot n}{f \cdot g_l \cdot 3600 \cdot 1000}$$

somit ergibt sich

$$R = \frac{J_r{}^2 \cdot 1{,}37^2 \cdot n^2 \cdot (1 + a + b \cdot h)}{10^6 \cdot f^2 \cdot 3600^2 \cdot g_l \cdot 2\,g} \qquad \ldots \ldots \quad 105)$$

Werden ferner

      $f \;\;= $ der halben Rostfläche und

      $g_l = 1{,}25$

angenommen, sowie J_r in Millionen WE eingesetzt, so ergibt sich nach
kurzer Vereinfachung

$$R = J_r{}^2 \cdot n^2 \cdot 0{,}024 \cdot (1 + a + b \cdot h) \ldots \ldots \quad 106)$$

    Nun ist 1 im Verhältnis zu a und b in der Regel so klein, daß es
vernachlässigt werden kann. Ferner überwiegt der Widerstand in der
Schicht derart, daß man allgemein schreiben darf

$$a + b \cdot h = c \cdot h$$

und damit geht Gleichung 106 über in

$$R = J_r{}^2 \cdot n^2 \cdot 0{,}024 \cdot c \cdot h \ldots \ldots \ldots \quad 107)$$

    Die Werte $0{,}024 \cdot c$ können angenommen werden

für locker liegende Nuß- und Stückkohlen	= 7	bis 8
„ dicht liegende Staubkohlen	= 10	„ 11
„ „ „ wenn feucht	= 14	„ 17
„ „ „ „ wenn schlammig	= 18	„ 25

Daraus ergibt sich bei 0,2 m Schichthöhe

mit $J_r =$	0,5	1,0	1,5	2,0	Millionen WE
entsprechend B/R =	70	140	210	280	kg/qm

Der Rostzug in mm WS bei stückiger Kohle und

n = 1,2	0,54	2,16	4,86	8,64
n = 1,6	0,96	3,84	8,64	15,36
n = 2,0	1,50	6,00	13,50	24,00

bei trockener Staubkohle

n = 1,2	0,72	2,88	6,28	11,52
n = 1,6	1,28	5,12	11,52	20,48
n = 2,0	2,00	8,00	18,00	32,00

und bei feuchter Staubkohle

n = 1,2	1,08	4,32	9,72	17,28
n = 1,6	1,92	7,68	17,28	30,72
n = 2,0	3,00	12,00	27,00	48,00

Die vorstehenden Zahlen können naturgemäß nur einen allgemeinen Anhalt geben, und es ist tunlichst genau die Dichtigkeit des jeweils zu verfeuernden Materials zu ermitteln.

Enge Rostspalten und Luftdüsen ergeben zumeist etwas höhere Widerstände als oben angegeben. Ferner spielt die Verunreinigung des Feuers durch Schlacke und besonders die dadurch sich einstellende Verstopfung der Rostspalten eine große Rolle.

b) Gerade Kanalstrecke. Wird zunächst die gerade Kanalstrecke mit gleichbleibender Querschnittsgröße und Geschwindigkeit betrachtet, und bezeichnen:

L die Länge des Kanals in Metern,
U den Umfang des Kanalprofiles,
F den Inhalt des Kanalprofiles,
v die Gasgeschwindigkeit in sek/m,
Q die Gasmenge in kg pro Stunde,
g_a das spezifische Gewicht der Gase,
a den Wärmeausdehnungs-Koeffizienten der Gase $= 0,00366$,
T die Temperatur der Gase,

so ergibt sich der Widerstand aus

$$Z = \frac{v^2}{2\,g} \cdot \frac{g_a}{1 + a \cdot T} \cdot 0,007 \cdot L\, \frac{U}{F} \quad \ldots \ldots \quad 108)$$

Nun ist

$$v = \frac{Q}{F} \cdot \frac{1 + a \cdot T}{g_a} \cdot \frac{1}{3600}$$

folglich nach leichter Umformung

$$Z = \frac{Q^2}{2 \cdot g \cdot F^2} \cdot \frac{1 + a \cdot T}{g_a} \cdot \frac{1}{3600^2} \cdot 0,007\, L \cdot \frac{U}{F} \quad \ldots \quad 108a)$$

Für den quadratischen Querschnitt ist

$$\frac{U}{F} = \frac{4 \cdot \sqrt{F}}{\sqrt{F} \cdot \sqrt{F}} = \frac{4}{\sqrt{F}}$$

somit wird

$$Z = \frac{Q^2}{F^{2,5}} \cdot \frac{1 + a \cdot T}{g_a} \cdot \frac{11 \cdot L}{10^{11}} \qquad \ldots \ldots 109)$$

Für den Kreisquerschnitt wird angenähert

$$\frac{U}{F} = \frac{3,5}{\sqrt{F}}$$

und

$$Z = \frac{Q^2}{F^{2,5}} \cdot \frac{1 + a \cdot T}{g_a} \cdot \frac{9,6 \cdot L}{10^{11}} \qquad \ldots \ldots 110)$$

Beim Rechteck mit den Seitenlängen A und B wird

$$\frac{U}{F} = 2 \cdot \frac{A + B}{A \cdot B}$$

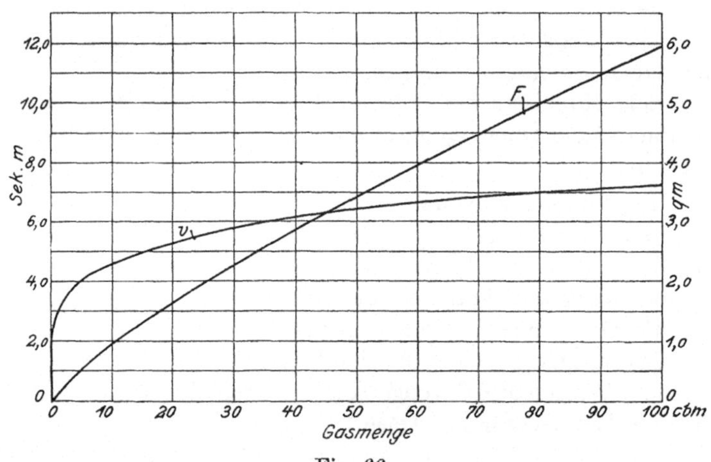

Fig. 66.

Dies ergibt für verschiedene Verhältnisse von A : B ·

A : B = 1	1,5	2	2,5	3
oder = 1	0,666	0,5	0,4	0,333
$\dfrac{U}{F} = \dfrac{1}{\sqrt{F}} \cdot 4$	4,08	4,42	4,42	4,61

Mit der Ab-
weichung vom
Quadrat $^o\!/_o$ 0 | 2 | 6 | 10,5 | 15,0

Da vom Quadrat stark abweichende Querschnitte äußerst selten vorkommen, kann allgemein

$$\frac{U}{F} = \frac{4}{\sqrt{F}}$$

für alle Rechteckformen gesetzt werden.

c) Wirtschaftliche Kanalquerschnitte. Die Linien der Figur 66 zeigen, wie bei einer bestimmten Widerstandshöhe die Querschnitte und Geschwindigkeiten mit zunehmender Gasmenge wachsen, während Fig. 67 die Abhängigkeit der Geschwindigkeitshöhe von der Querschnittsgröße bei gegebener Gasmenge zur Anschauung bringt.

Um den Widerstand herab zu drücken ist also der Querschnitt zu vergrößern. Über eine gewisse Grenze hinaus stehen dem aber räumliche und konstruktive Schwierigkeiten entgegen, auch darf bei den Kesselzügen aus Gründen des Wärmeüberganges die Geschwindigkeit nicht zu klein gemacht werden. Erfahrungsmäßig kommt man zu handlichen Verhältnissen, wenn

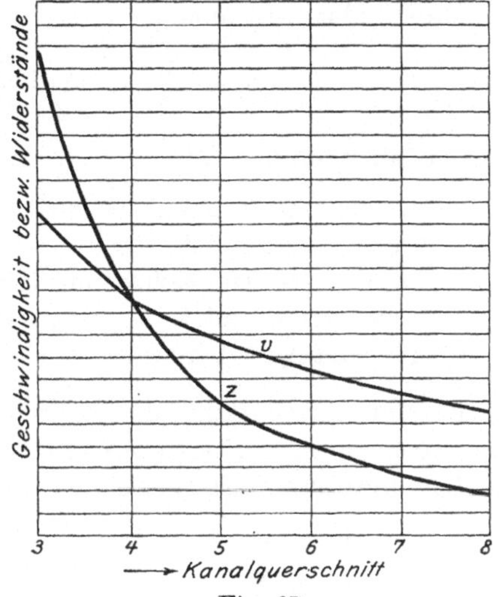

Fig. 67.

auf 100 m Kanallänge ein Druckgefälle von 2 mm W·S zugelassen wird, und dem entsprechen die folgenden Faustformeln:

$$F = 1{,}1 + \frac{Q}{17\,000} \cdot \sqrt{\frac{1 + a \cdot T}{g_a}} \qquad \dots \dots 111)$$

bzw.

$$F = 0{,}4 + \frac{Q}{13\,100} \cdot \sqrt{\frac{1 + a \cdot T}{g_a}} \qquad \dots \dots 111\,a)$$

je nachdem kleinere oder größere Gasmengen in Frage kommen und unter Annahme des kleinsten Wertes aus beiden Formeln im Zweifelsfalle. Für Überschlagsrechnungen kann auch gesetzt werden

$$F = 1{,}1 + \frac{n \cdot D}{14\,500} \cdot \sqrt{\frac{1 + a \cdot T}{g_a}} \qquad \dots \dots 112)$$

bzw.

$$F = 0{,}4 + \frac{n \cdot D}{11\,300} \cdot \sqrt{\frac{1 + a \cdot T}{g_a}} \qquad \dots \dots 112\,a)$$

wobei

D die stündlich erzeugte Dampfmenge in kg,
n den Luftüberschuß-Koeffizienten

bezeichnen.

d) Richtungs-, Querschnitts- und Geschwindigkeitsänderungen. Infolge der Richtungsänderungen treten Zusatzwiderstände auf, welche unter Umständen sehr ins Gewicht fallen können und daher sorgfältig ermittelt und in Rechnung gezogen werden müssen.

Man findet allgemein

$$Z = \frac{Q^2}{F^2} \cdot \frac{1 + a \cdot T}{g_a} \cdot \frac{b}{2,55 \cdot 10^8} \quad \ldots \ldots \quad 113)$$

wobei b anzunehmen ist:

für ein rechtwinkliges scharfes Knie   = 1,5 bis 2
desgl. ausgerundet . . . . = 0,2 ,, 0,5
für eine scharfe Kehre um 180⁰ . . . . = 2 ,, 2,5
desgl. ausgerundet . . . . = 1 ,, 1,5
für schlanke Übergänge . . . . = 0 ,,

Bei der Einschätzung dieser Koeffizienten ist zu beachten, daß die Gase wegen ihres geringen Massengewichts unter starker Kontraktion auf dem kürzesten Wege um die Ecke zu biegen suchen. Demnach

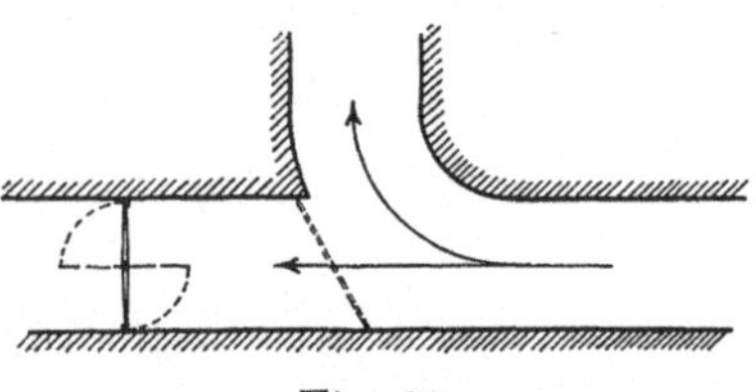

Fig. 68.

kommt es in erster Linie auf eine gute Ausrundung der ausbiegenden Wandung an und ist möglichst zu vermeiden, daß die Gase um die Schmalseite des Querschnittes zu biegen haben, weil sonst schädliche Kontraktionen nicht zu umgehen sind. Sodann ist es dringend geboten, die Möglichkeit von Wirbelbildungen zu vermeiden. Dies gilt sowohl für die Zusammenströmung mehrerer Gasströme wie auch für Richtungsänderungen. Um den ungünstigen Einfluß der Wirbel zu zeigen, sei auf Fig. 64 verwiesen. Bei der in dieser Figur dargestellten Abzweigung lag erst die die Umgebung abschließende Klappe ziemlich weit zurück von der Abzweigöffnung und ergab sich ein bedeutender Rückstau, welcher nach Verschiebung der Klappe in die punktiert angedeutete Lage vollständig verschwand. In den Fig. 69/71 sind einige Beispiele für zweckmäßig angelegte Richtungsänderungen gegeben.

Wird die Gasgeschwindigkeit von v auf v_1 erhöht, so erfordert die Beschleunigung

$$Z = \frac{v_1{}^2 - v^2}{2\,g} \cdot \frac{g_a}{1 + a \cdot T} \cdot (1 + c) \quad \ldots \ldots \quad 114)$$

während bei einer Verminderung der Geschwindigkeit der Betrag

$$- Z = \frac{v_1^2 - v^2}{2\,g} \cdot \frac{g_a}{1 + a\,T} \cdot (1 - c) \quad \ldots \ldots 114\,a)$$

frei wird, wobei gesetzt werden kann

für ganz allmähliche Übergänge . . . . c = 0,
für schroffe Übergänge . . . . c = 0,4 bis 1,0,

Strömen die Gase in einen im Verhältnis zum Kanalquerschnitt sehr großen und mit nahezu ruhenden Gasen gefüllten Raum, so wird

$$Z = \frac{Q^2}{F^2} \cdot \frac{1 + a \cdot T}{g_a} \cdot 1 \cdot \frac{1}{2{,}55 \cdot 10^8} \quad \ldots \ldots 115)$$

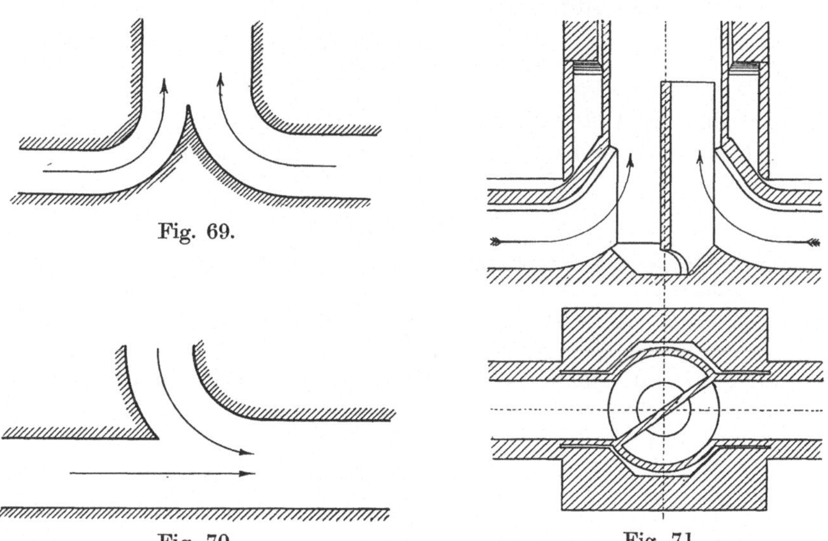

Fig. 69.

Fig. 70.

Fig. 71.

In den Heizzügen der Wasserrohrkessel und Vorwärmer, welche die Gase quer zur Rohrrichtung durchströmen, kann gesetzt werden

$$Z = \frac{Q^2}{F^2} \cdot \frac{1 + a \cdot T}{g_a} \cdot L \cdot d \cdot \frac{1}{2{,}55 \cdot 10^8} \quad \ldots \ldots 116)$$

wobei

F den freien Querschnitt zwischen den Rohren
L die Länge des Rohrbündels in der Richtung der Gase

bezeichnen. Man erhält

für Rohrstellung nach Figur 13 d = 0,7 bis 0,8
,,   ,,   ,,   ,, 12 d = 0,9
,,   ,,   ,,   ,, 11 d = 1,0 bis 1,2

Bei sehr enger Rohrstellung sind diese Koeffizienten etwas höher anzunehmen.

3. Der Schornstein.

a) Auftrieb. Es seien gegeben:

p_u der Luftdruck vor der Feuerung,
p_o derselben in Höhe der Schornsteinmündung,
H der Höhenabstand von p_o und p_u,
g_a das spezifische Gewicht der Gase,
g_u das spezifische Gewicht der Luft,
t_m die mittlere Auftriebstemperatur der Luft,
T_m die mittlere Auftriebstemperatur der Gase,

so findet man den Auftrieb aus

$$A = p_u - p_o - H \cdot \frac{g_a}{1 + a\,T_m} \quad \ldots \ldots \quad 117)$$

Befindet sich die Außenluft im Ruhezustande und in freier Verbindung mit dem Raume vor bzw. unter der Feuerung, so wird

$$p_u - p_o = H \cdot \frac{g_u}{1 + a \cdot t_m} \quad \ldots \ldots \quad 118)$$

und unter dieser Voraussetzung folglich

$$A = H \cdot \left(\frac{g_u}{1 + a \cdot t_m} - \frac{g_a}{1 + a \cdot T_m} \right) \quad \ldots \quad 119)$$

Hat aber die Luft beim Fehlen ausreichender Verbindungsöffnungen einen Widerstand (e) zu überwinden, um an die Feuerung heranzukommen, dann ergibt sich

$$A = H \cdot \left(\frac{g_u}{1 + a \cdot t_m} - \frac{g_a}{1 + a \cdot T_m} \right) - e \quad \ldots \quad 120)$$

Dieser Widerstand kann bei großen Kesselanlagen sehr fühlbar werden, wenn der Kesselraum allseitig dicht geschlossen ist, also genügende Öffnungen zum Eintritt der Verbrennungsluft fehlen. Darauf muß sehr wohl geachtet werden, und es sind diese Öffnungen für die maximal erforderliche Luftmenge bei 0,8 bis 1,0 sek/m Geschwindigkeit anzulegen.

Bei starkem Winde ändern sich p_o und p_u, und wenn dies nicht gleichmäßig erfolgt, so können die Zugverhältnisse darunter sehr stark leiden. Das wird aber stets eintreten, wenn die Lufteintrittsöffnungen des Kesselhauses auf der Leeseite liegen, weil dabei durch die saugende Wirkung des von besagten Öffnungen abgeneigten Windes ein gewisser Unterdruck im Kesselraume entsteht und somit p_u unter Umständen erheblich verkleinert wird. Dieser Fall ist nicht zu erwarten, sofern dem Winde durch passend angebrachte Öffnungen von allen Seiten freier Zutritt zum Kesselraume geschaffen wird und sich deshalb unter der Wirkung des einfallenden Windes p_o und p_u gleichmäßig ändern können.

Im Übrigen sind p_u und p_o von dem Feuchtigkeitsgehalt und der barometrischen Pressung abhängig, welche Beziehungen dadurch besonders ins Gewicht fallen, daß mit zunehmendem Feuchtigkeitsgehalt und abnehmendem Barometerstande sich der Auftrieb vermindert und gleichzeitig die Widerstände wachsen.

Angaben über den Einfluß der Feuchtigkeit und des Barometerstandes finden sich auf Seite 25 unter I 2 c.

b) Mittlere Auftriebstemperatur der Luft. Die in Rechnung zu ziehende mittlere Lufttemperatur ist vom Klima, der Jahreszeit, den örtlichen Verhältnissen und der Höhe des Schornsteines abhängig.

Erfahrungsgemäß nimmt die Lufttemperatur mit wachsender Entfernung von der Erdoberfläche ab. Man findet in der Höhe H

$$t_H = t - 1{,}5 \cdot \sqrt{H} \qquad \ldots \ldots \ldots \quad 121)$$

somit

$$t_m = t - \int_0^H \frac{1{,}5 \cdot x^{1/2} \cdot dx}{H}$$

das ist

$$t_m = t - \sqrt{H} \qquad \ldots \ldots \ldots \quad 122)$$

Daraus folgt für $t = 25$

bei H =	1	20	30	40	50	60	70
$t_m =$	25	20,5	19,5	18,7	17,9	17,3	16,6

Wird der Schornstein von hohen Gebäuden oder sonstigen die Wärme zurückstrahlenden und die freie Luftbewegung hindernden Wänden umgeben, so ist

$$t_m = t - \frac{\sqrt{(H - h)^3}}{H} \qquad \ldots \ldots \ldots \quad 123)$$

Daraus ergibt sich bei $h = 20{,}0$ m

für H =	20	30	40	50	60	70
$t_m =$	25	23,9	22,8	21,7	20,8	19,9

Bei feuchtwarmen Winden und in engen Tälern haben die oberen Luftschichten zuweilen eine sehr hohe Temperatur, und es ist daher in solchen Fällen mindestens

$$t_m = t$$

anzunehmen.

Im gemäßigten Klima ist . . . . . $t = 25$ bis 30 Grad,
in heißen Gegenden . . . . $t = 35$ „ 45 „ und
in kalten Gegenden . . . . $t = 10$ „ 20 „
einzuschätzen.

11*

c) **Mittlere Auftriebstemperatur der Gase.** Die wirksame Auftriebstemperatur der Gase ist wesentlich durch die Anordnung der Heizfläche und der Rauchwege bedingt.

Liegt die Einmündung des Fuchses in den Schornstein in ungefähr gleicher Höhe mit der Feuerung oder darunter, so ist

$$T_m = T_o$$

anzunehmen, wenn T_o die Abgastemperatur im Schornstein bezeichnet.

Werden dagegen die Rauchwege etwa nach Fig. 72 vorwiegend zum Schornstein ansteigend geführt, so erhält man

$$T_m = \frac{\pm\, T \cdot h \pm T \cdot h + \ldots \ldots \pm T_n \cdot h_n}{H} \qquad . \ . \ 124)$$

wobei die aufsteigenden Strecken positiv, die absteigenden dagegen negativ einzusetzen sind.

Hieraus ist zu ersehen, daß durch geeignete Führung der Gase selbst bei sehr niedriger Endtemperatur der letzteren mit mäßiger

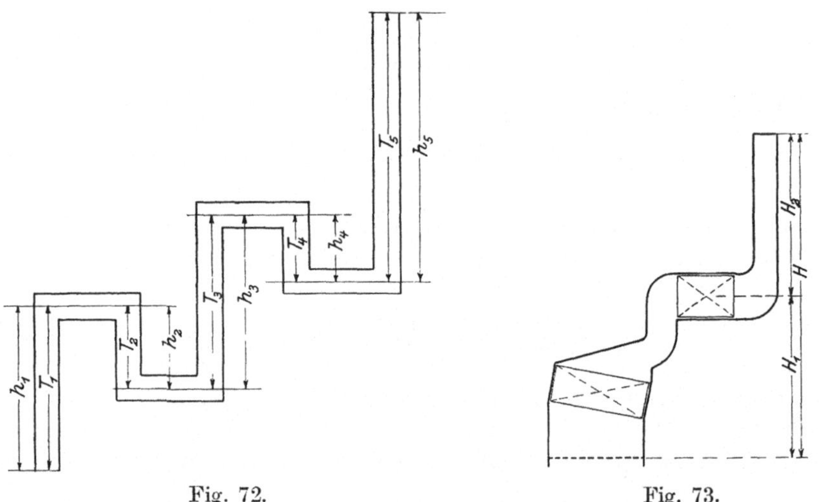

Fig. 72.   Fig. 73.

Schornsteinhöhe ein kräftiger Auftrieb zu erreichen ist. Ferner (und das, weil sich die Gastemperaturen an den einzelnen Stellen der Heizfläche mit der Belastung sehr verschieden ändern) kann dadurch eine in vielen Fällen ausreichende selbsttätige Zugregelung geschaffen werden. Endlich bietet die Zerlegung der Auftriebs- und Widerstandsstrecken die Möglichkeit, das zwischen dem Innern der Rauchwege und der Außenluft herrschende Druckgefälle auf einen unschädlichen Bruchteil herabzudrücken.

Bei der Anwendung dieses Prinzipes sind zwei wesentlich verschiedene Fälle auseinanderzuhalten, und zwar:

a) Jeder Verdampfer ist mit dem zugehörigen Vorwärmer versehen.

b) Mehrere Verdampfer sind mit einem gemeinsamen Vorwärmer verbunden.

Im Falle a ist ferner von Bedeutung, ob mehrere verschieden belastete Gruppen dieser Art auf einen gemeinsamen Schornstein arbeiten oder nicht.

Es sollen die verschiedenen Fälle an durchgerechneten Beispielen nachstehend gezeigt werden.

1. Gruppe nach a) mit eigenem Schornstein, wie in Fig. 73 angedeutet.

Es seien gegeben	Für halbe Belastung	Für volle Belastung
T_{m1} der ersten Zugstrecke 1	380	640°
T_{m2} „ zweiten „ 2	65	200°
Z_1 „ ersten „	7	18 mm WS
Z_2 „ zweiten „	2	5
$Z_1 + Z_2$	9	23

Ferner $t_m = 25°$, $g_a = 1,3$ und $g_u = 1,26$.
$H_1 = 9$, $H_2 = 41$ m, also $H = 50$ m.

	Für halbe Belastung	Für volle Belastung
Es wird T_m . . . . =	122	279°

folglich aus Formel 119

	Für halbe Belastung	Für volle Belastung
A der ersten Zugstrecke	5,5	6,9 mm WS
A „ zweiten „	4,3	16,8
A „ beiden Zugstrecken	9,8	23,7

Der Auftrieb entspricht also fast genau den Widerständen, und deshalb wird sich bei der gegebenen Höhenlage des Vorwärmers eine praktisch vollkommene Zugregelung ergeben.

Würde man dagegen unter Beibehaltung aller sonstigen Verhältnisse den Vorwärmer tief aufstellen und den Fuchs in Höhe der Feuerung in den Schornstein einleiten, so ergäbe sich der Auftrieb eines 50 m hohen Schornsteins zu 5,3 bei halber Belastung und 20,5 mm WS bei voller Belastung, also ungenügend, weshalb der Schornstein erhöht werden müßte, wobei dann je nach der gewählten Höhe entweder bei voller Belastung ein zu starker oder bei halber Belastung ein zu geringer Zug herrscht. Dies beruht auf der energischen Wirkung, d. h. weite Temperaturausnutzung des angewendeten Vorwärmers bei sinkender Belastung.

2. 3 Gruppen nach a) halbbelastet und eine solche vollbelastet auf gemeinsamen Schornstein arbeitend.

Der Einfachheit halber mögen die Zahlen des vorigen Beispieles als gegeben angenommen werden. Da die zweite Zugstrecke für alle Kessel gemeinsam ist, ermittelt sich für dieselbe

$$T_{m_2} = \frac{3 \cdot \frac{1}{2} \cdot 65 + 1 \cdot 200}{3 \cdot \frac{1}{2} + 1} = 119 \text{ Grad}$$

somit

$$A_2 = 41 \cdot \left(\frac{1,26}{1 + a \cdot 25} - \frac{1,3}{1 + a \cdot 119} \right) = 10,3 \text{ mm WS.}$$

Daraus ergibt sich folgendes Bild:

	Halbbelastete Gruppen	Vollbelastete Gruppe
Auftrieb 1. Strecke	5,5	6,9 mm WS
„ 2. „	10,3	10,3
„ insgesamt	15,8	17,2
Widerstände insgesamt	9,0	23,0
Der Auftrieb ist folglich nun zu groß um	6,8	---
„ „ „ „ „ „ „ „	—	5,8

Es tritt hier der nicht ungewöhnliche Fall ein, daß die schwach angestrengten Kessel den für die stark belasteten verfügbaren Zug verderben. Allerdings werden sich die oben vorausgesetzten krassen Verhältnisse niemals ergeben, da schon aus ökonomischen Gründen jederzeit eine möglichst gleichmäßige Anstrengung aller Kessel angestrebt wird. Letzteres ist aber nicht immer vollkommen zu erreichen, und deshalb ist stets mit der gezeigten Zugverschlechterung zu rechnen, sofern nicht durch eine passende Ausbildung der Anlagen dem entgegengearbeitet wird.

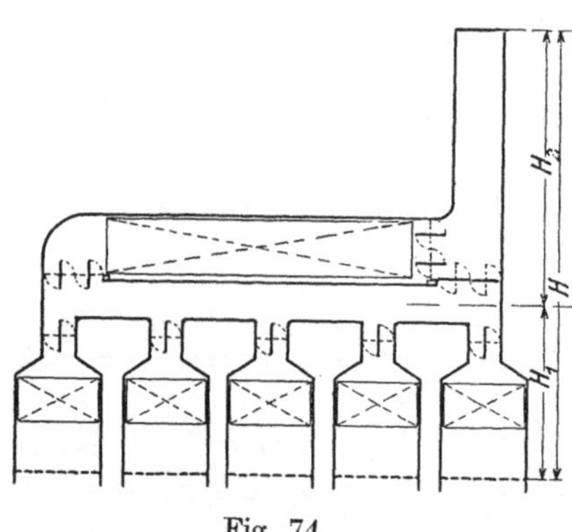

Fig. 74.

Bei tiefer Lage der Vorwärmer liegen die Verhältnisse natürlich noch ungünstiger; denn dabei müßte der Schornstein etwa 90 m hoch werden, und ergäbe sich:

	für die halb belastete Gruppe	für die voll belastete Gruppe
der Auftrieb	25	25 mm WS
die Widerstände	9	25
also der Zugüberschuß	14	0

3. Fünf Verdampfer mit gemeinsamem Vorwärmer nach b gemäß Fig. 74.

Es sei für die Verdampfer gegeben

	bei halber	voller Belastung
T_{m_1} der ersten Strecke	400	750 Grad
Z_1 ,, ,, ,,	4	9 mm WS

$t_m = 25$, $g_u = 1{,}26$, $g_a = 1{,}3$; $H_1 = 10$ m; somit ist

$A_1 =$	6,3	8,1 mm WS.

Es besteht also zwischen A und Z kein nennenswerter Unterschied, man kann sagen, daß jeder Verdampfer den nötigen Zug selbst schafft, und daher der Unterdruck im Sammelkanal verschwindend klein sein darf.

Ferner sei für den Vorwärmer gegeben, wenn ein bzw. fünf Verdampfer arbeiten:

T_m der zweiten Zugstrecke	70	230 Grad
Z ,, ,, ,,	2	10 mm WS.

Dann ist für den zweiten Fall erforderlich

$$H_2 = \frac{7 + (9 - 8{,}1)}{\dfrac{1{,}26}{1 + a \cdot 25} - \dfrac{1{,}3}{1 + a \cdot 230}} = 24{,}3 \text{ m}$$

und ergibt sich bei Belastung mit nur einem Verdampfer

$$A_2 = 24{,}3 \cdot \left(\frac{1{,}26}{1 + a \cdot 25} - \frac{1{,}3}{1 + a \cdot 70} \right) = 2{,}7 \text{ mm WS,}$$

also ebenfalls nahezu mit den Widerständen übereinstimmend.

Würde unter sonst gleichen Umständen der Vorwärmer tief aufgestellt und der Fuchs in Feuerungshöhe in den Schornstein geführt, so ergäben sich, wenn

	ein	bzw.	fünf Vorwärmer arbeiten
T_m	70		230 Grad
Z	$9 + 2 = 11$		$9 + 10 = 19$ mm WS
A bei $H = 50$	6		22,5 mm WS
Das ist	5 mm zu wenig		3,5 mm zu viel.

Bisher sind durchweg ganz rationell geteilte Heizflächen vorausgesetzt, bei welchen sich die Gastemperaturen mit der Belastung sehr stark ändern. Dies trifft für die heutzutage allgemein üblichen Anlagen mit großer Umlaufs- und kleiner Strömungheizfläche nicht zu und um die Charakteristik dieser Anlagen zu zeigen, sollen unter Einsetzung derselben die obigen Beispiele nochmals kurz vorgeführt werden.

1a. Gruppe (a) mit eigenem Schornstein.

Es sind gegeben	Für halbe Belastung	Für volle Belastung
T_{m_1} der ersten Zugstrecke	250	350⁰
T_{m_2} „ zweiten „	120	200⁰
Z_1 „ ersten „	8	20 mm WS
Z_2 „ zweiten „	2	5
$Z_1 + Z_2$	10	25

$$H_1 = 9,\ H_2 = 51,\ H = 60\,\mathrm{m},\ t_m = 25,\ g_a = 1{,}3,\ g_u = 1{,}26.$$

Folglich wird:

	Für halbe Belastung	Für volle Belastung
A_1 der ersten Zugstrecke	4,3	5,2 mm WS
A_2 „ zweiten „	12,8	20,6
$A_1 + A_2$	17,1	25,8
Zugüberschuß	7,1	0,8

Erfolgt bei tiefer Lage des Vorwärmers die Einmündung des Fuchses in Höhe der Feuerung, so wird bei $H = 61$ m

$$A = \qquad 15{,}3 \qquad 25{,}0 \ \mathrm{mm\ WS}$$

also der Zugüberschuß 5,3 mm.

Infolge der geringen Temperaturen der ersten Zugstrecke wird durch die Hochlegung des Vorwärmers in diesem Falle nichts gewonnen. Bemerkenswert ist, daß sich trotz Anwendung von Vorwärmern schon die Bildung übermäßigen Zuges während der schwachen Belastung herausstellt, welche bei reinen Umlaufsheizflächen, wie in Fig. 55 dargestellt, noch erheblich stärker hervortritt.

2a. Mehrere Gruppen (a) an einem Schornstein.

Man erhält mit den früher benutzten Zahlen

$$T_{m_2} = \frac{3 \cdot \dfrac{1}{2} - 20 + 1 \cdot 200}{3 \cdot \dfrac{1}{2} + 1} = 152 \ \mathrm{Grad.}$$

Daraus folgt:

	für halbbelastete Gruppen	für vollbelastete Gruppe
A_1 der ersten Zugstrecke	4,3	5,2 mm WS
A_2 „ zweiten „	16,3	16,3
Zusammen	20,6	21,5
Dagegen die Widerstände	10,0	25,0
Zugüberschuß	10,6	
Zugmangel		3,5

Auch hier nehmen die schwach belasteten Gruppen den stark angestrengten gewissermaßen den Zug fort. Bei der Einmündung des Fuchses in Feuerungshöhe und $H = 77$ m wird

<table>
<tr><td></td><td>für halbbelastete
Gruppen</td><td>für vollbelastste Gruppe</td></tr>
<tr><td>A insgesamt =</td><td>25,0</td><td>25,0 mm WS</td></tr>
<tr><td>mit Zugüberschuß =</td><td>15,0 mm WS</td><td></td></tr>
</table>

und somit das Verhältnis für den schwach belasteten Kessel noch etwas ungünstiger als bei hoch liegenden Vorwärmern.

3a) Gruppe (b): fünf Verdampfer, ein Vorwärmer.

Für die Verdampfer sind gegeben:

	bei halber Belastung	bei voller Belastung
T_{m1} der ersten Zugstrecke	250	350⁰
Z „ „ „	8	20 mm WS
Es wird		
A_1 der ersten Zugstrecke	4,8	5,8
Zugmangel	3,2	14,2

Im Sammelkanale muß also ein ziemlich starker Unterdruck eingehalten werden, um die Differenz zwischen Z und A_1 auszugleichen oder mit anderen Worten, den fehlenden Zug zu schaffen.

Ferner ist, wenn

<table>
<tr><td></td><td>ein</td><td>fünf Vorwärmer arbeiten</td></tr>
<tr><td>T_{m_2} der zweiten Zugstrecke</td><td>70</td><td>200 Grad</td></tr>
<tr><td>Z_2 der zweiten Zugstrecke</td><td>2</td><td>10 mm WS.</td></tr>
</table>

Für die gleichzeitige Wirkung aller Verdampfer muß sein

$$H_2 = \frac{10 + (20 - 5,8)}{\dfrac{1,26}{1 + a \cdot 25} - \dfrac{1,3}{1 + a \cdot 200}} = 60 \text{ m,}$$

und damit wird, wenn nur ein Vorwärmer arbeitet

$$A_2 = 60 \left(\frac{1,26}{1 + a \cdot 25} - \frac{1,3}{1 + a \cdot 70} \right) = 7,2 \text{ mm WS.}$$

Benötigt werden aber unter vorausgesetzten Umständen

$$20 + 2 - 5,8 = 16,2 \text{ mm WS,}$$

und deshalb darf bei dieser Anordnung ein Verdampfer allein nicht vollbelastet arbeiten, wie es bei der rationellen Einteilung der Heizflächen entsprechend Beispiel 3 möglich ist,

Wie die vorstehenden Rechnungen zeigen, kann bei einer Neuanlage der Auftrieb in weiten Grenzen beliebig geregelt werden, wenn eine richtige Teilung der Heizflächen im Verdampfer und Vorwärmer vorgenommen wird und letztere in der zweckmäßigen Höhe über der Feuerung Aufstellung finden. Um die für jeden Einzelfall zweckmäßigsten Verhältnisse herauszufinden, genügen wenige einfach durchzuführende Rechnungen.

Aber auch bei einer bestehenden Anlage, z. B. wenn derselben ein Vorwärmer nachträglich angebaut werden soll, ist es möglich die Zugverhältnisse durch zweckmäßige Disposition des Ganzen günstig zu gestalten, wie im umgekehrten Falle jedoch ganz z0 verderben. Zur Lösung dieser Aufgabe ist natürlich unbedingt notwendig, über die in Frage kommenden Belastungsgrenzen, die dabei zu erwartenden Gastemperaturen, Widerstände und sonstigen wesentlichen Faktoren vollständige Klarheit zu schaffen.

d) Eigenwiderstand des Schornsteines. Der beim Durch- und Ausfluß der Gase sich ergebende Eigenwiderstand des Schornsteines vermindert den Auftrieb um einen mit dem Quadrat der Belastung wachsenden Betrag und verursacht daher unter allen Umständen eine Verschlechterung der Zugverhältnisse, welche bei zu eng gebauten Schornsteinen außerordentlich ins Gewicht fallen kann. Diese ungünstige Wirkung läßt sich bei jedem hohen und engen Schornsteine leicht feststellen. Wird nämlich die am Fuße eines solchen Schornsteines herrschende Zugstrecke bei verschiedenen Belastungen gemessen, so ergibt sich dieselbe während des schwachen Betriebes höher als bei voller Belastung. Dies ist darauf zurückzuführen, daß in engen Schornsteinen der Eigenwiderstand erheblich schneller mit der Belastung wächst als der Auftrieb.

Die dem widerstandslosen Schornsteine entsprechende Grundhöhe ergibt sich, wenn

Z_s die gesamten Widerstände der Kesselanlage ohne Schornstein,
T_m die mittlere Auftriebstemperatur bezeichnen, zu

$$H_g = Z_s \cdot \frac{1}{\dfrac{g_u}{1 + a \cdot t_m} - \dfrac{g_a}{1 + a \cdot T_m}} \qquad \ldots \ldots 125)$$

Der Eigenwiderstand wird dagegen, wenn mit

T die Gastemperatur im Schornstein

gegeben ist.

$$Z_e = \frac{Q^2}{F^2} \cdot \frac{1 + a \cdot T}{g_a} \cdot \frac{1 + e}{2.55 \cdot 10^8} \qquad \ldots \ldots 126)$$

wobei

$$e = 0,0245 \cdot h \cdot \frac{1}{\sqrt{F}} \qquad \ldots \ldots \quad 127)$$

zu setzen ist, sofern die Seele des Schornsteines als ein Zylinder betrachtet werden kann und mit

h die Höhe dieses Zylinders

gegeben ist

Daraus folgt nach leichter Umformung

$$Z_e = Q^2 \cdot \frac{1 + a \cdot T}{g_a} \cdot \frac{1}{2,55 \cdot 10^8} \cdot \left(\frac{0,0245}{F^{2,5}} \cdot h + \frac{1}{F^2} \right) \quad . \quad 128)$$

und weil

$$Z_e = A_e = H_e \cdot \left(\frac{g_u}{1 + a \cdot t_m} - \frac{g_a}{1 + a \cdot T} \right)$$

sein muß, die Zusatzhöhe

$$H_e = Q^2 \cdot \frac{1 + a \cdot T}{g_a} \cdot \frac{1}{2,55 \cdot 10^8} \cdot \left(\frac{1}{F^2} + \frac{0,0245 \cdot h}{F^{2,5}} \right) \cdot \frac{1}{\dfrac{g_u}{1 + a \cdot t_m} - \dfrac{g_a}{1 + a \cdot T}} \quad 129$$

e) Vorteilhafte Schornsteinabmessungen. Es entsteht nun die Frage nach der vorteilhaftesten Anordnung des Schornsteines. — Wie aus Fig. 75 zu ersehen ist, nimmt der Eigenwiderstand (Z_e) mit wachsendem

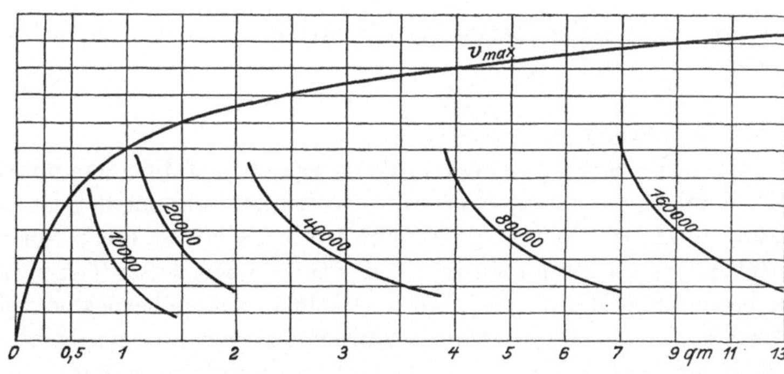

Fig. 75.

Querschnitt (F) anfangs rapide und dann sehr allmählich ab, so daß schließlich durch eine weitere Vergrößerung des Querschnittes nicht mehr viel zu gewinnen ist. In derselben Figur ist angegeben, wie die einem konstanten Widerstande entsprechende Geschwindigkeit mit der Größe des Querschnittes wächst.

Nimmt man den zulässigen Eigenwiderstand des Schornsteines zu 1,5 bis 2 mm WS an, wobei sich im allgemeinen passende Verhältnisse ergeben werden, so wird

$$F = 1 + \frac{Q}{20\,000} \cdot \frac{1 + a \cdot T}{g_a} \quad \ldots \ldots \quad 130)$$

für größere und

$$F = 0{,}2 + \frac{Q}{14\,000} \cdot \frac{1 + a \cdot T}{g_a} \quad \ldots \ldots \quad 130\,a)$$

für kleinere Gasmengen. Die Werte $1 + a \cdot T$ finden sich auf Seite 26
Für Überschlagsrechnungen findet man ausreichend genau

$$F = 1 + \frac{n \cdot D}{17\,200} \cdot \frac{1 + a \cdot T}{g_a} \quad \ldots \ldots \quad 131)$$

bzw.

$$F = 0{,}2 + \frac{n \cdot D}{12\,100} \cdot \frac{1 + a \cdot T}{g_a} \quad \ldots \ldots \quad 131\,a)$$

worin

    D die zu erzeugende Dampfmenge in kg pro Std,
    n die Luftüberschußziffer

bezeichnen. Die Zusatzhöhe ist

$$H_e = 1{,}5 \text{ bis } 2 \cdot \frac{1}{\dfrac{g_u}{1 + a \cdot t_m} - \dfrac{g_a}{1 + a\,T}} \quad \ldots \quad 132)$$

wobei T der maximalen Belastung entsprechend einzusetzen ist.
    Angenähert kann

$$H_e = 3{,}5 - 5{,}5 \text{ m}$$

angenommen werden.

Nach dem Voraufgegangenen erübrigt es sich, auf die verschiedenen Formeln einzugehen, welche bisher für die Berechnung der Schornsteinabmessungen angegeben und gebraucht worden sind, da diese Formeln weder die Art und Zusammensetzung der Gase noch deren Temperatur und die besonderen Verhältnisse jeder einzelnen Anlage berücksichtigen. Ohne Zweifel hatten die erwähnten Formeln seinerzeit einen gewissen Wert, d. h. solange es sich um Kesselanlagen handelte, auf die sie zugeschnitten waren. Der Kesselbau ist aber nicht stehen geblieben, sondern hat sich stark vorwärts entwickelt, so daß erheblich höhere Leistungen und Wirkungsgrade verlangt und erzielt werden. Es ist daher nicht zu verwundern, daß die genannten Formeln sehr häufig zu ganz widersinnigen Ergebnissen führen.

Die als notwendig und vorteilhaft erkannte möglichste Einschränkung aller Widerstände führt im allgemeinen zu verhältnismäßig niedrigen und weiten Schornsteinen. Da gegen solche immer noch ganz unhaltbare Einwände erhoben werden, erscheint es geboten, auf diese Frage etwas näher einzugehen.

Prof. Lang sagt z. B. in „Der Schornsteinbau", I. Heft, Seite 23, unter anderem:

> Daraus folgt, daß es nicht angängig ist, einen Sammelschornstein für ein Anwesen zu bauen, in welchem die Anzahl der in Betrieb befindlichen Feuerungen häufig und stark wechselt, da sonst für kleinen Betrieb eine zu geringe, für starken Betrieb eine zu große Ausströmungsgeschwindigkeit sich ergibt.

Ferner ebenda:

> G. Weigelin sagt, es sei durch Versuche festgestellt, daß ein Schornstein, welcher für fünf Kessel erbaut ist, auch noch ziehe, wenn nur ein Kessel geheizt werde, sofern der Rauchschieber hierbei richtig eingestellt werde. Dies muß jedenfalls als die äußerste Grenze bezeichnet werden; auch wird durch sehr ungünstigen Wind bei nur einer Kesselfeuerung der Zug schon in Frage gestellt.

Sodann behauptet Prof. Lang, daß die Ausströmungsgeschwindigkeit niemals unter 2 bis 3 sek/m herabgehen sollte.

Die hier angezogenen Versuche haben offenbar deshalb zu der mitgeteilten falschen Schlußfolgerung geführt, weil dabei wesentliche Nebenumstände nicht genügend berücksichtigt wurden. Wenn durch kalt stehende Kessel sehr viel falsche Luft in die Rauchkanäle oder den Schornstein eindringen kann, so muß bei schwachem Betriebe selbstverständlich der Zug stark herabsinken, worauf wahrscheinlich in dem angezogenen Falle der ungenügende Zug zurückzuführen war. Das Eindringen von falscher Luft beruht aber auf mangelhafter Unterhaltung und Bedienung der Kesselanlage, und der Schornstein hat damit direkt nichts zu tun.

Daß die Schlußfolgerung der Quelle bezüglich der unteren Grenzwertes der Ausströmungsgeschwindigkeit tatsächlich unrichtig ist, läßt sich leicht nachweisen.

Verfasser hat eine ganze Anzahl großer Schornsteine erbaut, welche bis zum Eintritt der vorgesehenen Entwicklung der zugehörigen Werke mit einer sehr geringen Ausflußgeschwindigkeit jahrelang anstandslos arbeiteten. Darunter finden sich ganz abnorme Verhältnisse vor, wie z. B. 5 m Durchmesser bei 40 m Höhe, 4,2 m Durchmesser bei 60 m Höhe und so fort. Der zuletzt angegebene Schornstein steht in einem ziemlich engen Tale mit zeitweilig stark einfallenden Winden und arbeitet noch heute an Sommertagen mit einer Ausflußgeschwindigkeit von weniger als 0,4 sek/m. Ganz allgemein findet man in den meisten Elektrizitätswerken bei der schwachen Tagesbelastung im

Sommer nur einen verschwindend kleinen Teil der an einem Schornstein angeschlossenen Kessel arbeitend.

Es ist deshalb außer allem Zweifel, daß leicht feststellbare Fehler vorliegen müssen, wenn ein Schornstein bei schwacher Belastung nicht genügend zieht, sowie daß die Ausströmungsgeschwindigkeit sehr wohl zu groß, in den praktisch möglichen Grenzen aber niemals zu klein gemacht werden kann.

4. Abhilfe bei schlechtem Zuge.

Wenn irgendwo ein ungenügender Zug vorhanden ist, so soll man nicht ohne weiteres den Fehler im Schornstein suchen und noch weniger an eine Erhöhung des letzteren gehen, da zumeist ganz andere Ursachen vorliegen, welche in der Regel nicht nur den Zug, sondern auch den Wirkungsgrad der Anlage beeinträchtigen. Eine eingehende Untersuchung der Anlage wird darüber Aufschluß geben, wo der Hebel anzusetzen ist, und wie wirkliche Verbesserungen möglich sind.

Zu diesem Zweck ist es unerläßlich, während verschiedener Belastungen und an den kritischen Punkten der Rauchwege festzustellen

a) Temperatur der Rauchgase,

b) Zusammensetzung derselben,

c) Unterdruck.

Aus a und b ist sofort zu ersehen, ob und wo den Gasen übermäßig viel Luft zugeführt wird. Geschieht dies schon in der Feuerung, so muß diese verbessert oder müssen besondere Feuerungsmethoden eingeführt werden. Erhöht sich dagegen der Sauerstoffgehalt und folglich der Luftüberschuß in den Rauchwegen, dann ist auf den starken Eintritt von falscher Luft zu schließen.

Da die Widerstände mit dem Quadrat der Gasmenge wachsen, ist leicht einzusehen, daß ein starker Luftüberschuß den Zug wesentlich verschlechtern kann und letzterer durch Verringerung des ersteren sich bedeutend verbessern läßt. In der Tat ist dieser Umstand wiederholt vom Verfasser mit bestem Erfolge ausgenutzt worden. Die Einschränkung des Luftüberschusses bietet aber nebenbei den großen Vorteil, daß dadurch der Wirkungsgrad der Anlage gehoben wird und somit den etwa hierfür zu machenden Aufwendungen unter Umständen erhebliche Ersparnisse gegenüberstehen, während eine direkte Zugverstärkung nur Kosten verursacht.

Die in die Rauchwege eindringende falsche Luft erhöht nicht nur die Widerstände, sondern wirkt noch mehr durch die von ihr herbeigeführte Verminderung der Auftriebstemperatur. Kommt die falsche Luft mit der Heizfläche in Berührung, so schädigt sie auch den Wirkungsgrad des Kessels. Verfasser wurde zu mehreren Fällen herangezogen, wo allein durch Abstellung der falschen Luft der Fehler vollständig behoben werden konnte.

Zuweilen findet eine starke Abkühlung der Rauchgase durch die Verdampfung des in die Rauchkanäle eindringenden Wassers statt. Dieser Fall ist nicht gewöhnlich und soll daher hier nur kurz erwähnt werden.

Aus den Messungen des Unterdruckes (c) läßt sich feststellen, ob an irgendeinem Punkte der Rauchwege ein übermäßiger Widerstand auftritt.

Ist dieser Widerstand auf eine Verlegung der Züge mit Flugasche zurückzuführen, was sehr häufig beobachtet werden kann, so hilft eine gründliche Reinigung. Liegen dagegen unzulässige Verengungen oder schroffe Richtungsänderungen und Wirbel bildende Stellen in den Rauchwegen vor, welche den starken Widerstand bedingen und sich im Druckabfall bemerkbar machen, so müssen die notwendigen Änderungen ausgeführt werden, und läßt sich damit in der Regel der Fehler auf die billigste Art beseitigen. Eine Nachrechnung der Querschnitte und der darin auftretenden Gasgeschwindigkeiten gibt hierüber ohne weiteres Aufschluß. Wenn nun nach Abstellung aller oben angeführten Mängel dennoch ein ungenügender Zug verbleibt, oder die genügend weit gehende Einschränkung des Luftüberschusses — welche fast ausnahmslos zum Ziele führt — Schwierigkeiten bieten sollte, so ist weiter zu überlegen, ob an eine Erhöhung des Schornsteines gedacht werden kann oder nicht. Für den Fall, daß der Lichtquerschnitt des Schornsteines zu knapp ist und daher ein starker Eigenwiderstand vorliegt, kann bei einer Erhöhung des Schornsteines wenig herauskommen, weil dabei entsprechend dem aus Festigkeitsgründen zu gebenden Anlaufe der Querschnitt noch weiter eingeschränkt werden muß, wobei der Eigenwiderstand unter Umständen schneller als der Auftrieb wächst. Bei einer derartigen Sachlage wird der Zug durch die Erhöhung des Schornsteines eher verschlechtert als gebessert. In jedem Fall muß eine eingehende Rechnung angestellt werden, um hierüber genauen Aufschluß zu gewinnen. Zeigt es sich, daß der Ausflußquerschnitt reichlich groß ist, so vermag die Erhöhung des Schornsteines Nutzen zu bringen, wenn man sich der obengenannten Hilfsmittel zur indirekten Verbesserung des Zuges nicht bedienen will oder kann.

Durch nachträglich eingebaute Vorwärmer werden die Zugverhältnisse in jedem Falle wesentlich geändert; denn der Vorwärmer vergrößert die Widerstände und drückt die Auftriebstemperatur der Gase infolge der damit bezweckten besseren Ausnutzung der Gaswärme erheblich herab. Bevor man sich zum Einbau eines Vorwärmers entschließt, muß daher festgestellt werden, ob die bestehenden Zugverhältnisse dies zulassen, bzw. welche Maßnahmen zu treffen sind, um auch nach Einbau des Vorwärmers genügend Zug zu behalten. Hierzu gehören in erster Linie eine Verbesserung des Feuerungsbetriebes, durch welche der Luftüberschuß und daher die Widerstände vermindert werden, die Beseitigung aller unnötigen Druckverluste in den Rauchwegen durch möglichste Ausrundung und Ausweitung derselben sowie endlich die richtige Anordnung des Vorwärmers, d. h. passende Hochstellung desselben zur Vergrößerung der mittleren Auftriebstemperatur.

5. Künstlicher Zug.

a) Saugzug. In den letzten Jahren ist der künstliche Zug sehr in Anwendung gekommen und die Anhänger desselben haben sich davon ganz wesentliche Vorteile versprochen; bei eingehender Erwägung aller in Betracht kommenden Verhältnisse läßt sich aber leicht herausfinden, daß der künstliche Zug dem natürlichen nicht als gleichwertig angesehen werden kann.

Wenn angenommen wird, daß sich durch die mechanische Erzeugung des Zuges die Wärmebilanz verbessern läßt, weil der natürliche Zug zur Schaffung des Auftriebes der Abgaswärme bedarf und daher mit einem sehr geringen Nutzeffekt arbeitet, so geht man natürlich von einer ganz falschen Voraussetzung aus. Die Abgaswärme läßt sich anders gar nicht ausnutzen, und mit derselben ist daher kostenlos der Zug zu erzeugen. Auch bei der weitestgehenden Ausnutzung der Gaswärme an der Heizfläche, d. i. mit sehr geringen Gastemperaturen ist es, wie weiter oben gezeigt und durch viele praktische Versuche bewiesen worden, sehr leicht möglich, einen durchaus genügenden Auftrieb zu erzeugen. Abgesehen von den Betriebskosten und der offenbaren Komplikation der Kesselanlagen, welche durch die Einführung des künstlichen Zuges entsteht, hat letzterer noch den schwerwiegenden Mangel, daß er dem Heizer die Möglichkeit bietet, die Zugstärke nach Belieben zu erhöhen und daher schlecht zu arbeiten. Bekanntlich ist es auch bei mangelhafter Bedienung der Anlage nicht schwer, hohe Leistungen herauszuholen, sofern nur genügend Zug zur Verfügung steht, dagegen muß aufgepaßt werden, wenn dies nicht der Fall ist. Selbstverständlich muß stets genügend Zug vorhanden sein; aber ebenso wichtig ist es auch, ein Übermaß zu vermeiden.

Wenngleich also der mechanische Zug dem natürlichen in jeder Weise unterlegen ist, so kann er doch zuweilen sehr gute Dienste leisten dort, wo aus technischen oder wirtschaftlichen Gründen ein Schornstein nicht am Platze ist, oder es sich um eine Aushilfe handelt, wie z. B. bei nachträglichen Betriebserweiterungen im engen Raume oder der Hinzufügung eines Vorwärmers.

Der künstliche Zug wird entweder direkt durch Ansaugung der Gase oder indirekt durch die Blaswirkung eines Ejektors erzeugt. Letzteres ist bei Lokomotiven allgemein üblich und berechtigt, weil dazu der Abdampf zur Verfügung steht. Ob allerdings nicht auch bei Lokomotiven eine andere Zugerregung vorteilhafter wäre, scheint noch des Studiums wert zu sein. Bei gewöhnlichen Kesselanlagen hat der indirekte künstliche Zug den großen Nachteil des hohen Kraftverbrauches, welcher sich aus dem geringen Wirkungsgrade des Ejektors notwendigerweise ergibt. Die direkte Absaugung der Gase hat einen ganz erheblich geringen Kraftverbrauch, zuweilen $\frac{1}{3}$ desjenigen beim indirekten Betriebe. Gegen die direkte Absaugung spricht aber, daß die heißen, schweflige Säure enthaltenden Gase mit dem Gebläse in Berührung kommen und eine baldige Zerstörung desselben herbeiführen können. Wenn aber die Gastemperatur nicht zu hoch ist, kann daraus dem Gebläse kein ernster Schaden erwachsen.

b) Unterwind. In einem gewissen Zusammenhange stehen hiermit diejenigen Einrichtungen, mittels welcher die Luft in die Feuerung gedrückt wird, die also den sogenannten Unterwind liefern. Diese Anlagen zur Unterstützung des Schornsteines haben nicht nur gegenüber dem mechanischen Zuge wesentliche Vorteile, sondern können sogar dazu dienen, den Schornstein in der günstigsten Weise zu ergänzen. Indem sie nämlich den Teil der Widerstände übernehmen, welchen die Frischluft beim Eintritt in die Feuerung zu überwinden hat, erleichtern sie unter Umständen ganz wesentlich eine selbsttätige Zugregulierung.

Bei unrichtiger Anwendung und Behandlung des Unterwindes können sich natürlich ebenfalls Mißstände ergeben. Gegen denselben wird in erster Linie eingewendet, daß er hohe Feuerraumtemperaturen ergibt. Dies ist natürlich rein feuerungstechnisch als ein Vorteil anzusehen und erweist eine gute Verbrennung mit geringem Luftüberschuß. Wenn aber der Feuerraum und der Kessel nicht auf die hohen Temperaturen eingerichtet sind, so findet eine teilweise Überlastung der Heizfläche und eine baldige Zerstörung des Mauerwerkes statt. Ein wesentlicher Nachteil des starken Unterwindes liegt noch darin, daß bei ungenügend hohem Feuer oder ungleichmäßiger Verteilung desselben sowie auch bei Verfeuerung von nicht backenden Kohlensorten ein starker Aufwurf von glühenden Teilchen stattfindet, wodurch ein erheblicher Verlust entstehen kann und die Kesselzüge verlegt werden, soweit nicht die Nachbarschaft der Anlage durch den Auswurf des Schornsteines belästigt wird.

Wenn man den Luftbedarf bzw. die abzuführende Gasmenge festgestellt und die zu überwindenden Widerstände ermittelt hat, ist die Berechnung der hier besprochenen Anlagen so einfach, daß hierüber kein Wort zu verlieren ist. Den Kraftbedarf kann man annehmen:

Direkter Saugzug   . . . . . 0,4 bis 0,8 % der Kesselleistung,
Indirekter Saugzug . . . . . 1,2 bis 2,5 % der Kesselleistung,
Unterwind . . . . 0,6 bis 1,5 % der Kesselleistung,

wobei angenommen ist, daß der Dampfverbrauch pro PS einschließlich aller Verluste im großen Durchschnitt 6 bis 8 kg beträgt.

V. Die Gestaltung der Kesselanlage.
1. Allgemeiner Aufbau.

a) Der Wirkungsfaktor. Der wirtschaftliche Wert einer Kesselanlage wird allein durch das unter den gegebenen Betriebsverhältnissen erreichbare Resultat bedingt, welches schließlich in dem tatsächlichen Kohlenverbrauch, bezogen auf die nutzbar abgegebene Dampfmenge, in Erscheinung tritt. Dieser, somit alle ungünstigen Umstände, wie unvermeidliche Bedienungsfehler, Anheiz- und Leerlaufsverluste, umfassende Wert soll hier zur klaren Unterscheidung von dem theoretischen Wirkungsgrade der Wirkungsfaktor der Anlage genannt werden. Im Gegensatz dazu bezieht sich der den Garantien zugrunde gelegte und bei dem Abnahmeversuche ermittelte theoretische Wirkungsgrad in der Regel auf ganz bestimmte, meistens viel zu günstig angenommene Voraussetungen.

In einer als rationell bezeichneten Anlage sollten die beiden erwähnten Werte einander möglichst nahe kommen. Hierauf bzw. auf die den vorliegenden Umständen entsprechende tunlichste Hebung des Wirkungsfaktors muß offenbar in erster Linie hingearbeitet werden.

Zum Schaden des Dampfbetriebes wird diesem als selbstverständlich erscheinenden Gesichtspunkte häufig nicht genügend Rechnung getragen, und deshalb bleibt das praktische Ergebnis vieler Werke weit hinter den Erwartungen zurück. Zum Beweise dessen lassen sich zahlreiche Beispiele anführen, von denen nur einige hervorstechende hier mitgeteilt werden sollen.

Eines der größten Elektrizitätswerke der Ver. Staaten von Nordamerika schloß vor wenigen Jahren einen Bahnstrom-Lieferungsvertrag. Der äußerst niedrige Strompreis gründete sich auf die Garantien des Erbauers der neuen Zentrale. Diese Garantien wurden bei den Abnahmeversuchen als erfüllt festgestellt, der tatsächliche Kohlenverbrauch ist aber so hoch, daß die Gesellschaft draufzahlen muß. Wegen der sehr ökonomischen großen Dampfturbinen wurde mit einem Kohlenverbrauch von ungefähr 1 kg/kwstd. gerechnet, während im Betriebe 1,19 bis 1,2 herauskamen.

In einem modernen Bahnkraftwerke Deutschlands liegt der Wirkungsfaktor unter 0,65, wohingegen der theoretische Wirkungsgrad der mit reichlichem Aufwande gebauten Anlage zu wenigsten 0,8 anzunehmen ist. Die so auftretende enorme Spannung ist hauptsächlich darauf zurückzuführen, daß die zum Aufbau des Werkes benutzten Feuerungen und Kessel den Belastungsschwankungen nicht genügend folgen können, und deshalb hohe Leerlaufs- und Anheizverluste auftreten.

Bei den meisten kleinen Anlagen in Fabriken ergibt sich aus dem Kohlenkonto ein sehr unbefriedigendes Bild des Wirkungsfaktors.

Andererseits haben praktische Erfahrungen gezeigt, daß durch eine passende, die zu erwartenden Betriebsverhältnisse voll berücksichtigende Ausbildung der Kesselanlage der Wirkungsfaktor selbst unter den ungünstigsten Verhältnissen bedeutend gehoben, und demgemäß die Spannung zwischen demselben und dem theoretischen Wirkungsgrade beseitigt werden kann.

So hat z. B. das unter ganz außergewöhnlich ungünstigen Belastungsverhältnissen arbeitende Kraftwerk des St. Clair Tunnels bei Port Huron [1]) einen Wirkungsfaktor von nahezu 0,75. Die Anlage hat keine Vorwärmer — wie es dort üblich ist — und deshalb wird der theoretische Wirkungsgrad nicht gerade hoch einzuschätzen sein.

Eine vom Verfasser gebaute Anlage erreicht trotz sehr stark schwankender Belastung 0,83 bis 0,85 Wirkungsfaktor. Als wirtschaftlich möglicher Grenzwert kann heutzutage mit Sicherheit die Zahl 0,85 bis 0,86 angenommen werden, und damit läßt sich die Ökonomie des Dampfbetriebes gegenüber den derzeitigen Ergebnissen noch ganz wesentlich verbessern.

b) Verluste. Um ohne unnötigen Kostenaufwand die sich betriebsmäßig einstellenden Verluste auf ein erträgliches Maß herab drücken zu können, muß die Ursache und der Einfluß dieser Verluste vollständig klargelegt werden.

In erster Linie ist der Abgang von unverbrannten Teilen in den Feuerungsrückständen zu betrachten. Dieser Abgang ist erheblich stärker, als zumeist angenommen wird, derselbe kann daher auch den Wirkungsfaktor unter Umständen wesentlich beeinflussen.

Dabei spielt die Aufmerksamkeit des Personals eine große Rolle, haben aber auch die Art der Kohle, bzw. der Gehalt derselben an mineralischen Verunreinigungen, und das Verhalten der letzteren einen bedeutenden Einfluß. Wenn entweder pulverige Asche gebildet wird, oder sich das Verbrennliche von den Verunreinigungen nicht leicht trennen läßt, so sind bei hohem Aschengehalt starke Rückstandsverluste nur schwer zu vermeiden.

Der Gehalt der Rückstände an brennbaren Substanzen steigt in manchen Anlagen bis auf 70 % und darüber. Er läßt sich günstigsten-

---

[1]) Siehe Fig. 77.

falls bis auf 5 bis 10 % einschränken. Demnach sind die Rückstandsverluste entsprechend der folgenden Tafel anzunehmen.

Aschengehalt der Kohle . . . . . . 5 10 15 20 25 %
Rückstandsverlust bei
  70 % Verbrennlichem . . . . . 3,5 7 10,5 14 17,5 %
  10 %   ,, ... 0,5 1,0 1,5 2 2,5 %

Daraus ist zunächst zu ersehen, daß bei der Einschätzung der
Preiswürdigkeit einer Kohle neben dem Heizwerte derselben der Gehalt an Asche und deren Verhalten zu berücksichtigen sind.

Durch zweckmäßige Auswahl passender Feuerungen und mehr
noch durch eine scharfe Kontrolle läßt sich der Rückstandsverlust
wesentlich beschränken.

Welche Bedeutung diese Verluste haben können, geht daraus hervor,
daß in vielen Anlagen die Rückstände offenkundig oder heimlich zur
Auslesung des darin enthaltenen Kokes verkauft werden. Es kommt
sogar vor, daß die Rückstände in geeigneten Feuerungen verbrannt
und zur Dampferzeugung nutzbar gemacht werden.

Namentlich bei der unrationellen Verbrennung von sehr schnell
entgasenden jungen Kohlen, aber auch sonst bei besonders schlechter
Luftverteilung, wird ein Teil des reinen Kohlenstoffes von der Feuerung
aufgeworfen. Dieser Aufwurf wird gewöhnlich mit Unrecht Flugasche
genannt, denn er enthält bis zu 83 % Kohlenstoff. Dadurch kann
also ein ziemlich bedeutender Verlust verursacht werden.

Ein weiterer auf die Feuerung zurückzuführender Verlust von
Bedeutung liegt in dem Entweichen von brennbaren Gasen, wobei fast
ausschließlich das Kohlenoxyd in Frage kommt. Die in der mehr oder
weniger starken Rauchentwicklung in äußere Erscheinung tretende
unvollkommene Verbrennung drückt den Wirkungsfaktor namentlich
bei schwankender Belastung stark herab, wenn nicht für eine rationelle
Bauart der Feuerung gesorgt wird.

Luftüberschußziffer n . . . . . . 1,5 2,0 2,5 %
Wärmeverlust infolge der Bildung
  von CO wenn letzteres . . . . 0,5 % 1,75 2,62 3,5 4,4 %
                        1 % 3,5 5,24 7,0 8,75 %
                        2 % 7,0 10,5 14,0 17,5 %

Somit hat die Beseitigung des Rauches nicht nur sanitäre und
ästhetische, sondern auch wesentliche wirtschaftliche Konsequenzen.

Abgesehen von selten eintretenden außergewöhnlichen Umständen
kann der Verlust durch Wärmeabgabe der Kesselummantelungen als
vernachlässigbar angesehen werden. Dagegen vermag die Wärmebindung des Kesselmauerwerkes sehr ungünstig zu wirken und die
Anheiz- und Leerlaufsverluste wesentlich zu erhöhen.

Den größten Einfluß haben die Schornsteinverluste, welche von der Temperatur der die Heizfläche verlassenden Gase und der Größe des in denselben enthaltenen Luftüberschusses abhängen. Letzterer ist im allgemeinen entscheidend, da mit zunehmendem Überschusse die Gastemperatur ebenfalls steigt. Die überschüssige Luft kommt nicht immer von der Feuerung allein her, vielmehr wird — besonders bei schlechten Zugverhältnissen der Anlage, d. h. wenn mit hohen Unterdrucken in den Rauchwegen gearbeitet wird — sehr viel Luft durch die unvermeidlichen Undichtigkeiten der Abschlüsse in die Rauchwege eingesogen.

c) Die Belastungsverhältnisse. Es bedarf keiner besonderen Hervorhebung, daß die Belastungsverhältnisse die Führung und das Ergebnis des Betriebes ganz wesentlich beeinflussen müssen, namentlich dann, wenn die Anlage den Belastungsänderungen nicht genügend leicht zu folgen vermag. Nichtsdestoweniger werden vielfach die gleichen Feuerungs- und Kesselarten für die verschiedenartigsten Verhältnisse angewendet, wenngleich dieselben nur in einem Falle wirklich gute Dienste leisten können, während sie im anderen versagen müssen.

Es erscheint daher notwendig, die verschiedenen Belastungsarten eingehend zu untersuchen, wobei es allerdings ebenso unmöglich wie unnötig ist, auf alle kleinen Einzelheiten einzugehen, da sich das Wesentliche an wenigen typischen Formen erkennen und unterscheiden läßt. Bezeichnen

    A den ununterbrochenen Dauerbetrieb,
    B den Tagesbetrieb,
    C den vorübergehenden Betrieb,

sowie

    D die gleichbleibende Belastung,
    E die schwankende Belastung,
    F die pendelnde Belastung,

und ferner

    Kb die vorkommende kleinste Belastung,
    Wb den für die Wirtschaftlichkeit der Anlage maßgebenden Durchschnittsbetrieb,
    Hb die in Rechnung zu ziehende Höchstbelastung,
ergibt sich folgendes.

AD bietet offenbar die denkbar günstigsten Verhältnisse; denn einerseits läßt sich die Anlage und der Betrieb derselben auf einen eng begrenzten Belastungszustand einrichten und andererseits gestattet die hohe Ausnutzungsdauer den Aufwand eines großen Baukapitales. Auch das nahezu völlige Verschwinden der Anheiz- und Leerlaufsverluste erleichtert einen rationellen Betrieb. AD kommt allerdings sehr selten und nur auf Handelsschiffen, bei Mühlen und ähnlichen Betrieben vor.

BD, den gewöhnlichen Fabrikbetrieb kennzeichnend, erfordert schon eine gewisse Rücksicht auf die Höhe der Baukosten. Bei unrichtiger Anordnung machen sich die Anheizkosten und die Wärmebindung des Kesselmauerwerkes unangenehm bemerkbar. Liegt dazu noch eine Neigung nach BE vor, so muß auch auf etwaige Belastungsänderungen Rücksicht genommen werden.

Im Falle BE, wie z. B. bei stoßweise Kochdampf aufnehmenden Wäschereien und Färbereien, wird der Aufbau und das Ergebnis der Anlage hauptsächlich durch die Belastungsschwankungen beeinflußt. Da gewöhnlich Wb weit unter Hb liegt, so fallen die Baukosten stark ins Gewicht, sofern nicht eine Form der Anlage gewählt wird,

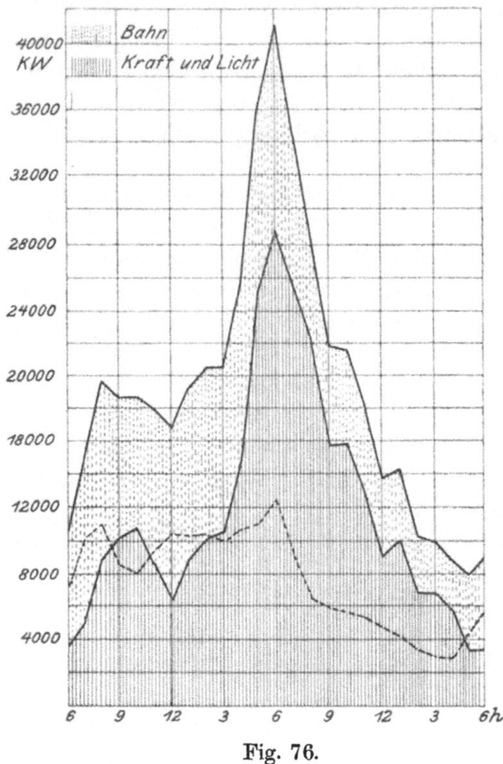

Fig. 76.

welche den Schwankungen von Kb bis Hb zu folgen vermag und bei Wb das günstigste Resultat liefert. (Siehe III$_1$ b S. 87).

AE gilt für Elektrizitätswerke mit vorwiegender Lichtbelastung, von denen Figur 60 ein bezeichnendes Bild bietet. Wie üblich, sind in dieser Figur nur die an einem Tage auftretenden Belastungsänderungen dargestellt. Werden die Verhältnisse des ganzen Jahres berücksichtigt, so zeigt sich, daß die mittlere Belastung Wb viel tiefer liegt, als nach der dargestellten mittleren Tagesbelastung anzunehmen wäre.

Eine sehr ungünstige — pendelnde — Belastung hat das Kraftwerk des St. Clair Tunnels bei Port Huron, von welcher die Figur 77 ein klares Bild gibt[1]). Die Anlage ist rein nach AE belastet, sie hat

---

[1]) Zeitschrift des Vereins Deutscher Ingenieure 1910, S. 1913.

neben einer andauernden sehr geringen Leistung außerordentlich hohe
Belastungsspitzen aufzunehmen. Derartige Verhältnisse können allgemein als vorkommender Grenzwert angesehen werden, und es ist bemerkenswert, daß trotzdem die Anlage ziemlich günstig arbeitet.

Ein Beispiel für die gleichzeitig schwankende und pendelnde Belastung — also AEF — geben die in den Figuren 78/79 dargestellten
Kurven des oben erwähnten deutschen Bahnkraftwerkes.

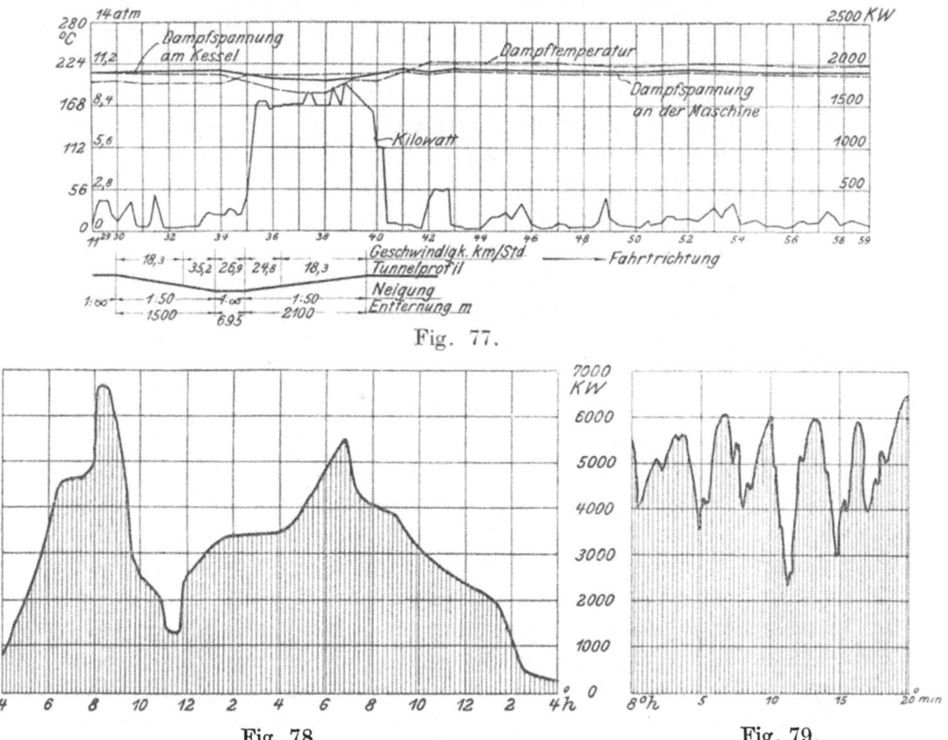

Fig. 77.

Fig. 78.   Fig. 79.

Es entsteht nun die Frage, was in einem gegebenen Falle als wirtschaftliche Belastung — Wb — anzusehen ist. Wenn alle Teile der
Anlage in den Grenzen von Kb bis Hb an der Dampferzeugung mitarbeiten, so liegt Wb sehr nahe bei der Durchschnittsbelastung, welche
sich durch Division der jährlichen Betriebsstunden in die ganze Dampferzeugung des Jahres leicht ermitteln läßt. Andernfalls ist der für
die Bemessung der Anlage passende Wert von Wb um so höher anzusetzen, je mehr Heizfläche bei der Durchschnittsbelastung außer Betrieb genommen werden muß.

d) Auswahl und Durchbildung der Feuerung. Die sich aus den
Eigenschaften des Brennmaterials und dessen Verhalten im Feuer er-

gebenden allgemeinen Bedingungen für die Auswahl der passenden
Feuerungsart und die zweckmäßige Gestaltung des Verbrennungsraumes sind bereits im Abschnitt II ausführlich erörtert worden, so daß
hier nur noch zu zeigen ist, wie die Belastungsverhältnisse diese Frage
beeinflussen.

Bei gleichbleibender Belastung ergeben sich für die Feuerung
keinerlei Beschränkungen, weshalb die Feuerung allein nach den oben
erwähnten Bedingungen zu bemessen ist. Liegen dagegen größere Belastungsschwankungen vor, so muß die Anordnung so getroffen werden,
daß unter Einhaltung aller für die gute Verbrennung wichtigen räumlichen und konstruktiven Verhältnisse eine möglichst große Elastizität
der Feuerung gewährleistet ist. Denn die Feuerung muß den Be
lastungsschwankungen möglichst leicht und ganz folgen können, weil
sonst die Anzahl der arbeitenden Feuerungen und Kessel nach Bedarf
sehr häufig und stark geändert werden müßte, was naturgemäß starke
Anheiz- und Leerlaufsverluste zur Folge hätte. In dieser Hinsicht
werden häufig schwerwiegende Fehler begangen, und fast ausnahmslos
läßt sich aus der Güte des Wirkungsfaktors auf die mehr oder weniger gute
Anpassung der Feuerungen an die gegebenen Betriebsverhältnisse
schließen.

Was nun die Feuerung als solche betrifft, so ist zu bemerken, daß
fast alle Vorschubfeuerungen — wie die Schräg-, Treppen- und Wanderroste — eine Änderung der Verbrennungsgeschwindigkeit nur sehr allmählich und innerhalb enger Grenzen zulassen, wohingegen im allgemeinen die Aufwurf- und Unterschubfeuerungen außerordentlich
elastisch sind, sofern sie mit genügender Schichthöhe betrieben werden
und die Luftzufuhr entsprechend geregelt werden kann.

Daraus ergibt sich das Anwendungsgebiet der verschiedenen Feuerungen ganz von selbst. In der Auswahl der Feuerung herrscht aber
nur solange Freiheit, als die Art des Brennmateriales es zuläßt. Sind
junge und schnell entgasende Materialien zu verfeuern, so darf der
Rostzug nicht beliebig gesteigert werden, weil sonst ein übermäßig großer
Teil des sich bildenden staubförmigen Kokses abgeblasen werden würde.
In diesem Falle ist es unter Umständen nahezu unmöglich, der Feuerung
größere Belastungsänderungen aufzuhalsen.

Auch bei geeigneten Kohlen gelingt dies in rationeller Weise überhaupt nur dann, wenn innerhalb der vorkommenden Belastungsgrenzen
günstige Verhältnisse für eine annähernd vollkommene Verbrennung
geschaffen werden. Dazu muß ein für Hb ausreichend großer Verbrennungsraum zur freien Flammenentfaltung vorhanden sein, und bei
Kb eine genügend hohe Feuerraumtemperatur herrschen, die aber
gleichze.tig bei Hb das für die Anstrengung des Kesselbleches der direkten
Heizfläche zulässige Maß nicht übersteigen darf. Wird diesen Voraus-

setzungen entsprochen, so lassen sich innerhalb weiter Belastungsgrenzen gute Feuerungsresultate erreichen. Dies gilt namentlich für Unterschubfeuerungen, während sich bei Aufwurffeuerungen die bei Hb notwendige starke Beschickung störend bemerkbar machen kann.

Bei Kriegsschiffen liegt die vorkommende Rostbelastung in den Grenzen von

$$Kb = 60 \text{ kg/qm und } Hb = 250 \text{ bis } 300 \text{ kg/qm.}$$

Wegen der den gegebenen engen räumlichen Verhältnissen entsprechenden knappen Bemessung des Verbrennungsraumes wird auf Kriegsschiffen allerdings bei Hb starker Rauch entwickelt. Mit ausreichend großen Verbrennungsräumen kann, namentlich bei Unterschubfeuerungen, innerhalb Kb = 40 und Hb = 250 kg/qm eine tadellose Verbrennung durchgeführt werden.

Dies erfordert jedoch eine wesentlich stärkere Veränderlichkeit des Rostzuges, als es im allgemeinen üblich ist und mit dem Kesselzuge allein erlangt werden kann. Dabei kann auch der künstliche Zug wenig helfen, da sich mit diesem bei Hb ein übermäßig starker Unterdruck in der Feuerung und den Kesselzügen einstellen würde. Wesentlich günstiger wirkt der Unterwind, weil dieser jeden beliebigen Rostzug ohne Erhöhung der Unterdrücke hervorbringen kann.

Um bei dem für Hb erforderlichen starken Rostzuge eine gute Luftverteilung zu sichern, muß mit hoher Schicht gearbeitet werden; denn in einer solchen ist die Wirkung der unvermeidlichen Verschiedenheiten der Höhe und Durchlässigkeit der Schicht geringer, als wenn letztere sehr niedrig gehalten wird. In einer dicken Schicht stellen sich aber bei Hb hohe Temperaturen ein, die auch solche Verunreinigungen der Kohle zu fließender Schlacke ausschmelzen, welche sonst fest bleiben würden. Davon werden die Rostspalten angefüllt und die Roste manchmal stark angegriffen, weshalb Rostfeuerungen mit kräftigem Unterwinde nur vorteilhaft zu betreiben sind, sofern geeignete Kohlen in Frage kommen. Ist mit einem hohen Gehalt an Eisen und Silizium zu rechnen, so muß man in solchen Fällen bei Rostfeuerungen äußerst vorsichtig sein.

e) Größe, Anordnung und Art der Heizfläche. Im Falle AD sind Kb, Wb und Hb gleich und die Baukosten, bzw. die sich daraus ergebenden indirekten Dampferzeugungskosten fast stets zu vernachlässigen. Deshalb ist bei der Ausbildung der Heizfläche nur auf eine möglichst weitgehende Ausnutzung der Rauchgaswärme zu achten, und treten die sonst wichtigen Rücksichten auf die Zugverhältnisse, Anheizverluste usw. in den Hintergrund. Mit zunehmender Größe der Heizfläche fällt bekanntlich die erreichbare Abgastemperatur und steigt infolgedessen der Wirkungsgrad. Dies wird aber dadurch begrenzt, daß schließlich die Temperatur nicht mehr erheblich gedrückt werden kann, und die Ummantelungsfläche sowie deren Wärmeabgabe schneller wächst als die Wärmeaufnahme der Heizfläche.

Mit den folgenden Zahlen:

Leistung des Kessels . . . . $D = 10\,000$ kg/Std.,
Heizwert der Kohle . . . . $W = 7\,500$ WE/kg,
Luftüberschußziffer . . . . $n = 1,4$,
Wirkungsgrad der Feuerung . . . . . $n_1 = 0,97$,
    ,,   ,, Ummantelung . . $n_2 = 0,97$,
Fehlende Flüssigkeitswärme . . . . . . $= 170$ WE/kg,
Verdampfungswärme . . . . $= 470$ WE/kg,
Überhitzungswärme . . . . $= 60$ WE/kg,
Temperatur des gesättigten Dampfes . . . $= 194$ °C,
    ,,   ,, überhitzten ,, . . . $= 312$ °C

sind die in Figur 80 abhängig von dem verlangten Wirkungsgrade dargestellten Verhältnisse einer Kesseleinheit, bestehend aus Verdampfer mit eingebautem Überhitzer und angebautem Vorwärmer berechnet.

Um die Wärmeaufnahme der einzelnen Heizflächenteile möglichst anschaulich zu machen, sind die entsprechenden Temperaturabnahmen der Gase durch verschiedene Schraffur hervorgehoben.

Dabei bezeichnen:

Z_t den Temperaturwert der Gase,

T_r die Feuerraumtemperatur, folglich

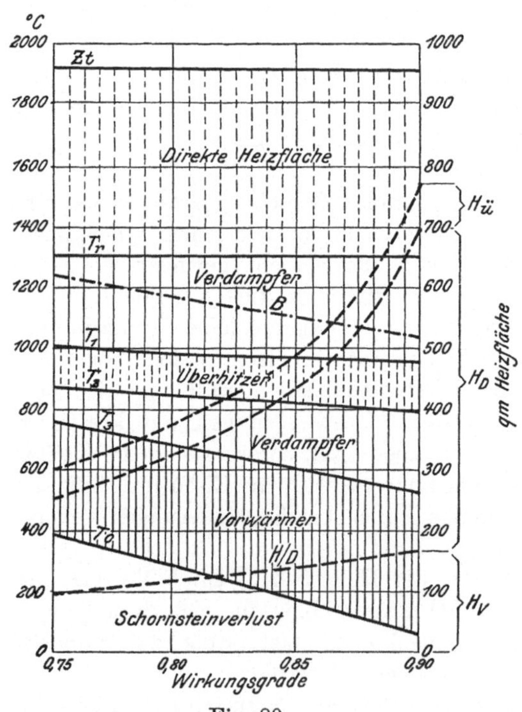

Fig. 80.

$Qcp. (Z_t\text{-}T_r) . n_2$ die Wärmeaufnahme der direkten Heizfläche,
T_1 die Gastemperatur vor dem Überhitzer,
T_2 ,, ,, -hinter ,, ,,

T_3 die Gastemperatur vor dem Vorwärmer,
T_0 ,, ,, hinter ,, ,, ,
B ,, stündlich zu verfeuernde Kohlenmenge,
H_v ,, Verdampferheizfläche,
H_D ,, Vorwärmer ,, ,
$H_ü$,, Überhitzer ,, .

Aus Fig. 80 ist zu ersehen, daß die erforderliche Heizfläche sehr schnell wächst, sobald der Wirkungsgrad über 85 % hinaus gesteigert werden soll. Ein derartig hoher Wirkungsgrad ist überhaupt nur bei richtiger Unterteilung der Heizflächen möglich, denn andernfalls kann die Abgastemperatur nicht weit genug herab gedrückt werden. Wird in dem dargestellten Systeme der Vorwärmer durch eine gleich große Umlaufsheizfläche ersetzt, so ergeben sich z. B.

Die Abgastemperatur T_0 . . . . 450 350 280 220⁰ C
    statt . . . . 380 290 174 63⁰ C
Der Wirkungsgrad 0,72 0,77 0,80 0,83
    statt 0,75 0,80 0,85 0,90
mit einem Verlust von rd. . . . . . . 4 4 6 8 %

Ebenso ist dazu eine annähernd vollkommene Verbrennung mit sehr geringem Luftüberschuß in den Abgasen unerläßlich; denn beispielsweise mit der zweifachen theoretischen Luftmenge arbeitend, müßte entweder die Heizfläche um 50 % vergrößert, oder ein um 10 bis 12 % geringerer Wirkungsgrad zugelassen werden. Dabei ist es von untergeordneter Bedeutung, ob der Luftüberschuß den Gasen bereits in der Feuerung oder erst in den Kesselzügen zugeführt wird.

Im Falle BD sind einerseits das Baukapital, bzw. die sich daraus ergebenden indirekten Dampferzeugungskosten, und andererseits die Anheizverluste zu berücksichtigen, welch letztere bei übermäßig großen Heizflächen und Kesseleinrichtungen sowie ungünstigen Zugverhältnissen sehr ins Gewicht fallen können. Hier muß die wirtschaftliche Rechnung die vorteilhafteste Heizflächengröße ergeben.

Bei AE und BE müssen, wie bereits erwähnt, die Schwankungen möglichst elastisch von den Kesseln aufgenommen werden, da sonst bedeutende Anheiz- und Leerlaufverluste nicht zu vermeiden sind. Es sind hier zwei wesentlich von einander verschiedene Fälle zu beachten.

Der erste Fall liegt bei mäßigen Schwankungen vor, welche von einer Kesseleinheit, oder — bei großen, mehrere Einheiten erfordernden Anlagen — von allen Einheiten gemeinschaftlich überwunden werden können, so daß jederzeit die ganze Heizfläche im Betriebe bleibt. Dabei können die Einheiten wie für gleichbleibende Belastung angeordnet werden, sofern die Größe der Gesamtheizfläche den Verhältnissen von Wb entsprechend bemessen und Vorsorge getroffen wird, daß einerseits Hb ohne Schaden aufgenommen werden kann und andererseits bei Hb und Kb eine gute Verbrennung möglich ist.

Wird die Feuerung richtig angelegt und die Heizfläche zweckentsprechend bemessen, so können ohne Schwierigkeiten folgende Grenzen erreicht werden.

$$\text{Kb } 50 \text{ bis } 70 \quad \text{Wb } 100 \quad \text{Hb } 150 \%.$$

Unter Annahme der für Figur 80 maßgebenden Zahlen und von

$$\text{Kb} = 7000 \quad \text{Wb} = 1\,0000 \quad \text{und Hb} = 15\,000 \text{ kg/Std. Dampf}$$

soll — gleichzeitig als Übungsbeispiel für die Formeln 87—99 — eine Kesseleinheit durchgerechnet werden.

	Kb	Wb	Hb	
Es ergeben sich für				
der Kohlenverbrauch geschätzt	770	1100	1800	kg/Std.
$\text{Qcp} = (1 + 1,37 \cdot 7500 \cdot 1,4)$				
$\cdot\, 0,24 = 3,7,$				
somit $\text{B} \cdot \text{Qcp}$	2850	4070	6660	
Ferner mit 12 qm Abstrahl-				
fläche nach Formel Nr. 56, S. 61.				
die Feuerraumtemperatur $\text{T}_r =$	1180	1280	1400⁰ C	

Die dem Überhitzer vorgelagerte Verdampferfläche wird zu 60 qm angenommen, daraus folgt mit Formel Nr. 87, Seite 126, bei $t = 194$ und

k . . . . $=$	20	23	25
T_1 . . . . $=$	840	970	1160⁰ C
Mit $\text{H}_{ü} = 60$ qm und $\text{k}_ü$. $=$	13	16	18
ergibt sich mit Formel 92, S. 129,			
T_2 . . . . $=$	700	810	990⁰ C

folglich die Überhitzung auf

$$t_ü = 194 + (\text{T}_1 + \text{T}_2) \cdot \frac{\text{B} \cdot \text{Q c p}}{\text{D} \cdot \text{c p}_ü} \cdot n_2$$

$t_ü$ . . . . $=$	304	318	338⁰ C.

Bei H_b soll die Abgastemperatur vor dem Vorwärmer 760⁰ C nicht übersteigen, um eine Dampfbildung in diesem sicher zu verhüten. Daraus folgt mit Formel 88

$$\text{H}_2 = \frac{6660}{25} \cdot \ln \frac{990 - 194}{760 - 194} = \text{rd. } 100 \text{ qm.}$$

Daraus folgt

T_3 . . . . $=$	450	550	740⁰ C

Für H_b wird eine Abgastemperatur von 350^0 C zugelassen, und diese führt mit Formel 94 zu

$$H_v = \frac{6680 \cdot 2}{25} \cdot \frac{760 - 350}{760 + 450 - 190 - 26} = \text{rd. } 250 \text{ qm.}$$

Daraus berechnet sich

$$T_o \quad . \quad . \quad . \quad . \quad . \quad . \quad . \quad . \quad = \quad 160 \quad 180 \quad 350^0 \text{ C,}$$

somit ergibt sich eine Vorwärmung auf

$$t' = (T_3 - T_0) \cdot \frac{B \cdot Q \, c \, p}{D} \cdot + t_{o2}$$

$$t' \quad . \quad . \quad . \quad . \quad . \quad . \quad . \quad = \quad 140 \quad 170 \quad 190^0 \text{ C.}$$

$$\text{Es ist } Z \, t = \frac{7500 \cdot 0,97}{3,7} + 20 = 1920.$$

Folglich der Wirkungsgrad der Heizfläche $\eta_3 = 1 - \dfrac{T_o}{Z\,t}$

$$\eta_3 \quad . \quad . \quad . \quad . \quad . \quad . \quad . \quad = \quad 0,916 \quad 0,906 \quad 0,818$$

und der Gesamtwirkungsgrad $0,97 \cdot 0,97 \cdot \eta_3$

$$\eta = 0,86 \quad 0,85 \quad 0,77$$

somit die Verdampfungsziffer $m = \dfrac{W \cdot p}{700}$

$$m \quad . \quad . \quad . \quad . \quad . \quad . \quad . \quad = \quad 9,2 \quad 9,1 \quad 8,23 \text{ fach.}$$
$$\text{Folglich } B \quad . \quad . \quad . \quad . \quad . \quad . \quad = \quad 760 \quad 1100 \quad 1820 \text{ kg/Std.,}$$

also ziemlich übereinstimmend mit der eingangs gemachten Annahme.

In Figur 81 sind diese Verhältnisse der leichteren Übersichtlichkeit halber graphisch dargestellt. Bei den vorstehenden Rechnungen ist absichtlich eine sehr mäßige Forcierung des Wärmeüberganges vorausgesetzt worden, da in Anlagen dieser Art stets mit zuweilen vorkommenden starken Überlastungen während der Spitzen gerechnet werden muß Es ergeben sich die Leistungen der Heizfläche wie folgt:

Verdampfer allein . . . . rd.   44   63   93   kg/qm
Verdampfer mit Vorwärmer . . „   17   24,4   36,6   kg/qm
Überhitzer . . . . „   116   166   250   kg/qm

Im zweiten, fast stets bei Elektrizitäts- und Wasserwerken sowie unter ähnlichen Betriebsverhältnissen arbeitenden Anlagen vorkommenden Falle sind die Unterschiede zwischen K_b, W_b und H_b so groß, daß sie von den einzelnen Einheiten nicht oder nur zu einem geringen Teile überwunden werden können. Infolgedessen wird ein gewisser Teil der Anlage bei W_b und K_b nicht ausgenutzt, die sich daraus ergebenden relativ hohen Baukosten drücken das wirtschaftliche Resultat, und die zuweilen hohen Anheiz- und Leerlaufsverluste schädigen den Wirkungsfaktor. Diese Erscheinungen wirken offenbar umso ungünstiger, je stärker die unter Dampf stehende Heizfläche wechselt. Deshalb sind für schwankende Belastungen alle solche Feuerungs- und Heizflächenanordnungen unbedingt unzuträglich, welche nur bei einer eng begrenzten Belastungsgröße gut zu arbeiten vermögen.

In einem solchen Falle sind die höchsten wirtschaftlichen Ergebnisse zu erreichen, wenn die an- und abzuschaltende Heizfläche möglichst klein gemacht wird, d. h. wenn mehrere reine Verdampfer auf einen gemeinsamen, dauernd eingeschalteten Vorwärmer arbeiten.

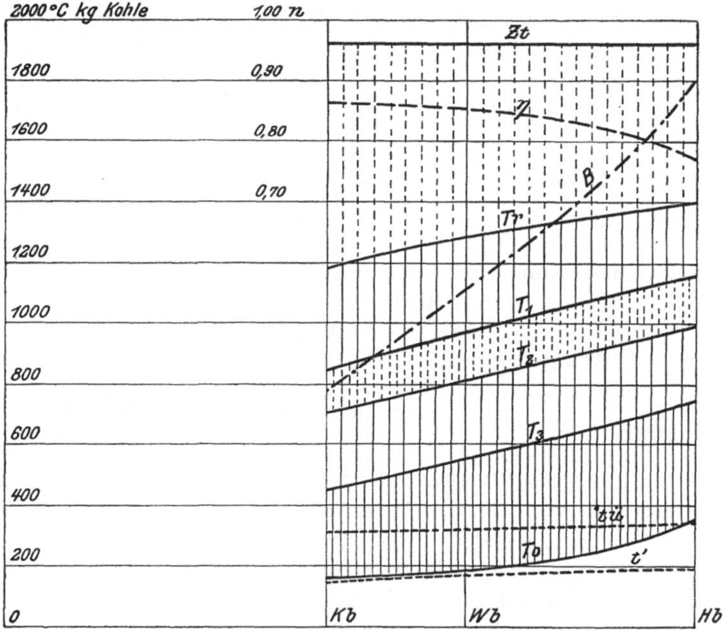

Fig. 81.

Mit einer derartigen Anordnung läßt sich bei verhältnismäßig sehr geringen Baukosten ein außerordentlich hoher Wirkungsfaktor herausholen, weil die bei W_b und K_b verfügbare große Heizfläche die Ausnutzung der Rauchgaswärme bis zur äußersten Grenze gestattet, durch die weitreichende Änderung der Abgastemperatur die Zugverhältnisse günstig beeinflußt werden und die Anheizkosten kleiner ausfallen.

In Figur 82 sind zur Erläuterung des Vorstehenden die hauptsächlichen Daten einer

mit $K_b = 15\,000$ $W_b = 45\,000$ und $H_b = 100\,000$ kg Dampf pro Stunde belasteten Anlage dargestellt, welche folgendermaßen aufgebaut ist.

5 Verdampfer von je 270 qm Heizfläche mit eingebauten Überhitzern von je 90 qm,
1 Vorwärmer von 1500 qm Heizfläche.

Bei Berechnung der Figur 82 ist angenommen worden, daß sich die
Luftüberschußziffer

$$\text{für } K_b = 1{,}7, \quad W_b = 1{,}4 \quad \text{und } H_b = 1{,}3$$

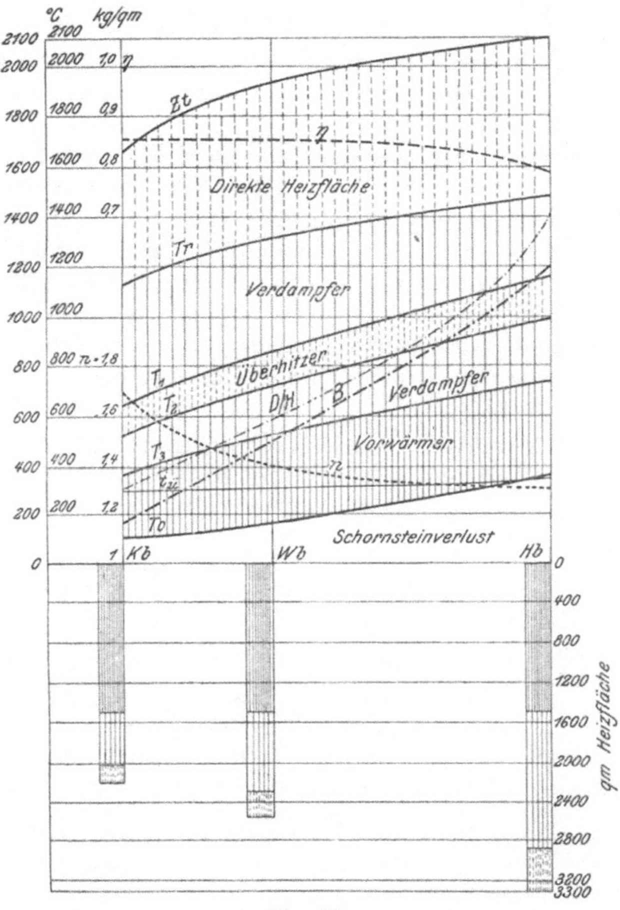

Fig. 82.

einstellt. Dies entspricht der Erfahrung, wonach gut angelegte Feuerungen mit zunehmender Belastung einen wachsenden Kohlensäuregehalt, also abnehmenden Luftüberschnß ergeben.

In der Figur 82, die nach dem Vorangegangenen ohne weiteres
verständlich ist, wurde schematisch angedeutet, welcher Teil der Ge-

samtheizfläche bei den verschiedenen Belastungen arbeitet bzw. kalt
steht. Es sind

bei	K_b	W_b	H_b	
im Betriebe	67	78	100 %	der Gesamtheizfläche [1])
außer Betrieb	33	22	0 %	„ „

Ferner wird die Leistung der arbeitenden Heizfläche

$$\begin{array}{llll} & K_b & W_b & H_b \\ D/\Sigma\,H_1{}^2 + H_v & 7{,}3 & 19{,}5 & 35\ \mathrm{kg/qm} \end{array}$$

Einige vom Verfasser nach dieser Anordnung gebaute Anlagen
haben trotz ungünstiger Belastungsverhältnisse einen über 84 %
liegenden Wirkungsfaktor.

Wird eine hohe und dabei möglichst gleichbleibende Überhitzung
benötigt, so machen die eingebauten Überhitzer unter derartigen Betriebsverhältnissen einige Schwierigkeiten, weil bei ihnen die Dampftemperatur zu stark wechselt. In diesem Falle ist der direkt befeuerte
Überhitzer mit Vorlage am Platze, denn dieser erlaubt es, die Dampftemperatur unabhängig von der Belastung zu regeln.

Fig. 83 zeigt diese Anordnung für den gleichen Belastungsfall, wie
in Fig. 82 angenommen. Dabei sind gewählt worden:

4 Verdampfer von je 250 qm Heizfläche
1 Vorwärmer von je 1500 qm Heizfläche
1 Überhitzer von je 500 qm Heizfläche mit einer

vorgelagerten direkten Heizfläche von 15 qm.
Es arbeiten:

	bei K_b	W_b	H_b
Verdampfer	2	3	4

und ergibt sich eine spezifische Leistung der Verdampfer- und Vorwärmerheizfläche von

	7,5	20	50 kg/qm	
Im Betriebe sind	83	92	100 %	der Gesamtheizfläche,
außer Betrieb	17	8	0 %	„ „

Diese Anordnung gestattet also eine nahezu ideale Ausnutzung der
Heizflächen. Sie gewährt dabei den Vorteil sehr günstiger Zugverhältnisse und einfachster Dampfleitungen.

Früher war es üblich, eine große Anzahl Kessel von verhältnismäßig
kleiner Leistung aufzustellen. Dies ist natürlich unvorteilhaft, denn bei
kleinen Einheiten ergeben sich im Verhältnis zur Leistung unnötig große
Ummantelungen mit hohen Verlusten und ein übermäßiger Raum-
bedarf.

---

[1]) Entsprechend 2, 3 bezw. 5 eingeschalteten Verdampfern.

Besonders in den Vereinigten Staaten geht man jetzt zu dem entgegengesetzten Extrem über und baut dort Kessel von über 2000 qm Heizfläche mit zweiseitiger Befeuerung. 30 bis 50 000 kg Dampf mit einer Einheit zu erzeugen — und das wohlgemerkt ohne Vorwärmer — ist gar nicht unüblich. Derartige Übertreibungen sind aber nicht ange-

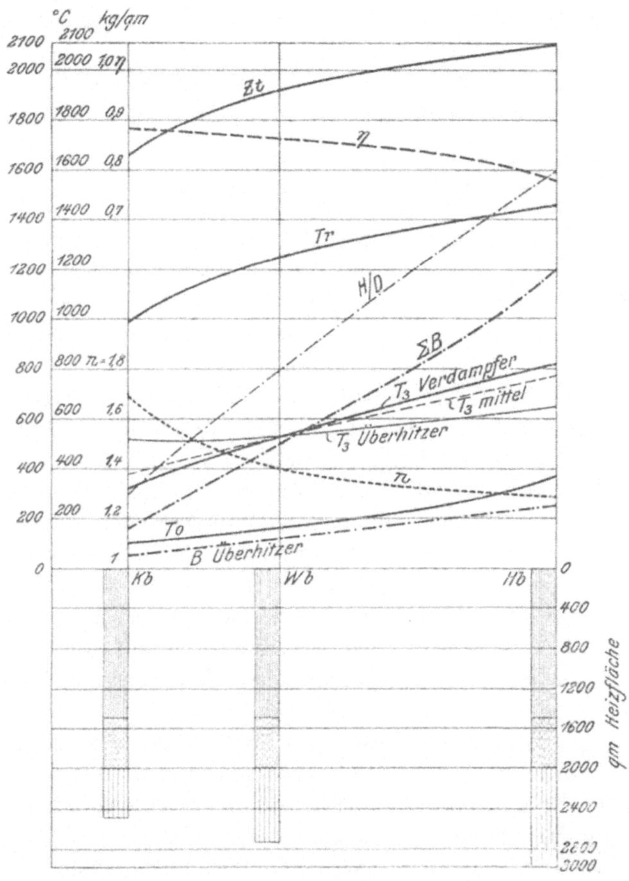

Fig. 83.

bracht, denn dabei werden die Feuer unübersichtlich und schwer bedienbar. Die zu wählende Größe der Einheiten muß unter allen Umständen von den Rücksichten auf einen leichten und tadellosen Feuerungsbetrieb abhängig gemacht werden.

Es ist nun noch die Frage nach dem zu wählenden Heizflächensystem zu streifen, wobei es sich allerdings nicht um eine Kritik der vielen Einzelkonstruktionen, sondern nur darum handeln kann, ob für die Verdampfer Großwasserraum- oder Wasserrohrsysteme den Vorzug verdienen.

Wenn die Feuerleistung die Aufnahmefähigkeit des Flammrohres nicht übersteigt, so bietet der Großwasserraumkessel wesentliche Vorzüge, anderenfalls kann abgesehen von Ausnahmefällen nur der Wasserrohrkessel in Frage kommen. In jedem Falle ist auf die möglichste Einfachheit und die Eignung zum rationellen Zusammenbau mit Verdampfern zu achten. Es kommt nicht darauf an, eine Heizfläche von soundsoviel Quadratmetern zu kaufen, sondern ein zu dem Ganzen passendes Glied zu beschaffen.

2. Der Kesselraum.

a) Kesselabstände und Frontleistung. Früher wurden die Kessel vorwiegend in geschlossenen Reihen dicht aneinandergestellt, was der besseren Raumausnutzung wegen geschah und die Wärmeverluste vermindern sollte, indem dabei die Wärme abgebende Oberfläche des Kesselmauerwerkes möglichst klein gehalten wird.

Die gemeinschaftlichen Wände aneinandergestellter Kessel werden aber beiderseitig beheizt und neigen deshalb stark zur Bildung von Rissen, welche wegen der Unzugänglichkeit dieser Wände nicht rechtzeitig bemerkt und verstopft werden können. Infolgedessen dringt durch diese Wände sehr viel falsche Luft aus den kalt stehenden in die arbeitenden Kessel ein, was zuweilen anßerordentlich hohe Verluste nach sich ziehen kann. Überdies ist es bei der Reihenaufstellung nahezu unmöglich, an alle wichtigen Teile der Kessel zwecks Reinhaltung der Heizfläche heranzukommen. Die hierdurch bedingte unvollkommene Beseitigung der Flugasche schädigt aber den Wirkungsfaktor ganz bedeutend.

In richtiger Erkenntnis dieser sich im Betriebe bald herausstellenden Mängel wurde wenigstens bei Wasserrohrkesseln die paarweise Aufstellung fast allgemein eingeführt, und das hauptsächlich, um die Reinigung der Heizfläche zu erleichtern. Diese Aufstellungsart behebt aber den Mangel der gemeinschaftlichen Wände nur teilweise. Wenn die höchsten Betriebsresultate erreicht werden sollen, ist daher nur die Einzelaufstellung mit ausreichenden Zwischengängen angebracht, bei welcher der Kessel von allen Seiten leicht befahren werden kann.

Während zur leichten Bedienung und Unterhaltung der Anlage eine geräumige Aufstellungsart dringend geboten ist, muß zur Beschränkung des gesamten Raumbedarfes und Vereinfachung der Rohrleitungen die Frontleistung möglichst gesteigert werden. Unter Frontleistung wird hier die maximal zu erzeugende Dampfmenge in kg pro Stunde, bezogen auf einen Meter der sich aus der Breite aller Kessel einschl. der

Zwischengänge ergebenden Länge der totalen Kesselreihen verstanden. Wie dieser Wert anzunehmen und zu steigern ist, soll nachstehend gezeigt werden.

Fig. 84 stellt den Kesselteil einer älteren italienischen Anlage mit geschlossener Reihenaufstellung dar. Es sind 6 Wasserrohrkessel von je 420 qm vorhanden, welche wegen ihrer hohen und engen Bauart höchstens mit 18 kg/qm belastet werden dürfen. Die totale Leistung

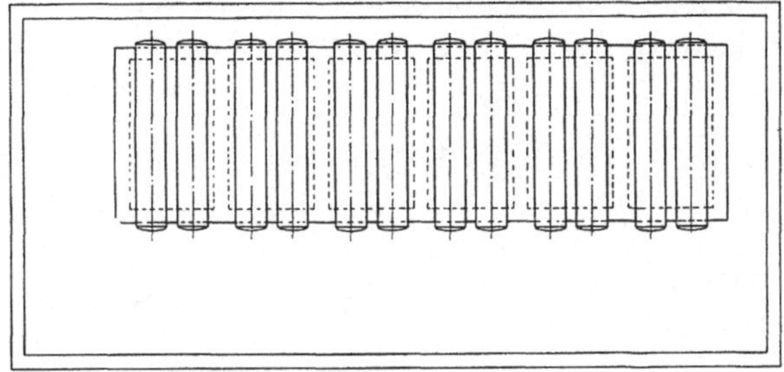

Fig. 84.

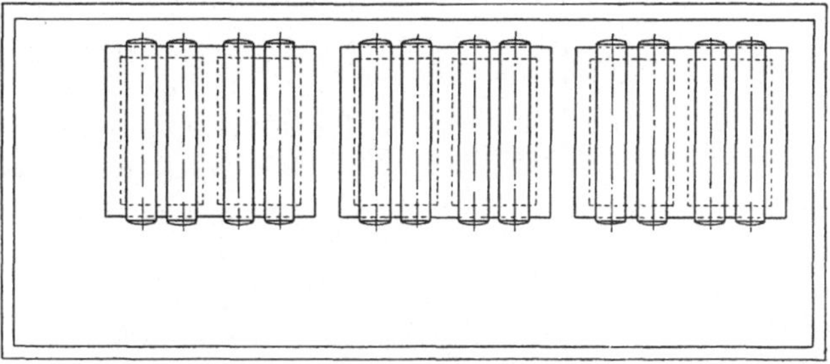

Fig 85.

beträgt also ca. 45 000 kg und die spezifische Frontleistung etwa 1700 kg/m. Im zweiten Teil desselben Werkes sind Kessel der gleichen Bauart nach Fig. 85 paarweise aufgestellt, und es ergibt sich so eine Frontleistung von 1600 kg/m. Fig. 86 zeigt einen in neueren Werken vielfach angewendeten Doppelkessel der sogenannten Hochleistungstype. Beide Kessel haben zusammen eine Leistung von 17 000 kg/st bei 11 m Frontbreite, wenn mit einem Gange von 1,5 m gerechnet wird. Die spezifische Frontleistung beträgt daher 1540 kg/m. Dieses ungünstige Resultat ist einmal auf die übermäßig starken Einmauerungen zurückzuführen, welche den Kessel überdies für stark schwankende Betriebe nahezu unbrauchbar machen, und liegt ferner in der ungenügenden Ausnutzung der Heizfläche begründet.

Wird für einen lebhaften Wasserumlauf und die möglichste Schonung des Kesselbleches im ersten Heizflächenteile gesorgt, so kann ohne

Gefahr mit einer Leistung von 3500 bis 3800 kg auf 1 m Breite des Rohrbündels gerechnet werden. Damit ließe sich bei den in Fig. 86 vorliegenden Breiten die spezifische Frontleistung auf nahezu 2000 kg/m erhöhen.

In Fig. 87 ist zum Vergleich ein neuerdings ausgeführter Kessel dargestellt, welcher bei 8,1 m (einschließlich Zwischengang) 2100 kg/m zu leisten vermag. Dieses Resultat wird durch Erhöhung der nutzbaren Breite und Einschränkung der Mauerstärken erreicht.

Um die Übersichtlichkeit und Bedienung des Feuers nicht allzusehr zu beeinträchtigen, ist die zulässige Feuerraumbreite mit höchstens 6 m anzunehmen. Schlägt man dazu noch 1 m für die Mauern und 1,8 m für den Zwischengang, was gerade genügen dürfte, so ist mit einer praktisch erreichbaren höchsten spezifischen Frontleistung von 2600 bis 2800 kg/m zu rechnen. Dies zeigt, daß die bisher üblichen Zahlen trotz geräumiger Einzelaufstellung noch wesentlich zu überholen sind, sofern gut durchgebildete große Wasserrohreinheiten zur Anwendung gelangen.

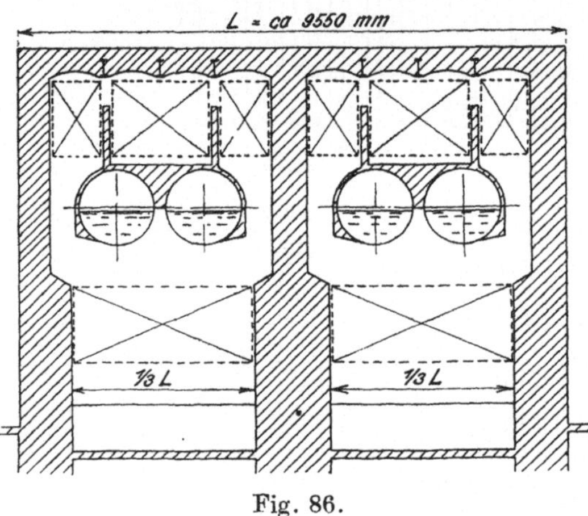

Fig. 86.

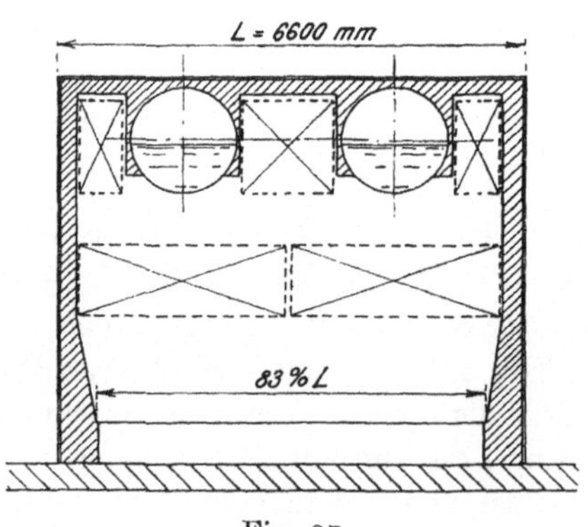

Fig. 87.

Auf Kriegsschiffen, bei höchster Forcierung und knappster Bemessung aller Gänge, wird eine spezifische Frontleistung von 3- bis 4000 kg/m erzielt. Nahezu ebenso hohe Zahlen erreichen einige amerikanische Werke, dies allerdings nur mit den bereits erwähnten unhandlichen Kesseln von 2000 qm und darüber, weshalb derartige Zahlen keine praktische Bedeutung haben.

Richtig angelegte Einflammrohrkessel mit weiten Flammrohren ermöglichen bei Einzelaufstellung spezifische Frontleistungen von 900 bis 1100 kg/m. Es werden von manchen Konstrukteuren unter dem Drange der Konkurrenz noch höhere Werte versprochen, jedoch ist dem gegenüber Vorsicht geboten, weil dazu den ordentlichen Betrieb in Frage stellende Kunststücke gemacht werden müssen.

b) Rohrleitungen. Eine ausführliche Behandlung derselben muß hier aus Gründen des verfügbaren Raumes und der gebotenen Beschränkung des Stoffes unterbleiben; dieser wichtige Teil jeder Dampfanlage ist aber insoweit zu streifen, als davon die Gestaltung der Kesselanlage bedingt wird.

Um die konstanten und daher einschneidend wirkenden Rohrleitungsverluste möglichst einzuschränken, wird neuerdings die Dampfgeschwindigkeit möglichst hoch angenommen. Wie praktische Betriebserfahrungen zeigen, ist dies aber nicht unbedenklich; denn es führt bei schroffen starken Belastungssteigerungen unter Umständen zu einem starken Spannungsabfall, welcher die Überlastbarkeit der Anlage wesentlich einschränken kann. Auch treten dabei häufig für die Sicherheit der Leitungen fatale dynamische Wirkungen auf. Infolgedessen darf der innere Widerstand der Leitungen nicht zu hoch gemacht, also auch eine gewisse Grenzgeschwindigkeit nicht überschritten werden.

Die Wärmeverluste sowohl wie der innere Widerstand nehmen mit der Länge der Leitungen ab und sind um so geringer, je größere Dampfmengen auf den einzelnen Rohrstrang entfallen. Die Widerstände und mehr noch die dynamischen Wirkungen werden durch alle unnötigen Richtungsänderungen der Dampfwege sehr vergrößert. Daraus folgt, daß der Dampf auf dem kürzesten und direktesten Wege abgeleitet werden sollte, was schon bei der Gestaltung der Kesselanlage voll zu berücksichtigen ist.

Die Leitungen sind — namentlich bei unsachgemäßer Anordnung und unzulässiger Sparsamkeit — der empfindlichste Teil jeder Kesselanlage. Nichtsdestoweniger werden dieselben häufig auf den verschlungensten Wegen an zuweilen unzugänglichen Stellen durch den Kesselraum geführt und mangelhaft gelagert. Erfahrungsgemäß kann ein an sich bedeutungsloser Leitungsdefekt eine Anlage vollständig stillegen und ärgeres Unheil anrichten. Der Raum wird in so kurzer Zeit unter Dampf gesetzt, daß das Personal sich nur mit Mühe retten und nicht an die zu schließenden Schieber gelangen kann. Deshalb muß durch möglichst einfache und solide Ausführung der Leitungen ein Defektwerden tunlichst verhindert werden. Bei größeren Werken empfiehlt es sich ferner, die Anlage in mehrere voneinander unabhängige und getrennte Teile zu zerlegen, um so einen etwaigen Bruch bzw. dessen Folgewirkungen auf seinen Herd zu begrenzen. Je nach der Zweckbestimmung der Kesselanlage sind die Bedürfnisse verschieden; in sehr kleinen Anlagen ist überdies die Grundrißgestaltung von den beschränkten räumlichen Verhältnissen nahezu allein abhängig, weshalb den folgenden Besprechungen die Kesselanlagen von elektrischen Kraftwerken zugrunde gelegt werden sollen, bei welchen typische Fälle am einfachsten aufzustellen sind.

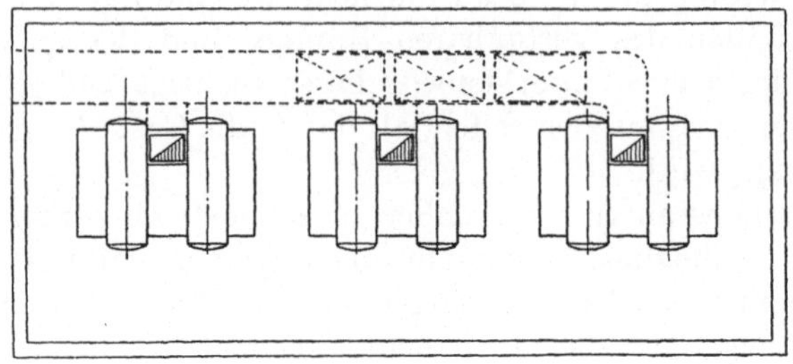

Fig. 88.

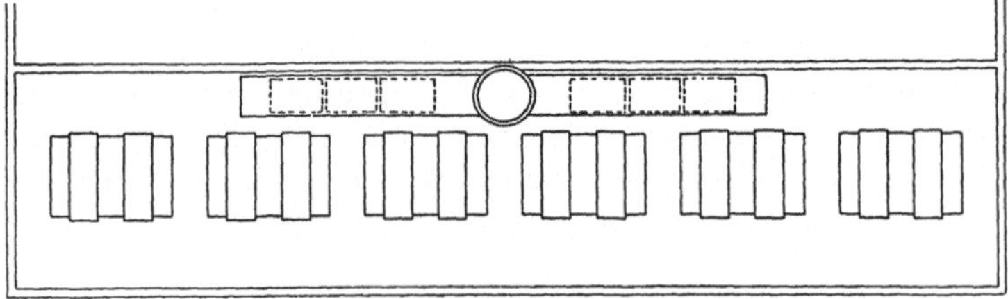

Fig. 89.

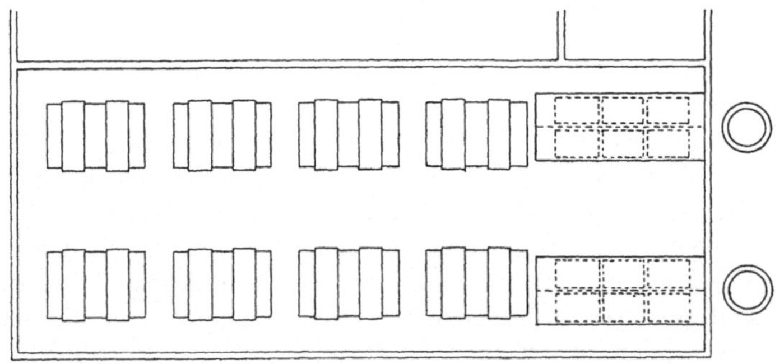

Fig. 90.

Wenn die erforderliche Kessel-Frontlänge mit der Länge des Maschinenhauses einigermaßen übereinstimmt, so ergibt die in den Fig. 88 bzw. 89 dargestellte einreihige Anordnung der Verdampfer im allgemeinen gute Verhältnisse, wobei der Heizerstand entweder nach außen — wie gezeichnet — oder gegen das Maschinenhaus zugelegt werden kann. Bei den hochliegenden Vorwärmern ist die gezeichnete Anordnung zumeist vorzuziehen, da in dieser Weise die Rohrleitungen am kürzesten werden, und die unter den Vorwärmern vorteilhaft aufzustellenden Pumpen und Hilfseinrichtungen gegebenenfalls vom Maschinenpersonal mit bedient werden können.

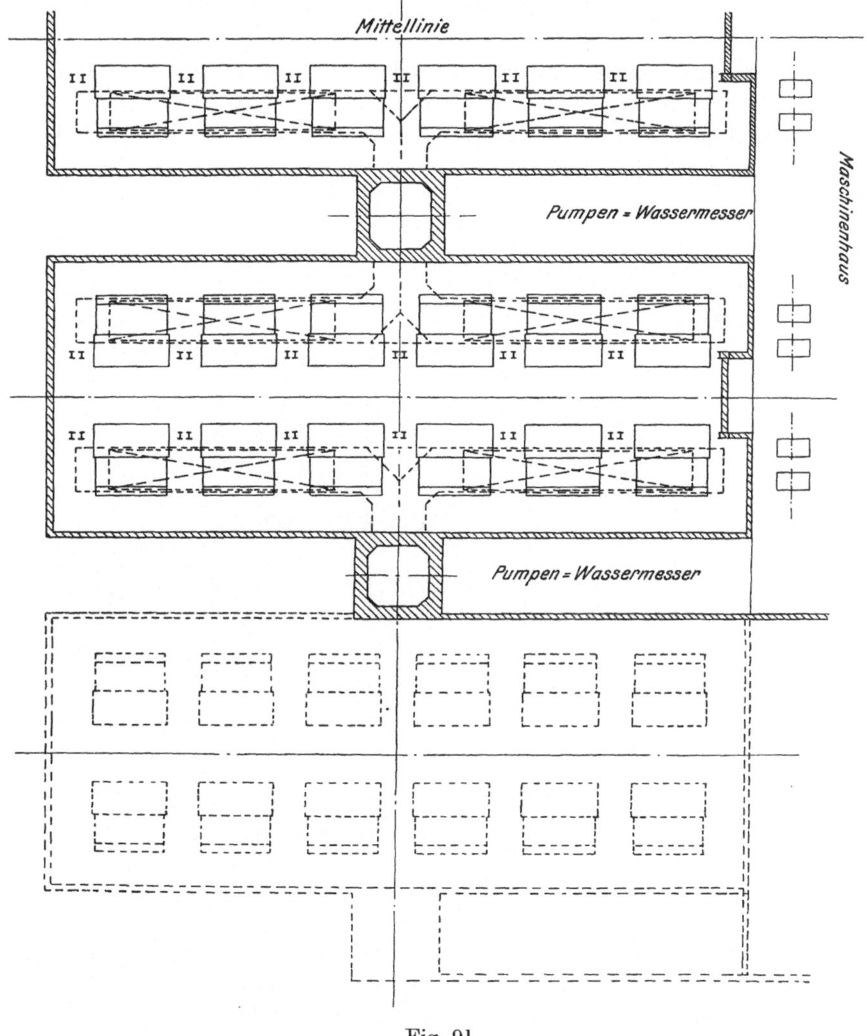

Fig 91.

Reicht die Länge des Maschinenhauses nicht aus, so wird häufig die in Fig. 90 verzeichnete zweireihige Aufstellung gewählt. Diese hat aber den Nachteil sehr langer und den Kesselraum unbequem kreuzender Rohrstränge. Deshalb ist es in der Regel bei weitem vorzuziehen, die Kesselreihen senkrecht zum Maschinenhause zu legen, weil dies erstens zu sehr kurzen und geraden Hauptleitungen führt, und dabei die Anlage leicht und organisch in mehrere voneinander unabhängige Teile zu zerlegen ist. Als ein bezeichnendes Beispiel hierfür ist der in Fig. 91 dargestellte Teil der Kesselanlage der großen Zentrale in Buenos Aires anzusehen.

c) Lage und Anordnung der Vorwärmer. Um günstige Zugverhältnisse zu schaffen und somit das Eindringen der den Wirkungsfaktor in der Regel besonders schädigenden falschen Luft möglichst zu ver-

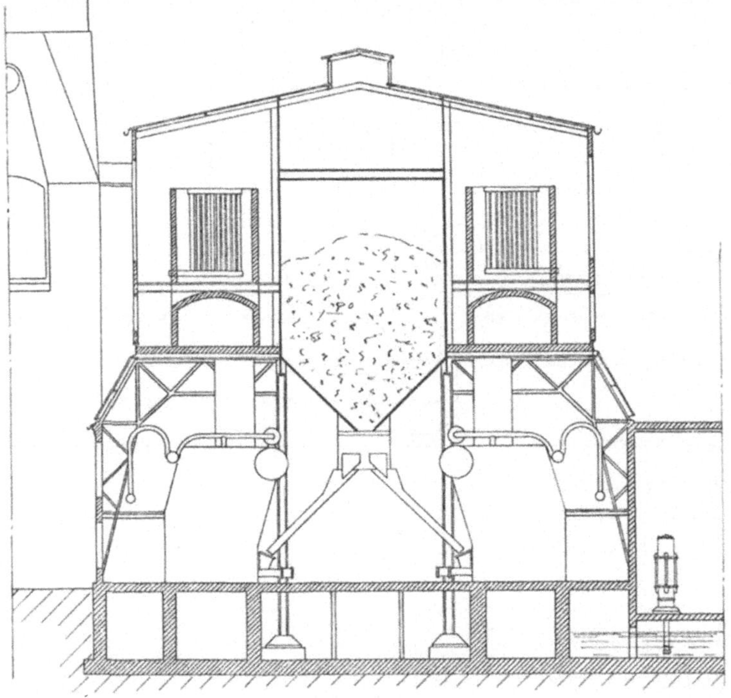

Fig. 92.

hindern, müssen die Vorwärmer ausreichend hoch über den Feuerungen angelegt werden. Zur tunlichst vorteilhaften Ausnutzung der Heizflächen sind die Vorwärmer mit der entsprechenden Zahl von Verdampfern in Gruppen anzuordnen. Sie sind möglichst nahe an die Verdampfer zu bringen, damit die Rauchwege kurz ausfallen.

Deshalb ist die in Fig. 91 dargestellte Anlage so durchgeführt, daß sich in jedem Kesselhause 4 voneinander unabhängige Gruppen, bestehend aus je 3 Verdampfern und einem Vorwärmer bilden. Wo es, wie in Argentinien, die gesetzlichen Bestimmungen zulassen, werden die Vorwärmer auf einer entsprechend gebauten Zwischendecke, am besten direkt über den Kesseln angeordnet. Siehe Fig. 92. Anderenfalls sind die Vorwärmer hinter den Kesseln hoch zu stellen, etwa beispielsweise bei den Fig. 89 und 90 in der Achse der Schornsteine.

Die Hochstellung erlaubt eine große Freiheit in der zweckmäßigen Grundrißdisposition der Vorwärmer, Rohrleitungen und sonstigen Teile. Da nur verhältnismößig niedrige Schornsteine benötigt werden, ist es möglich, diese auf die entsprechend zu verstärkenden Bühnen aufzusetzen und somit ganz unabhängig von den darunter stehenden Teilen der Anlage zu disponieren. Scheinbar wäre dies noch leichter mit künstlichem Zuge zu erreichen; in Wirklichkeit macht aber die Unterbringung der Ventilatoren unnötige Schwierigkeiten, weshalb der schon aus Rücksicht auf den Wirkungsfaktor nicht vorteilhafte künstliche Zug nur in Ausnahmefällen in Frage kommen kann.

d) Direkt befeuerte Überhitzer. Bei der in Fig. 91 angegebenen Grundrißform ist der gegebene Platz der direkt befeuerten Überhitzer an dem dem Maschinenhause zugekehrten Ende der Kesselreihen. In diesem Falle kommt auch die durch denselben ermöglichte Vereinfachung der Dampfleitungen voll zur Geltung; denn fast der ganze Rohrstrang im Kesselhause und alle Verbindungen mit den Verdampfern dienen nur für Sattdampf. Somit kann ein direkt befeuerter Überhitzer in derartigen Kesselhäusern selbst dann vorzuziehen sein, wenn die unabhängige Regelung der Dampftemperatur nicht allein ausschlaggebend ist.

Liegt die Kesselreihe parallel zum Maschinenhause, so sind die Überhitzer dort aufzustellen, wo der Dampf zum Maschinenhause übergeführt werden soll. Auch dann haben die Leitungen im Kesselhause hauptsächlich nur Sattdampf aufzunehmen.

Zuweilen kann es vorteilhaft sein, hinter dem Überhitzer eine gewisse Umlaufsheizfläche anzubringen, so daß entsprechend weniger Verdampfer benötigt werden. In diesem Falle besteht die Anlage gewissermaßen aus Verdampfern mit und ohne eingebauten Überhitzern, wobei natürlich erstere eine verschiedene Ausbildung erhalten müssen, je nachdem sie Überhitzer erhalten sollen oder nicht.

3. Kontrolleinrichtungen.

An passender Stelle ist oben bereits auf die Wichtigkeit einer sorgfältigen Kontrolle des Betriebes hingewiesen worden, und es sollen hier nur kurz die zugehörigen Einrichtungen erwähnt werden.

Wie der Wirkungsfaktor für das wirtschaftliche Ergebnis des Betriebes entscheidend ist, so hat auch die Kontrolle in erster Linie bei dem Kohlenverbrauch und der damit erreichten Verdampfung einzusetzen, während alle übrigen Beobachtungen nur dazu dienen können, den Ort und die besondere Ursache eines etwaigen Fehlers festzustellen.

Demnach muß in erster Linie für möglichst zuverlässige registrierende Kohlenwagen gesorgt werden; denn auf die Aufschreibungen eines die Wagen bedienenden Mannes ist nicht immer Verlaß. Am besten ist es, wenn die Kohle über zwei voneinander unabhängige Wagen zu laufen hat, weil so die richtige Anzeige leicht geprüft werden kann. Passende mechanische Wagen sind heutzutage so billig zu haben, daß die kleine Ausgabe durch Beschneidung der Verluste schnell wett gemacht wird. Dabei spielt auch die Verhütung von Unterschleifen und Diebstählen eine gewisse, manchmal nicht zu verachtende Rolle.

In großen Anlagen sollten stets mehrere Wagen an den passenden Stellen untergebracht werden, so daß leicht und sicher festzustellen sind:

a) die angefahrene Kohlenmenge,

b) der Bunkerinhalt,

c) der tägliche Verbrauch jeder einzelnen, tunlichst nicht zu groß anzunehmenden Kesselgruppe.

Ferner ist eine dauernde Messung des gesamten Speisewassers sehr vorteilhaft, denn daraus ergibt sich erst die den Wirkungsfaktor zeigende Verdampfungsziffer. Diese Hauptwassermesser werden zweckmäßig zwischen den Speisepumpen und Vorwärmern eingeschaltet, weil sich bei dem kalten Wasser leichter genaue Messungen ergeben, und dort der Wasserstrom einigermaßen konstant ist, indem sich dort die verschiedenartigen Entnahmen der einzelnen Verdampfer ausgleichen. Diese Wassermesser müssen aber sehr einfach und kräftig gebaut sein, sie dürfen auch nur einen geringen inneren Widerstand haben, weil sonst bei zufällig gleichzeitiger Wasserentnahme aller Verdampfer schädliche Stöße auftreten könnten.

Wenn die oben erwähnten Einrichtungen richtig angebracht sind, läßt sich das Resultat jederzeit aus zwei Zahlen sehr genau übersehen. Damit kann aber auch der Betrieb der den Dampf verbrauchenden Maschinen und sonstigen Einrichtungen einwandsfrei kontrolliert werden; denn es zeigt sich sofort, falls aus irgendeinem Grunde der Dampfverbrauch unzulässig steigt, während dies aus dem Kohlenverbrauch wegen des unbekannten Wirkungsfaktors der Kesselanlage allein nicht sicher zu ersehen ist.

Neben diesen stets vorteilhaften Haupteinrichtungen sind zur Erleichterung der ins Einzelne gehenden Betriebskontrolle noch verschiedene Meßapparate erforderlich. Diese sollten unter allen Umständen so weit als angängig aufschreibend sein, da die vom Personal gemachten Notizen nicht immer zuverlässig sind und eine unnötige Aufmerksamkeit erfordern.

In erster Linie muß der Feuerungsbetrieb so gründlich, als es geht, unter Kontrolle gehalten werden, wobei es hauptsächlich auf die folgenden Verlustquellen ankommt.

a) Rückstandsverluste,

b) Verluste infolge unvollkommener Verbrennung,

c) Verluste infolge übermäßig hohen Luftüberschusses.

Die Rückstandsverluste lassen sich durch automatisches Verwiegen der Rückstände ziemlich gut verfolgen, sofern der Aschengehalt der Kohle nicht allzusehr wechselt. Daneben sollten täglich Proben der Rückstände entnommen werden, welche zu sammeln sind und in gewissen Zeitabschnitten, etwa monatlich einmal, auf ihren Gehalt an unverbrannten Teilen untersucht werden. Dies läßt sich betriebsmäßig am einfachsten mit der leicht zu bedienenden Bombe kalorimetrisch ausführen. Es ist anzunehmen, daß bei einem Gehalt an unverbrannten Teilen

$$\text{von} \qquad 10 \quad 15 \quad 20 \quad 30 \quad 40 \quad 50 \;\%$$

der Heizwert der

$$\text{Rückstände} = 800 \quad 1200 \quad 1600 \quad 2400 \quad 3200 \quad 4000 \;\text{WE/kg}$$

beträgt. Bis auf etwa 15 % herunter kann also der Gehalt an Unverbrennlichem kalorimetrisch sehr gut ermittelt werden.

Die unvollkommene Verbrennung ist schon meistens an der mehr oder weniger starken Rauchentwicklung zu erkennen. Genau läßt sich dieselbe nur durch eingehende Gasanalysen feststellen, wobei die Gase möglichst aus dem Feuerraume oder wenigstens dicht dahinter zu entnehmen sind, um den Einfluß der späteren Verdünnung mit falscher Luft möglichst auszuschließen.

Der Luftüberschuß der Gase ist bekanntlich aus dem leicht automatisch feststellbaren Kohlensäuregehalt derselben abzuschätzen. Deshalb sind mechanische Gasprüfer unbedingt zu empfehlen, jedoch sollten dieselben nicht — wie es allgemein geschieht — dicht hinter den Verdampfern bzw. Kesseln, sondern hinter den Vorwärmern die Gasproben entnehmen, damit die äußerst ungünstig wirkende falsche Luft richtig erfaßt wird. Deshalb empfiehlt es sich, für die regelmäßigen Hauptablesungen an jedem Schornsteine einen aufschreibenden Gasprüfer anzubringen, gleichzeitig aber für ins Einzelne gehende Versuche einen oder mehrere dieser Apparate auf jeden Verdampfer schaltbar zu machen. Es genügen hierfür auch tragbare, von Hand zu bedienende Apparate der bekannten Art.

In vielen Anlagen erhalten die Heizer Prämien für die Erreichung eines hohen Kohlensäuregehaltes. Dies ist nicht immer unbedenklich; denn dabei suchen die Leute erklärlicherweise nur möglichst viel CO_2 herauszuholen, ohne sich sonst um ein gutes Resultat zu kümmern. Erfahrungsgemäß kann dadurch der Wirkungsfaktor schwer geschädigt werden, indem zu gewissen Zeiten mit Luftmangel gearbeitet wird, um nur den Gehalt an CO_2 möglichst hoch zu schrauben.

Zur gänzlichen Kontrolle der Schornsteinverluste ist noch die Ermittlung der Abgastemperaturen notwendig, weshalb zweckmäßig bei.

jedem Schornsteine ein aufschreibendes Thermometer angebracht wird. Die Ablesungen der Endtemperatur der Gase und endlichen Zusammensetzung derselben zeigen ganz genau, welche Verluste auftreten, und wo deren Quelle zu suchen ist.

Dazu dient auch die Beobachtung der in den Rauchkanälen vor und hinter den Vorwärmern herrschenden Unterdrücke mittels aufschreibender Instrumente.

Wie aus dem Vorstehenden zu ersehen ist, soll sich die dauernde Kontrolle vor allem auf das Ganze und die Endresultate richten; denn diese sind für den Wirkungsfaktor maßgebend, während die ins Einzelne gehende Kontrolle nur den Zweck haben kann, etwa gefundenen Mängeln bis zu ihrer Ursache nachzuspüren.

Eingehende Kesselversuche legen die Ursachen der Verluste am klarsten bloß, können dagegen die vorerwähnte Hauptkontrolle nicht ersetzen. Denn erstens umfassen diese Versuche nicht oder nur unvollkommen die Anheiz- und Leerlaufsverluste, und ferner wird dabei zumeist, wenn auch nur unwillkürlich, eine besondere Sorgfalt auf die Bedienung gelegt, so daß sich irreführende, d. i. zu günstige Zahlen ergeben.

Werden derartige Versuche genügend oft wiederholt und systematisch durchgeführt, so läßt sich damit allein durch richtige Schulung des Personales und Aufsuchung kleiner Verbesserungen der Betrieb sehr günstig beeinflussen. Dazu gehören aber sehr viel Zeit und geduldige Aufmerksamkeit. Die mit der Sorge um die Aufrechterhaltung des ordentlichen Betriebes belasteten Betriebsführer können daher diese Aufgabe in der Regel nicht bewältigen.

Der Erfolg wird häufig durch das Halbwissen, die Voreingenommenheit und das starre Festhalten des Personales an überkommenen Gewohnheiten sehr in Frage gestellt. Dasselbe muß daher gewöhnlich erst auf Umwegen von seinen falschen Auffassungen abgewendet werden, um freie Bahn für die Einführung der als notwendig erkannten Reformen zu schaffen. Jedes Werk hat seine eigentümlichen Betriebsbedingungen, welche durch die lokalen Verhältnisse und die Besonderheiten der Anlage bedingt sind. Dieselben sind zumeist erst nach einer längeren Beobachtung des Betriebes zu erkennen, und ihre Unterschätzung ist ebenso schädlich, wie die häufig vorliegende Annahme des Personales, daß alles von denselben abhängt.

Die nachstehend kurz mitgeteilten Versuchsreihen des Verfassers geben für derartige Studien ein gutes Beispiel. In der untersuchten Anlage waren die Leistung und der Wirkungsgrad der Kessel unbefriedigend, was angeblich auf einen nicht zureichenden Schornsteinzug beruhen sollte. Um ein sicheres Bild der tatsächlichen Verhältnisse zu gewinnen, und den ordentlichen Gang des unter schwierigen Verhältnissen arbeiten-

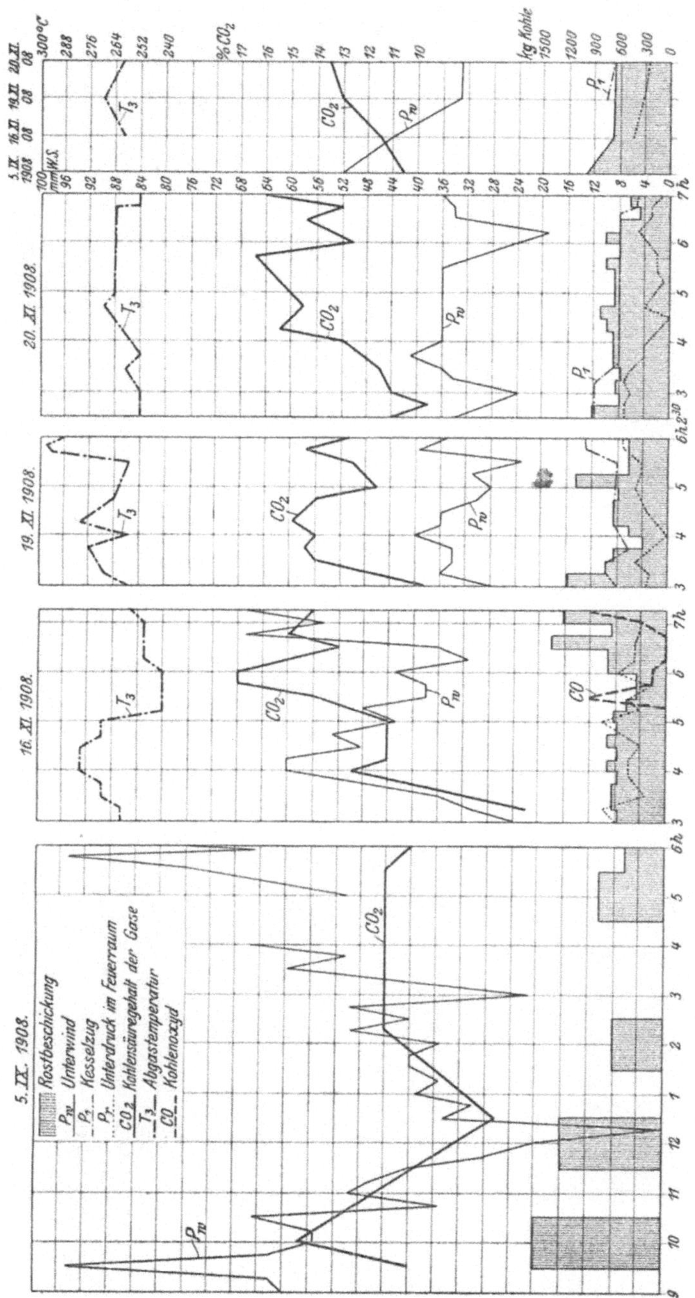

Fig. 93. Beobachtungen an einem Verdampfer.

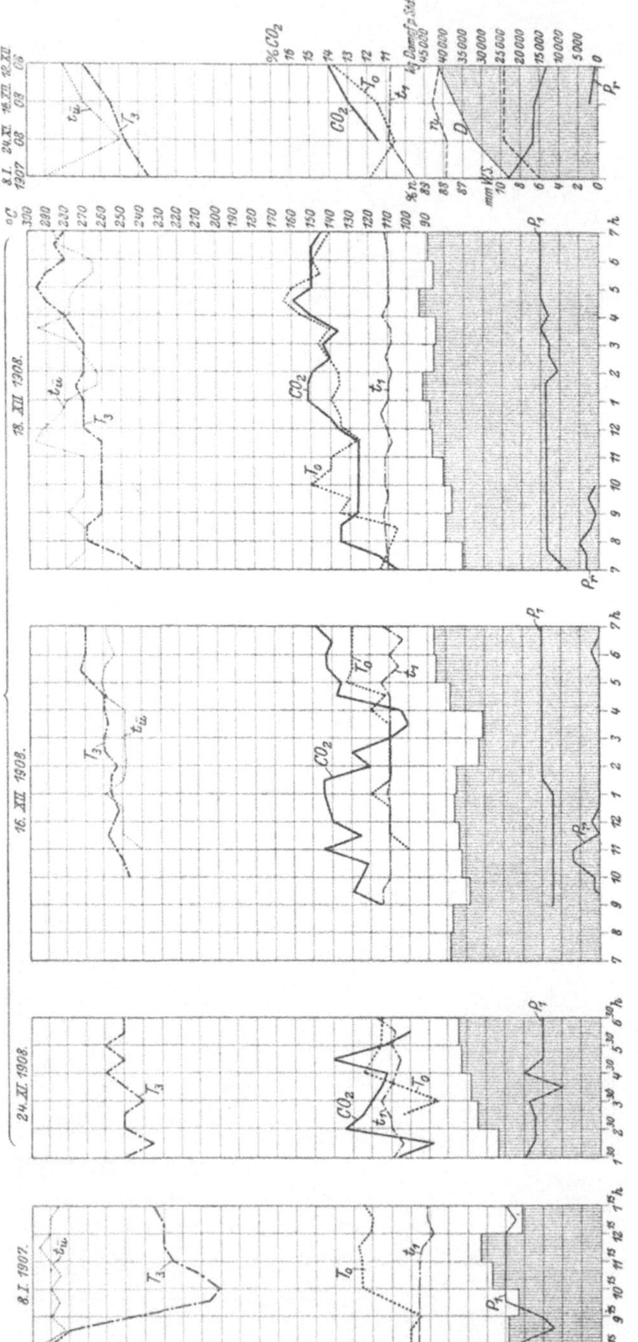

Fig. 94. Beobachtungen an einer Gruppe von 5 Verdampfern und einem Vorwärmer.

den Betriebes möglichst wenig zu stören, wurden die Beobachtungen
und Versuche soweit als angängig ohne Vorwissen des Personals durchgeführt.

Die erste Beobachtung am 5. 9. 08 — siehe Fig. 93 — zeigte, daß
der Fehler hauptsächlich in der sehr ungleichmäßigen Beschickung der
Feuerungen und der Anwendung zu starken Unterwindes zu suchen war.
Eine daraufhin eingeführte scharfe Kontrolle dieser Verhältnisse machte
sich sofort in der Verbesserung des Wirkungsfaktors bemerkbar. Ganz
allmählich, so daß es die sonst aufsässig werdenden Heizer nicht merkten,
wurde nach und nach der Schornsteinzug abgedrosselt. Es zeigte sich
ferner, daß die Luftdüsen der in dieser Anlage eingebauten Unterschubfeuerungen dem zu verfeuernden Material nicht gut angepaßt waren.
Deshalb kamen verschiedene Formen dieser Düsen zum Versuch, bis die
beste ermittelt war. Aus den Diagrammen der Versuche am 16. I. 09 und
20. II. 08 und besonders der Zusammenstellung der Mittelwerte ist der
gemachte Fortschritt ohne weitere Erklärung zu erkennen.

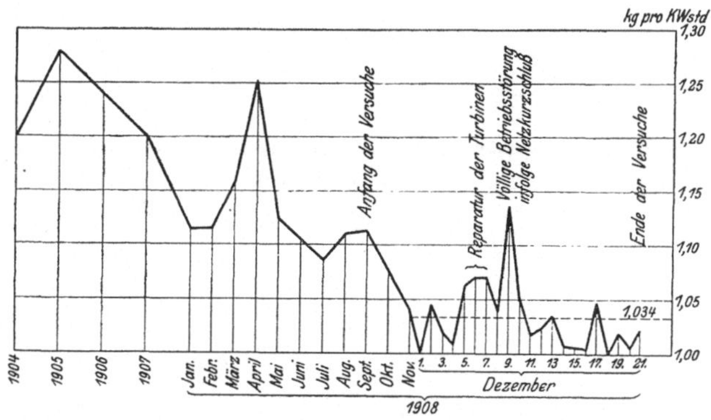

Fig. 95.

Anschließend daran kam später eine ganze Kesselgruppe, bestehend
aus 5 Verdampfern von je 313 qm und einem Vorwärmer von 1200 qm
Heizfläche zum Versuch. Die Ergebnisse sind aus den Diagrammen der
Fig. 94 zu ersehen. Bemerkenswert ist dabei, daß trotz erheblich
steigender Kesselleistung die Zugstärke stark heruntergedrückt werden
konnte. Beim Versuch am 18. 12. 08 ergab sich ein Wirkungsgrad von
etwa 88,4 %. Alle Gasanalysen entsprechen den Verhältnissen im Schornstein hinter dem Vorwärmer.

Fig. 95 zeigt die Abnahme des Kohlenverbrauches nach der Statistik
des Werkes. Aus den Ergebnissen des Frühjahrs 1909 berechnete die
kaufmännische Abteilung der Gesellschaft die durch die Versuche erreichte Kohlenersparnis zu etwa 300 000 M. pro Jahr, entsprechend
15—17 %.

Druck der Universitäts-Buchdruckerei von Gustav Schade (Otto Francke)
in Berlin und Bernau.